CAD/CAM/CAE 工程应用丛书

SOLIDWORKS 2023 机械设计从入门到精通

张忠将　编著

机械工业出版社

本书结合 SOLIDWORKS 的实际用途，由浅入深，从易到难，全面详尽地讲解了 SOLIDWORKS 2023 从入门到精通的各方面知识。

本书共 13 章，包括 SOLIDWORKS 2023 入门、草图绘制、特征建模、特征编辑、曲面创建、装配、工程图、钣金、焊件、模具、动画、模型渲染和静应力有限元分析等内容。

本书每部分都配有典型实例，让读者对该部分的内容有一个实践演练和操作的过程，以加深对书中知识点的掌握；在本书附赠资源中配有素材、素材操作结果、习题答案和演示视频等，可使读者通过各种方式来学习书中的知识。

本书随书赠送 SOLIDWORKS 机械工程师网（www.swbbsc.com）VIP会员月卡（会员码和密码）。本书实战练习均配有微视频，读者可扫码观看；通过封底的资源获取方式可获取书中案例素材文件。

本书内容全面、条理清晰、实例丰富，可作为广大工程技术人员和在校生的自学教程或参考书，也可作为大中专院校的 CAD/CAE 课程教材。

图书在版编目（CIP）数据

SOLIDWORKS 2023 机械设计从入门到精通 / 张忠将编著 . —北京：机械工业出版社，2024.3
（CAD/CAM/CAE 工程应用丛书）
ISBN 978-7-111-75045-1

Ⅰ. ①S⋯ Ⅱ. ①张⋯ Ⅲ. ①机械设计-计算机辅助设计-应用软件 Ⅳ. ①TH122

中国国家版本馆 CIP 数据核字（2024）第 035864 号

机械工业出版社（北京市百万庄大街 22 号 邮政编码 100037）
策划编辑：李晓波　　　　　　责任编辑：李晓波　丁　伦
责任校对：韩佳欣　李　杉　　责任印制：邓　博
北京盛通数码印刷有限公司印刷
2024 年 4 月第 1 版第 1 次印刷
184mm×260mm · 23.5 印张 · 641 千字
标准书号：ISBN 978-7-111-75045-1
定价：99.00 元

电话服务　　　　　　　　　网络服务
客服电话：010-88361066　　机　工　官　网：www.cmpbook.com
　　　　　010-88379833　　机　工　官　博：weibo.com/cmp1952
　　　　　010-68326294　　金　书　网：www.golden-book.com
封底无防伪标均为盗版　　机工教育服务网：www.cmpedu.com

前　　言

　　SOLIDWORKS 是重要的机械设计和制造软件，在生产领域拥有全球化程度最高的用户，熟练掌握这款软件，无疑可以缩短研发时间、提高科技水平。

　　SOLIDWORKS 的主要优点，一是好用，二是易用，三是价格实惠，所以我国很多企业都采购了这款软件，具有很高的普及率。总之，作为机械设计人才，掌握 SOLIDWORKS 已成为必备的一项技能。

　　为了让广大读者可以快速全面地掌握这款软件，本书语言精练、简明，内容由浅入深，叙述详尽，并充分结合实际操作，对一些 SOLIDWORKS 中不易理解的功能进行重点分析和讲解，绝对不留疑问。

　　本书力求实用，着力避免"眼高手低"的情况发生（如讲座听得懂，看书看得懂，但却不会操作），因此配有大量的精彩实例和练习。这些实例和练习既操作简单，又很有趣味性和挑战性，能够让读者既掌握了软件功能，忘不了，又可以应用于实践。

　　本书在内容安排上循序渐进、由浅入深，全书共分 13 章，其中第 1 章介绍了 SOLIDWORDS 的基础知识，就像是介绍 Windows 的功能一样简单易懂；第 2 章介绍了草图绘制的方法，草图是构建三维模型的基础，除了各种曲线、多边形和文字等的绘制方法外，添加尺寸和几何关系是这部分的重点；第 3 章介绍了创建实体特征的方法，包括基础特征和附加特征两种；第 4 章介绍了特征的编辑方法，即对特征的修改和复制等；第 5 章介绍了曲线和曲面的建模方法，使用曲线和曲面可以创建更加复杂的模型；第 6 章介绍了组件装配的过程，装配可用于检测零件设计是否合理等；第 7 章介绍了工程图的创建，工程图可在加工时使用；第 8 章介绍了钣金的设计方法，钣金具有特殊的物理特性，所以需要特殊的设计流程；第 9 章为焊件设计，是应用焊接机器人执行焊接操作的基础；第 10 章为模具设计，是注塑模具设计和加工的基础；第 11 章介绍了机械动画的创建操作；第 12 章讲解模型渲染操作，通过渲染，可令所设计的模型看起来逼真；第 13 章讲解有限元分析操作，对真实的物理系统进行数学模拟计算（代替真实的物理实验），并获得我们需要的值，如强度、位移、受力状况、疲劳寿命等。

　　本书附赠资源中有操作视频、全部素材、实例设计结果和练习题设计结果等。利用这些素材和多媒体文件，读者可以像观看电影一样轻松愉悦地学习 SOLIDWORKS 的各项功能。

　　由于 CAD/CAM/CAE 技术发展迅速，加之编者知识水平有限，书中疏漏之处在所难免，敬请广大专家、读者批评指正或进行设计交流。

目　录

第1章

SOLIDWORKS 2023 入门

学习目标

本章主要讲述 SOLIDWORKS 的基础知识，包括软件特点、常用术语、产品设计过程、工作界面、鼠标的使用和操作环境的设置等内容。

 ## 1.1 认识 SOLIDWORKS 2023

SOLIDWORKS 软件是一款优秀的三维机械设计软件（通常被简称为 SW 软件），可帮助机械设计师、模具设计师、消费品设计师，以及其他专业人员更快、更准确、更有效地将创新思想转变为市场产品。本节带领读者认识 SOLIDWORKS 2023。

1.1.1 SOLIDWORKS 的功能模块

经过 20 多年的发展（SOLIDWORKS 最早发布于 1995 年，即 SOLIDWORKS 95），SOLIDWORKS 集成的功能越来越多，从基础的三维建模，到钣金、焊件、模具等专业领域，到进行复杂的模拟计算，再到可以协同设计操作的 PDM 等，目前 SOLIDWORKS 可以服务的领域相当广泛，功能不可谓不强大。

在正式学习 SOLIDWORKS 之前，需要先来了解一下 SOLIDWORKS 主要包含哪些功能模块，即使用 SOLIDWORKS 都可以做些什么。

按照由简单到复杂的思路，以及应用的广泛性等，可以将 SOLIDWORKS 的主要设计功能，大概归纳为基础功能模块、扩展插件模块和其他独立模块三大组成部分，每个部分还可以划分出很多不同的功能，下面介绍这些功能。

● **1. 基础功能模块**

安装好 SOLIDWORKS 2023 后，双击计算机桌面上的 SOLIDWORKS 2023 图标，可以打开

SOLIDWORKS 2023 的主操作界面，新建一个模型文件（操作将在 1.2.1 节中讲述），如图 1-1 所示，然后右键单击界面顶部的工具栏，在弹出的快捷菜单中选择"工具栏"选项，可以在打开的右侧扩展菜单中展示出 SOLIDWORKS 2023 基础功能模块的大部分功能。

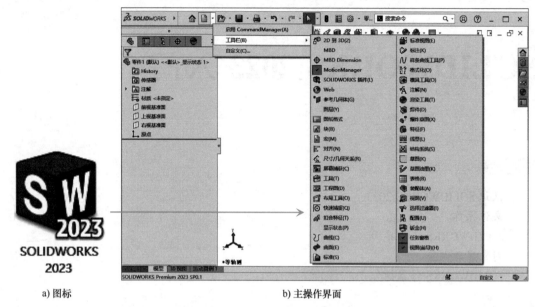

a) 图标　　　　　　　　　　　　　　　b) 主操作界面

图 1-1　SOLIDWORKS 的主操作界面

这些功能，有一些是作为辅助的、在很多模块中都会用到的基础功能（将在后续章节中讲解），如参考几何体、尺寸/几何关系、标注等，本节不会按照列表项一一详细叙述，而是将其归纳为如下几个主要功能模块。

➢ **草图和三维建模模块**：通过绘制草图，然后再通过拉伸草图等方式，创建三维模型，是几乎所有三维建模工具软件的通用思路，SOLIDWORKS 也不例外，而且这也是 SOLIDWORKS 的基础建模模块（如图 1-2 所示）。

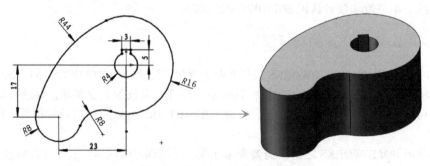

图 1-2　草图和三维建模模块

➢ **曲面模块**：对于一些不太规则的模型（如常见的牙刷、肥皂等），使用基础建模模块创建，可能不太方便，此时就需要使用专门的曲面功能模块进行创建。可以先创建曲面，然后再将曲面加厚或填充等，最后创建实体模型（如图 1-3 所示）。

➢ **装配体模块**：对于大多数机械设备来说，都不会是由一个零件构成的，在设计出每个零件后，为了验证设计的合理性，需要在设计软件中，将其模拟装配起来，这时就需要用到装配体模块（如图 1-4 所示）。

图 1-3　曲面功能创建的帽子

图 1-4　合页装配体

➤ **钣金模块**：钣金的设计和加工方法，与普通零件不同，所以需要单独的模块对其进行设计，而钣金模块就是专门用于设计钣金件的（如图 1-5 所示）。

➤ **焊件模块**：同钣金模块，焊件的设计思路以及加工方法也比较独特（因为焊接会存在焊缝等），所以也需要单独的设计方法，此时就需要用到 SOLIDWORKS 的焊件模块（图 1-1b 所示菜单中的"结构系统"选项属于高级焊件），焊接件（如图 1-6 所示）。

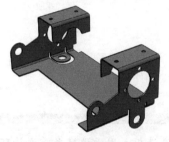

图 1-5　钣金件

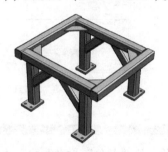

图 1-6　焊接件

➤ **模具模块**：模具的创建思路，需要根据要倒模的模型创建出型腔和型芯，为此 SOLIDWORKS 提供了专门的模具功能模块（如图 1-7 所示）。

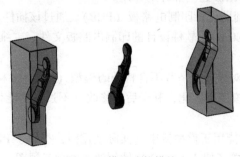

图 1-7　模具功能模块

⬤ **2. 扩展插件模块**

SOLIDWORKS 的基础功能主要用于完成零件的建模，除此之外，我们可能还需要验证产品设计合理性的运动模拟功能、受力状况模拟等功能，或对产品进行渲染输出等，此时就会用到 SOLIDWORKS 的扩展插件模块提供的相关功能。

SOLIDWORKS 的扩展插件模块，默认启动时可以选择不加载，这样在使用基础模块功能设计

模型时，可以保证软件运行流畅；当完成建模后，需要使用扩展插件的相关功能时，可在启动
SOLIDWORKS 2023 后，选择"选项"→"插件"菜单命令，打开"插件"对话框，通过此对话
框，可以选择要使用的 SOLIDWORKS 扩展插件功能，如图 1-8 所示。

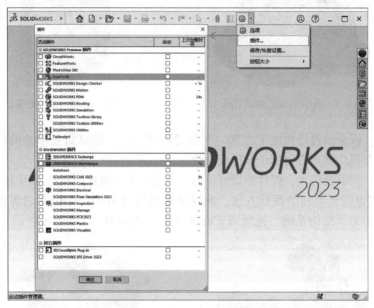

图 1-8　SOLIDWORKS 的"插件"对话框

下面集中解释 SOLIDWORKS 这些插件的作用。

- **CircuitWorks**：用于辅助设计印制电路板（PCB）。通过该插件，可以直接打开用大多数电气计算机辅助设计（ECAD）软件设计的印制电路板文件（二维模型文件），来创建印制电路板的 3D 模型。
- **FeatureWorks**：用于对导入的一些不含特征的模型（如 .step 格式的文件）自动识别出其创建的特征，以便让模型参数化，利于后续修改（不过该功能作用有限，只对部分规则模型有效）。
- **PhotoView 360**：该功能用于模型渲染（实际使用时，类似于 Photoshop）。
- **ScanTo3D**：将 2D 图样（如 AutoCAD 软件创建的模型三视图）直接转为 3D 模型（该功能不是太好用）。
- **SOLIDWORKS Design Checker**：用来检查图样，看其是否符合设计标准。
- **SOLIDWORKS Motion**：用于对模型进行运动仿真。
- **SOLIDWORKS PDM**：用于对模型数据进行集中管理，以及模型数据的共享等，以利于团队设计和合作。
- **SOLIDWORKS Routing**：是专门设计电缆和管路的模块。
- **SOLIDWORKS Simulation**：用于对模型进行有限元分析（如分析模型在某一瞬间的受力

状况等，以确定模型可以采用的制作材料）。

- **SOLIDWORKS Toolbox Library**：用于加载 SOLIDWORKS 自带的 Toolbox 标准件库配置工具和 Toolbox 设计库任务窗格。

- **SOLIDWORKS Toolbox Utilities**：装载钢梁计算器、轴承计算器以及生成凸轮、凹槽和结构钢所用的工具（是 Toolbox 的一些工具）。

- **SOLIDWORKS Utilities**：模型对比工具，用于检测零部件外形特征，并与其他零件做比较。可以帮助工程师快速查看零部件之间的不同处与共同处，从而更好地对模型的不同版本进行区别。

- **TolAnalyst**：公差分析工具，通过零件中的公差值来得到装配体的累计公差，并且利用其功能查询出影响累计公差的关键公差值，以便用户解决相关问题。

- **3DEXPERIENCE Exchange**：3DEXPERIENCE 是 SOLIDWORKS 提供的一个云平台，3DEXPERIENCE Exchange 用于导入和导出 3DEXPERIENCE 云平台包，然后使用云平台包中的文件。

- **3DEXPERIENCE Marketplace**：一款按需制造在线平台，可以从 SOLIDWORKS 上传零件设计并连接到可以生产该零件的制造商，从而完成从设计到制造的整个过程（也允许在此平台上开发和提供补充性的产品和服务）。

- **Autotrace**：该功能用于提取图像中的形状，以创建草图线。

- **SOLIDWORKS CAM 2023**：同其他 CAM 软件，用于计算机辅助加工时，设置操作过程，如挑选刀具、设置刀路、设置速度和进给量等。

- **SOLIDWORKS Composer**：启用该插件后，SOLIDWORKS 支持将模型文件，直接保存为 SOLIDWORKS 独立的 Composer 模块（其功能见下面其他独立模块中的讲述）中使用的.smg 文件。

- **SOLIDWORKS Electrical**：启用该插件后，可以通过二维的 Electrical 电气布线图（属于其他独立模块），自动生成更加形象的三维布线图。

- **SOLIDWORKS Flow Simulation 2023**：该插件，用于对流体环境下的模型进行有限元分析。

- **SOLIDWORKS Inspection**：用于自动检查 SOLIDWORKS 图样设计，以及标注其中的错误等（Inspection 在其他独立模块中，是一个单独的软件）。

- **SOLIDWORKS Manage**：高级数据管理系统，在 PDM 的基础上增加了项目、流程和物项管理功能，以及交互式仪表板和报告。

- **SOLIDWORKS PCB 2023**：是集成了 SOLIDWORKS 3D 设计软件的 PCB（印制电路板）设计工具。

- **SOLIDWORKS Plastics**：用于预测和避免塑料零件及注射模具设计中的制造缺陷。

- **SOLIDWORKS Visualize**：是 SOLIDWORKS 其他独立模块中的单独软件，该插件的功能仅仅是在 SOLIDWORKS 中快速调用 SOLIDWORKS Visualize 软件进行高级渲染。

- **3DCloudByMe Plug-in**：将模型发布到 3DCloudByMe 网站（该网站是一家室内设计网站，也是 SOLIDWORKS 的合作网站，要使用该网站，首先需要完成注册）。

- **SOLIDWORKS XPS Driver 2023**：XPS 驱动转换器插件可以在 SOLIDWORKS 中生成 XPS（XML 纸张规格）文件，并在 SOLIDWORKS eDrawings 浏览器或 XPS 浏览器中打开该文件。

● 3. 其他独立模块

完整安装 SOLIDWORKS 2023 后，在计算机桌面上，除了 SOLIDWORKS 2023 图标外，还有其他 10 个图标，如图 1-9 所示。

图 1-9　SOLIDWORKS 的所有软件包

双击这些图标，每一个都可以打开一个单独的软件（独立于 SOLIDWORKS 2023 的单独软件），这些软件是 SOLIDWORKS 功能的进一步拓展，下面集中介绍其功能。

> **eDrawings 2023 x64 Edition**：该软件用于预览 SOLIDWORKS 文件，即在没有安装 SOLID-WORKS 的计算机上，使用该软件可以打开 SOLIDWORKS 设计的模型。

> **SOLIDWORKS Composer 2023**：Composer 是独立于 SOLIDWORKS 的动画制作软件，它不同于 SOLIDWORKS Motion 插件的动画仿真方式，不会考虑质量等因素，其制作方法更类似于 Flash 网页动画制作。

> **SOLIDWORKS Composer Player 2023**：该软件是播放用 SOLIDWORKS Composer 制作的动画文件的软件（无须打开 SOLIDWORKS Composer）。

> **SOLIDWORKS Composer Sync 2023**：创建一个批处理转换流程，可将 3D CAD 和其他 3D 格式转换为 SOLIDWORKS Composer 格式。产品数据或制造信息变更可自动更新到 SOLID-WORKS Composer 交付产品中。可以将批处理作业设置保存到 XML 中，以便未来使用。

> **SOLIDWORKS Electrical**：Electrical 是设计电气电路的专用软件，而且可以与 SOLIDWORKS 进行交互，通过 Electrical 设计的电气电路，自动生成 SOLIDWORKS 三维电气电路文件。

> **SOLIDWORKS Inspection 2023**：文档检查工具，可以检查工程图（图片格式也可以）中的错误，而且几乎可消除所有输入错误。

> **SOLIDWORKS Manage 2023**：是一种基于品项（或记录）的高级数据管理系统，它包括或带有由 SOLIDWORKS PDM Professional 提供支持的全局文件管理和应用程序集成。

> **SOLIDWORKS PCB 2023**：（之前的 PCBWorks）是集成了 SOLIDWORKS 3D 设计软件的 PCB（印制电路板）设计工具。

> **SOLIDWORKS Visualize 2023**：是一款可视化渲染软件，可以帮助用户利用 3D CAD 数据在短时间内创建可供打印和生成网页的逼真营销内容。

> **SOLIDWORKS Visualize Boost 2023**：可让用户从运行 SOLIDWORKS Visualize 的计算机中将渲染任务发布到网络上一台或多台计算机的服务。

1.1.2　SOLIDWORKS 的设计流程

使用 SOLIDWORKS，通常可通过如下流程来设计模型。

（1）**创建草图**

创建模型的草绘图形，此草绘图形可以是模型的一个截面或轨迹等。

（2）**创建特征**

添加拉伸、旋转、扫描等特征，利用创建的草绘图形创建实体。

提示：

　　特征是大多数机械设计软件都采用的设计图形的一种工具，对于操作者来说，易于管理和修改，相当于零件的一种外形（如拉伸），在软件中可以通过特征设计出此种外形。

（3）装配部件

如果模型为装配体，那么还需要将各个零部件按某种规则进行装配。

（4）仿真和分析

为了验证设计的机械能否稳定运行，可以首先模拟机器运转动画，另外还可使用有限元分析判断其内部的受力等情况，以确定所设计零件或机械的可靠性。

（5）绘制工程图

二维工程图有利于机械加工的工作人员按图样要求加工零件，依照三维实体出二维的工程图是 SOLIDWORKS 的强项，且比直接绘制二维图样要迅速。

具体设计过程如图 1-10 所示。

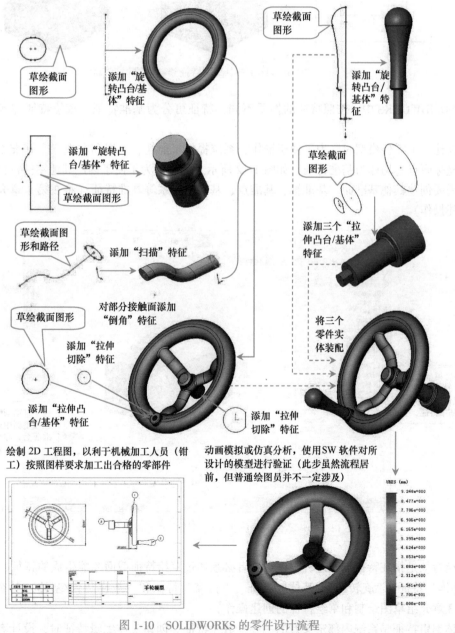

图 1-10　SOLIDWORKS 的零件设计流程

1.1.3 SOLIDWORKS 的特征建模方式

通过 1.1.2 节的设计流程可以发现，SOLIDWORKS 建立三维模型主要是通过特征来实现的。所谓"特征"是指代表元件某一方面特性的操作，例如，"拉伸凸台/基体"特征就是将草图向一个方向或两个方向进行拉伸形成实体的操作，而"孔"特征则是在实体上添加孔的操作，如图 1-11 所示。

图 1-11　SOLIDWORKS 中使用特征绘制三维模型操作

在 SOLIDWORKS 中，按照特征的性质不同，特征可分为基准特征、草绘特征与实体编辑特征等。

在新建一个零件模型时，为了便于操作，系统提供了前视、上视和右视三个基准面，以及一个标准坐标原点，均称为基准特征，如图 1-12 所示。此外，为了便于创建其他零件特征，用户还可根据需要创建其他基准面、基准轴、基准点、基准坐标系等基准特征（将在第 4 章介绍基准特征的创建操作）。

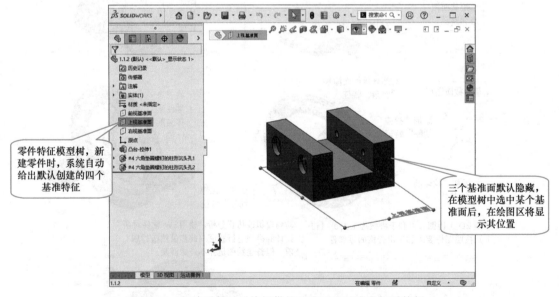

图 1-12　新建零件时系统提供的基准面和基准坐标系特征

草绘特征是指在特征创建过程中，设计者必须通过草绘特征截面才能生成的特征，如"拉伸凸台/基体"特征、"旋转凸台/基体"特征、"扫描"特征和"放样凸台/基体"特征等（第 2章、第 3 章介绍草图绘制和草绘特征的创建操作）。

实体编辑特征是系统内部定义好的一些参数化特征。创建实体编辑特征时，设计者只要按照系统提示设定相关参数，即可完成特征的创建，如"圆角""倒角""筋""抽壳"和"拔模"特征等（将在第 4 章介绍实体编辑特征的创建操作）。

知识库：

除此之外，SOLIDWORKS 还为用户提供了对已创建的特征进行整体操作的特征，如"镜像"与"阵列"特征等（将在第 4 章讲述其操作）。

1.1.4 SOLIDWORKS 特征间的关系

在 1.1.3 节中介绍了 SOLIDWORKS 主要是通过使用特征来创建三维图形，这里需要注意的是：如果一个特征取决于另一个对象而存在，则它是此对象的子对象或相关对象，而此对象反过来就是其子特征的父特征。如图 1-13a 所示，图 1-13b 的"抽壳"特征是在第一个"旋转凸台/基体"特征形成的实体上创建的，所以"旋转凸台/基体"特征即是"抽壳"特征的父特征。右键单击模型树中的特征名称，在弹出的快捷菜单中选择"父子关系"菜单项，打开"父子关系"对话框，如图 1-13c 所示，在其列表中可以查看当前模型的父子关系。

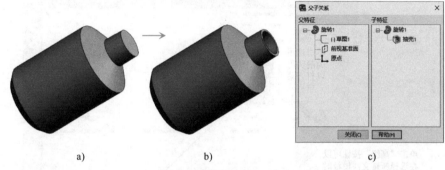

a)　　　　　　　　b)　　　　　　　　c)

图 1-13　特征的父子关系

父特征可以有多个子特征，而子特征也可以有多个父特征，作为子特征的特征同时也可以是其他特征的父特征。

提示：

理解特征的父子关系很重要，例如，删除父特征时，其子特征将一同被删除；修改父特征时，如果需要的话，其子特征应同步修改，否则可能导致设计出错。

1.1.5 SOLIDWORKS 的 Windows 功能

在 SOLIDWORKS 应用程序中，可以使用很多熟悉的 Windows 功能，具体如下。
➤ **打开文件：** 可以从 Windows 资源管理器中直接将零件拖入 SOLIDWORKS 操作界面中，从而打开该零件（使用相同的方法可生成工程图并创建装配体）。
➤ **打开和保存到 Web 文件夹：** 可以从 Web 文件夹中打开或保存文件。Web 文件夹是 SOLID-WORKS 的一个工具，使用该工具可以允许多个用户通过因特网共享、处理 SOLIDWORKS 模型文件。
➤ **使用键盘快捷键：** SOLIDWORKS 的所有操作都有对应的键盘快捷键，例如，<Ctrl+O>可打开文件，<Ctrl+S>可保存文件，<Ctrl+Z>可撤销操作等。

1.2 文件操作

在 SOLIDWORKS 中，文件操作主要包括新建文件、打开和导入文件、保存、打包和关闭文件，以及文件间的切换等，本节介绍这些基础文件操作。

1.2.1 新建文件

步骤 1 启动 SOLIDWORKS 2023 后，系统将显示图 1-14 所示的操作界面，单击"新建"按钮，或者选择"文件"→"新建"菜单命令，均可新建文件。

步骤 2 如图 1-14 所示，在打开的"新建 SOLIDWORKS 文件"对话框中单击不同按钮，可以新建不同类型的文件，这里保持系统默认，单击"零件"按钮，再单击 确定 按钮即可新建零件文件。

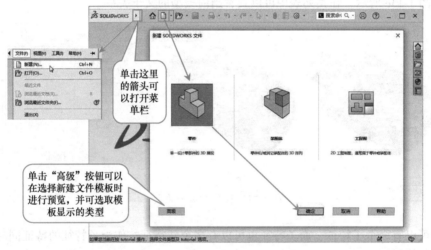

图 1-14 SOLIDWORKS 2023 的启动画面和新建零件文件的操作

从"新建 SOLIDWORKS 文件"对话框可以看出，SOLIDWORKS 可以创建三种不同类型的文件：零件、装配体和工程图。下面简要介绍各类型文件的特点。

> **"零件"文件**：3D 零件模型文件，文件扩展名为".SLDPRT"。
> **"装配体"文件**：用来建立装配文件，文件扩展名为".SLDASM"，在第 6 章装配中将使用该文件类型。
> **"工程图"文件**：2D 工程图文件，文件扩展名为".SLDDRW"，在第 7 章"工程图"中将使用该文件类型。

1.2.2 打开文件

选择"文件"→"打开"菜单命令或在操作界面顶部工具栏中单击"打开"按钮，在打开的"打开"对话框中选择已存在的模型文件，如图 1-15 所示。然后单击"打开"按钮即可打开文件（直接双击文件，或将文件直接拖动到 SOLIDWORKS 操作界面中也可打开文件）。

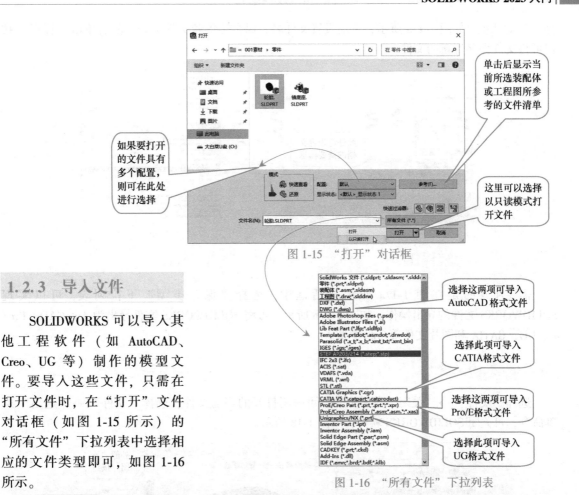

图 1-15 "打开"对话框

1.2.3 导入文件

SOLIDWORKS 可以导入其他工程软件（如 AutoCAD、Creo、UG 等）制作的模型文件。要导入这些文件，只需在打开文件时，在"打开"文件对话框（如图 1-15 所示）的"所有文件"下拉列表中选择相应的文件类型即可，如图 1-16 所示。

图 1-16 "所有文件"下拉列表

知识库：

如果出现无法导入文件的情况，可先在 Creo 等软件中将文件导出为 STEP 文件格式，然后再在此菜单中选择相关选项导入即可。

STEP 文件格式是国际标准化组织（ISO）所属的工业自动化系统技术委员会制定的 CAD 数据交换标准，支持大多数工业设计软件，可在 Pro/E、UG、CATIA、SOLIDWORKS 等软件中通用。

STEP203 主要用于通用机械，SETP214 主要用于汽车行业。

1.2.4 保存文件

文件的保存十分简单，选择"文件"→"保存"菜单命令或单击工具栏中的"保存"按钮 ，以及按下<Ctrl+S>快捷键，都可完成文件的保存（如是首次保存新创建的文件，则还会弹出"另存为"对话框，如图 1-17a 所示，此时，需要选择 SOLIDWORKS 文件的保存位置后，单击"保存"按钮进行保存）。

1.2.5 导出文件

如果需要将当前图形另存为一个文件，可选择"文件"→"另存为"菜单命令，打开"另存为"对话框，如图 1-17a 所示，重新设置文件名、保存位置和文件类型，然后单击"保存"按钮可将文件保存为新的文件。

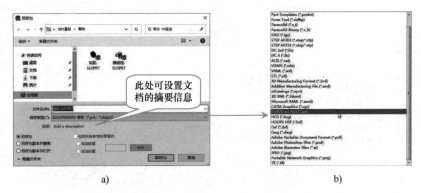

a)   b)

图 1-17 "另存为"对话框和"保存类型"下拉列表

需要注意的是在图 1-17a 所示对话框中，选择"保存类型"下拉列表，可以实现 SOLIDWORKS 文件的导出操作。如图 1-17b 所示，可将 SOLIDWORKS 文件导出为 AutoCAD、Pro/E、UG、CATIA 和图片文件等多种类型。

1.2.6 关闭文件

选择"文件"→"关闭"菜单命令，可关闭打开的当前文件；选择"文件"→"退出"菜单命令，可关闭 SOLIDWORKS 软件，如图 1-18 所示。

图 1-18 关闭文件操作

在操作界面的右上角，有两个"关闭"按钮×，如图 1-18 所示，单击内部的"关闭"按钮×，可以关闭打开的当前零件；单击外部的"关闭"按钮×，可以关闭 SOLIDWORKS 软件。

1.2.7 切换文件

当有多个模型同时打开时，如果需要从一个文件切换到另一个文件，可打开"窗口"菜单，该菜单中包含了所打开的文件列表，如图 1-19 所示，单击要切换的文件名便可以在不同的文件之间切换。

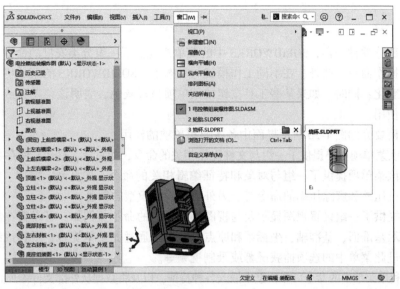

图 1-19　文件切换

1.3 SOLIDWORKS 工作界面

通过 1.2 节的讲解，知道了 SOLIDWORKS 可以创建三种不同类型的文件：零件、装配体和工程图。针对不同的文件形式，SOLIDWORKS 提供了对应的界面。下面以零件编辑状态下的主界面为例介绍 SOLIDWORKS 的工作界面，如图 1-20 所示。

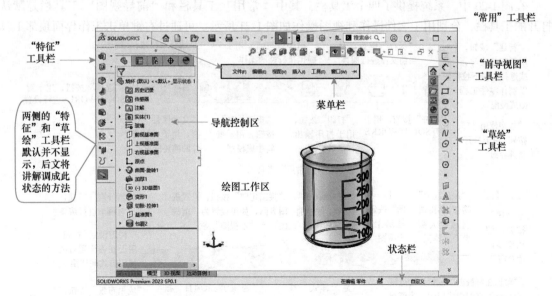

图 1-20　SOLIDWORKS 2023 工作界面

如图 1-20 所示，在零件编辑状态下，SOLIDWORKS 的工作界面主要由菜单栏和工具栏、导航控制区、绘图工作区和状态栏组成，下面介绍各组成部分的作用。

1.3.1 菜单栏

与其他大部分软件一样，SOLIDWORKS 中的菜单栏提供了一组分类安排的命令，其工具栏提供了一组常用操作命令。此外，在不同工作模式与状态下，SOLIDWORKS 的菜单栏与工具栏内容会发生相应的变化；同时，如果某些工具按钮或菜单项呈浅灰色，表明该菜单项或工具按钮在当前状态下无法使用。

下面首先简要介绍图 1-20 所示界面中各主要菜单项的作用。

➢ **文件**：该菜单项主要提供了一组与文件操作相关的命令，如新建、打开、保存和打印文件等。

➢ **编辑**：该菜单项提供了一组与对象和特征编辑相关的命令，如复制、剪切、粘贴，以及对模型进行压缩和解除压缩的命令等，另外还可设置模型的颜色。

➢ **视图**：提供了一组设置视图显示及与视图调整相关的命令，例如，可设置在绘图工作区中是否显示基准面、基准轴、坐标系和原点等，也可通过此菜单旋转、平移或缩放视图，另外还通过此菜单中的选项捕获屏幕或录制视频等。

➢ **插入**：利用菜单中的命令可在模型中插入各种特征，以及将数据从外部文件添加到当前模型中。

➢ **工具**：提供了草图绘制和标注等命令，以及测量、统计和分析命令，另外还包括宏和系统自定义等命令。

➢ **窗口**：包含了一组激活、打开、关闭和调整 SOLIDWORKS 窗口的命令，也可选取菜单底部的文件列表，以在打开的文件间切换。

➢ **帮助**：用来访问软件帮助主页，获取即时帮助，以及了解软件版本信息和客户服务信息等。

1.3.2 工具栏

在图 1-20 中，系统提供了四个工具栏，其中"常用"工具栏和"前导视图"工具栏是默认打开的工具栏，分别用于文件操作和视图操作如图 1-21 所示。可通过右键单击工作界面顶部工具

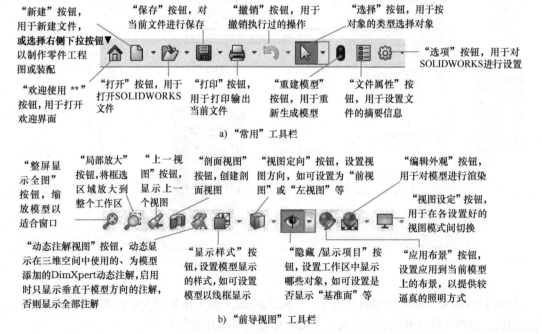

图 1-21 "常用"工具栏和"前导视图"工具栏介绍

栏的空白处，在弹出的快捷菜单中选择"草图"或"特征"菜单命令，打开"草绘"或"特征"工具栏。"草绘"工具栏用于绘制草图，"特征"工具栏用于创建特征，是最常使用的两个工具栏，所以在绘制模型前可首先将其调出。

除了图 1-20 显示的这种较常使用的模型绘制界面外，通常还可以使用 CommandManager 工具栏的强大功能绘制模型。右键单击工作界面顶部工具栏的空白区域选择 CommandManager 菜单项可以打开其工具栏，如图 1-22 所示。

图 1-22 CommandManager 工具栏

CommandManager 工具栏是一个与当前绘制内容密切相关的工具栏，可以推测用户的当前需要，从而动态更新工具栏上的显示内容。CommandManager 工具栏默认将用户经常使用的按钮进行了分类，单击 CommandManager 工具栏下面的选项卡，可以在这些分类间进行切换。

右键单击工作界面顶部工具栏的空白区域，还可以在弹出的快捷菜单中选择使用其他工具栏，如"曲线""曲面"工具栏等，关于其使用方法将在后续章节分别讲述。

提示：

为了进一步为图形区域节省空间，可以使用鼠标右键单击 CommandManager 菜单栏，然后选择"使用带有文本的大按钮"菜单项，令 CommandManager 工具栏只显示图标形式的按钮。

1.3.3 导航控制区

导航控制区位于主操作界面的左侧，由 FeatureManager 📘、PropertyManager 📋、ConfigurationManager 📑、DimXpertManager ⊕ 和 DisplayManager 🌐 五个选项卡组成，如图 1-23 所示。

a) FeatureManager   b) PropertyManager   c) ConfigurationManager   d) DimXpertManager   e) DisplayManager

图 1-23 导航控制区的五个选项卡

这五个选项卡的功能介绍如下。

➤ **FeatureManager（特征管理器）**：在此选项卡中显示了当前模型文件的名称，并将创建的全部特征以树状结构排列，方便观察模型或装配体的构造过程。

➤ **PropertyManager（属性管理器）**：此选项卡用于显示当前用户进行的命令操作或编辑实体的参数设置，在创建实体或编辑实体参数时将自动切换到此选项卡。

➤ **ConfigurationManager（配置管理器）**：此选项卡用于生成、选择或查看配置，可生成多个配置，以用来在同一个文件中创建零件或组装件的多个不同版本。

➤ **DimXpertManager**（尺寸专家管理器）：DimXpert 使用户能够自动标注 3D 模型的尺寸，以便进行制造。

➤ **DisplayManager**（外观管理器）：用于设置模型的外观（颜色）、贴图和环境的灯光等，以对模型进行渲染。

下面重点介绍导航控制区的 **FeatureManager** 选项卡。如图 1-23a 所示，图中按顺序显示了创建零件使用的 6 个特征。其中，最上面的"注解"项用于对添加的"注解"进行管理，"注解"特征可以对模型进行文字说明，如工件的热处理要求等；"材质"特征用于设置当前模型的材质，材质多在分析模型时使用；最后 4 个特征为基准特征，包含前、上和右视基准面，以及 1 个原点。

下面简要介绍模型树的使用要点。

➤ 要展开或收缩某个树项目，可双击该项目，如图 1-24a 所示。特征的子项目多为草绘特征，此处的特征是新创建的拉伸实体。

➤ 如果希望删除、编辑特征属性等，可在模型树中右键单击该特征，然后从弹出的快捷菜单中选择相应菜单项，如图 1-24b 所示。

➤ 在模型树中单击某个特征可选择该特征。

➤ 上下拖动模型树下端的线可以将某些特征暂时不纳入（或恢复）编辑状态，如图 1-24c 所示，以方便运行插入、删除指定特征等编辑操作。

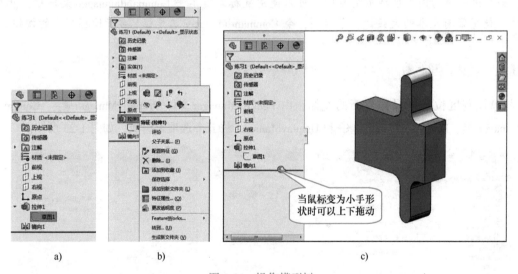

a)　　　　　　　　b)　　　　　　　　c)

图 1-24　操作模型树

提示：

如图 1-24b 所示，右键单击模型树中的特征，除了弹出快捷菜单外，在其上方还会弹出一个快捷操作工具栏（选择特征时也可显示此工具栏）。通过此工具栏，可以执行编辑特征、编辑草图、压缩、退回、隐藏、放大所选范围和正视图等操作（压缩的特征不装入内存，可减少系统的运算量），不同特征在不同状态下，所弹出的快捷操作工具栏会有所不同。

1.3.4　绘图工作区

操作区也称"绘图区"，是 SOLIDWORKS 的工作区域，用于显示或制作模型。图 1-25a 所示，绘图区的最上端是"前导视图"工具栏，其功能在前面已做过介绍；左下角显示了模型使用的坐标系；右上角是"向左平铺" ◁ "向右平铺" ▷ "最小化" — "恢复" ⬜ 和"关闭" ✕ 按钮（用于调整窗口）；右侧是 SOLIDWORKS 提供的几个资源管理器，通过选择不同的选项，可查看"指导教程"、下载"素材"以及选择"布景"和"材质"等。

除此之外，在编辑视图时，还会显示"确定" ✓ 和"取消" ✕ 按钮，而且会显示弹出的 FeatureManager 设计树，如图 1-25b 所示，以方便选择特征。

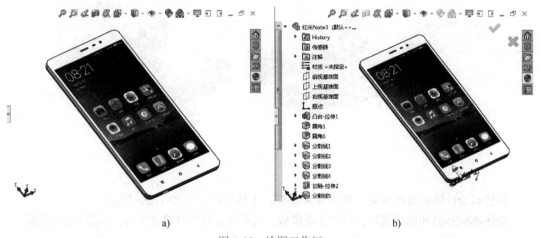

a)　　　　　　　　　　　　b)

图 1-25　绘图工作区

1.3.5　状态栏

状态栏位于 SOLIDWORKS 主窗口最底部的水平区域，用于提供关于当前窗口编辑的内容状态，如指示当前鼠标位置、草图状态等信息，如图 1-26 所示。

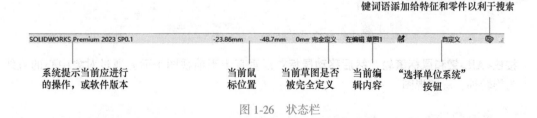

图 1-26　状态栏

1.4　对象显示调整

在绘制与编辑图形时，为了便于操作，经常需要缩放、平移和旋转视图。使用 SOLIDWORKS 提供的"前导视图"工具栏和"视图"菜单可对视图进行调整。此外，也可借助鼠标快速缩放、平移和旋转视图。

1.4.1　使用鼠标

在 SOLIDWORKS 中，鼠标滚轮（同时又是鼠标中键）非常重要，使用它能够快速缩放、平移和旋转视图（配合部分按键），具体操作如下。

➤ **前后滚动鼠标滚轮**：缩小或放大视图，应注意放大操作时的鼠标位置，SOLIDWORKS 将以鼠标位置为中心放大操作区域。

➤ **按住鼠标滚轮并移动光标**：旋转视图，如图 1-27a 所示。

➤ **使用鼠标滚轮选中模型的一条边，再按住鼠标滚轮并移动光标**：将绕此边线旋转视图，如图 1-27b 所示。

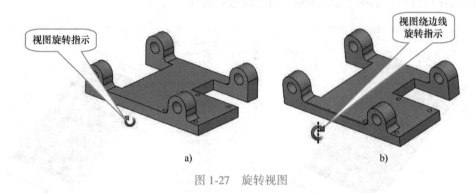

图 1-27　旋转视图

➤ **按住<Ctrl>键和鼠标滚轮，然后移动鼠标**：平移视图，如图 1-28a 所示。

➤ **按住<Shift>键和鼠标滚轮，然后移动鼠标**：沿垂直方向平滑缩放视图，如图 1-28b 所示。

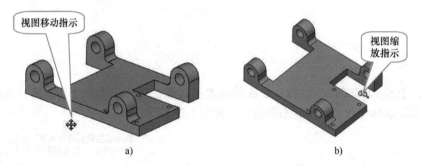

图 1-28　平移视图和沿垂直方向平滑缩放视图

➤ **按住<Alt>键和鼠标滚轮，然后移动鼠标**：以垂直于当前视图平面并通过对象中心的直线为旋转轴，旋转视图。

1.4.2　使用键盘

在 SOLIDWORKS 中，还可以单独使用键盘快捷键快速地操作视图，具体见表 1-1。

表 1-1　键盘调整视图的操作

按　键	执　行　操　作
方向键	水平（左、右方向键）或竖直（上、下方向键）旋转对象
<Shift>+方向键	水平（左、右方向键）或竖直（上、下方向键）旋转 90°

（续）

按　　键	执 行 操 作
\<Alt>+左/右方向键	绕中心旋转（绕垂直于当前视图平面的中心轴旋转）
\<Ctrl>+方向键	平移
\<Shift+Z>/\<Z>	动态放大（按\<Shift+Z>放大）或缩小（按\<Z>键缩小）
\<F>	整屏显示视图
\<Ctrl+Shift+Z>	显示上一视图
\<Ctrl+1>	显示前视图
\<Ctrl+3>	显示左视图
\<Ctrl+5>	显示上视图
\<Ctrl+7>	显示等轴测视图
\<Ctrl+8>	正视于选择的面
空格键	打开"方向"对话框

此外还可以使用绘图工作区左侧底部的参考三重轴调整视图的方向，见表 1-2。

表 1-2　通过参考三重轴调整视图方向

按　　键	执 行 操 作
选择一个轴	查看相对于屏幕的正视图
选择垂直于屏幕的轴	将视图方向旋转 180°
\<Shift>+选择	绕轴旋转 90°
\<Ctrl+Shift>+选择	反方向旋转 90°
\<Alt>+选择	绕轴旋转，在"工具"→"选项"→"系统选项"→"视图"命令下通过方向键指定增量
\<Ctrl+Alt>+选择	反向旋转

1.4.3　使用工具栏

除了可以利用鼠标和按键快速调整视图外，通过单击"前导视图"工具栏中的工具按钮还可对视图进行更多的调整。"前导视图"工具栏在图 1-21 中已做过介绍，下面只对几个不易理解的选项略加解释。

> ▶ ▥："剖面视图"按钮。单击该按钮后，打开"剖面视图"属性管理器，可以设置属性参数。通过选择"剖面"，并输入不同的参数，最后单击"确定" ✔ 按钮，可创建模型的剖面视图，如图 1-29 所示。

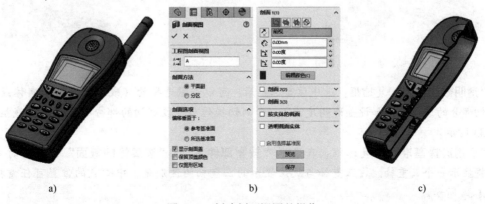

a)　　　　　　　　　　　　b)　　　　　　　　　　　　c)

图 1-29　创建剖面视图的操作

```
提示：
```

在图 1-29 所示的"剖面视图"属性管理器中，有几个选项不易理解，下面略作解释。

"平面副"和"分区"选项的区别：选中"平面副"，如选用两个剖面来剖切实体，将只能得到这两个剖面夹角位置处的剖面实体；选中"分区"，则可以通过选择不同的交叉区域（选中的交叉区域将隐藏），任意设置要剖切掉的区域（在选用多个剖切平面时，可以进行更多的选择），如图 1-30 所示。

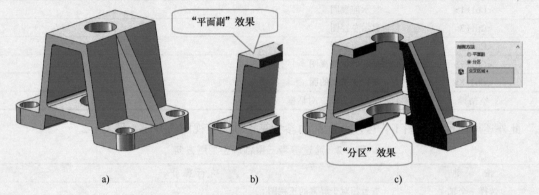

a)　　　　　　　　　　b)　　　　　　　　　　c)

图 1-30 "平面副"和"分区"选项的区别

"仅图形区域"复选框：选中该复选框，执行剖切操作后，将不能选中剖切面；反之，如不选中该复选框，而选中"显示剖面盖"复选框，在剖切操作后，可以选中剖切得到的剖切面，如图 1-31 所示。

"按零部件 *"复选框（在零件空间中，该选项为"按实体的截面"）：在零件的多实体状态下，或装配体状态下时，可以选择某个实体或零件，令其不参与剖切。如图 1-32 所示，选中把手部分，剖切面对其不起作用。

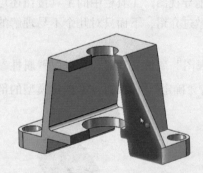

图 1-31 "仅图形区域"复选框的作用

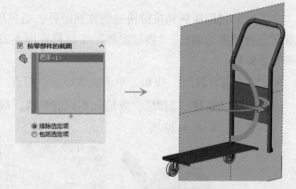

图 1-32 "按零部件 *"复选框的作用

"透明截面实体"复选框：选中该复选框后，可以设置选择的（或未选择的）实体或零件被剖切部分的透明度；如设置透明度为 1，则剖切操作后，被剖切的部分将显示零件线框，如图 1-33 所示。

"启用选择基准面"复选框：在选中"按零部件 *"／"按实体的截面"复选框时可用，此时将显示一个三重轴。该三重轴与默认显示的三重轴的区别是，中心点的位置可任意拖动，如图 1-34 所示。

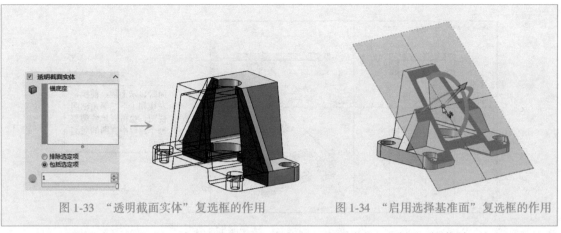

图 1-33 "透明截面实体" 复选框的作用   图 1-34 "启用选择基准面" 复选框的作用

➤ 🖱️："视图定向"按钮。单击该按钮后，将弹出"视图定向"选择下拉菜单，如图 1-35b 所示。通过单击此菜单栏中的按钮，可以将视图调整为上、下、左、右、前、后和轴测视图进行显示（关于轴测图详见下文知识库），调整前后的效果如图 1-35a、图 1-35c 所示。

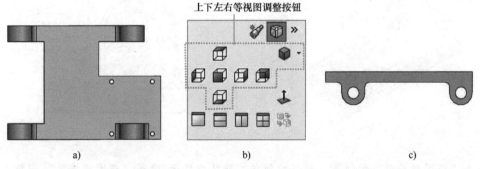

a)   b)   c)

图 1-35 "视图定向"选择下拉菜单和两个定向显示视图

知识库：

　　轴测图是一种单面投影图，即在一个投影面上同时反映出物体三个坐标面的形状。轴测图接近于人们的视觉习惯，形象、逼真且富有立体感，在绘制三维图形时较常使用。与轴测图对应的视图是投影图，如正投影视图和侧投影视图等。

　　在视图定向选择下拉菜单中，还可以选择"单一视图" □、"二视图-水平" ▤、"二视图-竖直" ▥ 和"四视图" ▦ 等选项，将绘图工作区划分为多个工作区域（被称为"视口"），以同时在多个方向显示和操作模型，图 1-36 所示。

　　单击"正视于"按钮 ↥ 后，可选择模型的某个面，以显示正视于此面的视图（如图 1-37 所示）。"连接视图"按钮 🔗 在多视口显示状态下可用，用于设置令两个相同视口（如同为前视图）的视图同时变动。

　　单击"新视图"按钮 🖌️，可通过打开的"命名视图"对话框，创建以当前视图位置为模板的自定义视图。单击"更多选项"按钮，打开"方向"对话框，通过该对话框，可删除自定义的视图，如图 1-38 所示。

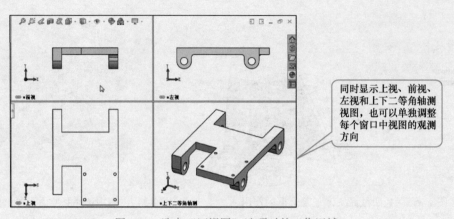

同时显示上视、前视、左视和上下二等角轴测视图,也可以单独调整每个窗口中视图的观测方向

图1-36 选中"四视图"选项时的工作区域

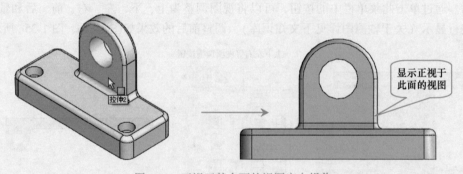

显示正视于此面的视图

图1-37 正视于某个面的视图定向操作

单击"视图选择器"按钮 ⬡ ,可以控制在工作区中显示/隐藏"视图选择器"图框,以更加方便和形象地选择需要的模型方向,如图1-39所示。

以当前视图为模板新建的视图

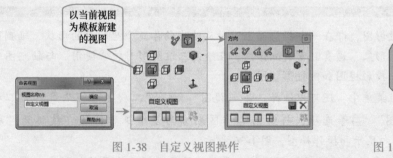

图1-38 自定义视图操作　　　　　　图1-39 "视图选择器"图框

> ▣:"显示类型"按钮。单击该按钮后,将弹出"显示类型"下拉菜单,如图1-40a所示。菜单栏中的按钮表示分别以带边线上色、上色、消除隐藏线、隐藏线可见和线架图模式显示零件模型,如图1-40b~f所示。

> ✦:"隐藏/显示项目"按钮。单击该按钮后,将弹出"隐藏/显示项目"下拉菜单,如图1-41a所示。通过选择该菜单中的选项,可以设置在绘图区中显示哪些对象,如可设置显示基准轴、原点、坐标系等。图1-41b所示为单击"查看光源"按钮后,显示出来的当前灯光。

提示：

需要注意的是隐藏的对象无法通过此处按钮设置为显示状态。

a) 菜单栏   b) 带边线上色   c) 上色

d) 消除隐藏线   e) 隐藏线可见   f) 线架图

图 1-40 零件的各种显示方式

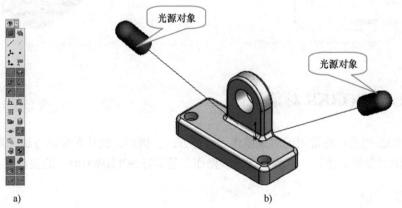

图 1-41 "隐藏/显示项目"菜单栏和显示出来的光源

➤ 🔘："应用布景"按钮。单击该按钮，弹出"应用布景"下拉菜单，如图 1-42a 所示，从中可为模型选用背景（如设置白色背景）。此功能，需要在启用"背景外观"模式时（系统默认启用此模式）才能使用。需要注意的是，此处背景设置，在渲染模型时依然有效，如图 1-42b 所示。

a)

b)

图 1-42 "应用布景"菜单和渲染后的布景效果

1.4.4 使用菜单

除了可以利用鼠标和"前导视图"工具栏来调整视图外，在"视图"下拉菜单中同样包含了一些用于视图调整的基本操作命令，如图 1-43 所示。"视图"下拉菜单中的大部分命令在前面已做过解释，下面只介绍几个特殊的菜单项。

> **重画**：重画当前视图以清除所有临时信息，但该命令只是重新刷新屏幕，而不再生模型。
> **荧屏捕获**：选择此选项下的"图像捕获"菜单项可将当前绘图工作区的图像捕获到剪切板，单击"录制视频"菜单项，可将绘图工作区的操作录制为视频。
> **斑马线**：选择"视图"→"显示"→"斑马线"菜单项，可以令模型以斑马线效果显示，如图 1-44 所示。
> **全屏**：选择"视图"→"全屏"菜单项，可以将绘图工作区以全屏模式显示，重新选择"视图"→"全屏"菜单项可退出全屏模式。

图 1-43 "视图"下拉菜单

图 1-44 斑马线效果

1.5 SOLIDWORKS 对象操作

SOLIDWORKS 中有一些常用的对象操作和管理方法，例如，创建对象的方法、鼠标和键盘操作、选择和删除对象的方法等，灵活掌握这些操作，是学好 SOLIDWORKS 的关键。

1.5.1 创建对象

在 SOLIDWORKS 中，通常使用"特征"工具栏中的按钮直接创建三维对象，"拉伸凸台/基体"  和 "旋转凸台/基体" 是无须附着其他实体的，能够在草图基础上直接创建实体的命令，下面是一个使用"拉伸凸台/基体"按钮 创建圆柱体的实例。

步骤 1 新建一个零件类型的文件，单击"特征"工具栏中的"拉伸凸台/基体"按钮 ，然后在绘图区中选择一基准面作为绘制拉伸凸台/基体草图的平面，如图 1-45 所示。

步骤 2 选择基准面后，系统进入草绘模式，在此模式下单击"绘制圆"按钮，以中心点为圆心，绘制一个圆，如图 1-46 所示。草图绘制完成后，单击右上角的"确定"按钮 ，退出草图模式。

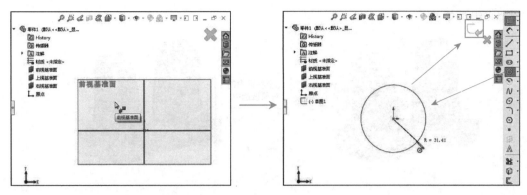

图 1-45　选择绘图平面　　　　　　　　　　图 1-46　绘制圆的操作

步骤 3　系统打开"凸台-拉伸"属性管理器，如图 1-47a 所示，设置拉伸高度为 100，单击绘图区右上角的"确认"按钮 ✔，完成圆柱体的绘制，效果如图 1-47b 所示。

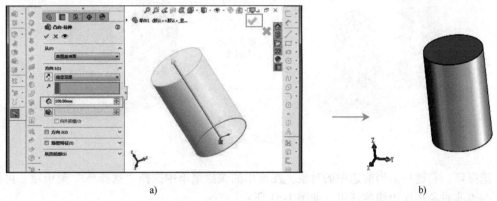

a)　　　　　　　　　　　　　　　　　　　　b)

图 1-47　设置拉伸高度和绘制的圆柱体

1.5.2　选择对象

选择对象是一个很普遍的操作，下面介绍选择对象的方法。

➤ **鼠标单击**：在绘图工作区利用鼠标单击可选择对象。按住<Ctrl>键继续单击其他对象可选择多个对象，如图 1-48 所示。

这里是连续选择的面。也可选择边线等对象

图 1-48　选择对象和选择多个对象的操作

➤ **框选**：可以通过拖动选框来选择对象。利用鼠标在对象周围拖出一个方框，方框内的对象将全部被选中，如图 1-49 所示。可以在选取对象时按住<Ctrl>键，通过拖动多个选框来选择多组对象。

完全在框内的对象被选中

图 1-49　框选选择对象

提示：

　　需要注意的是，当从左到右框选对象时，只有框中的对象被选中（如图 1-49 所示）；当从右到左选择对象时，与选框相交的对象也将同时被选中，如图 1-50 所示。

与框相交的对象也被选中

图 1-50　在草图模式下的框选方式

➤ **选择环**：右键单击当前选中的对象，在弹出的快捷菜单中选择"选择环"菜单项，可选择与当前对象相连边线的环组，如图 1-51 所示。

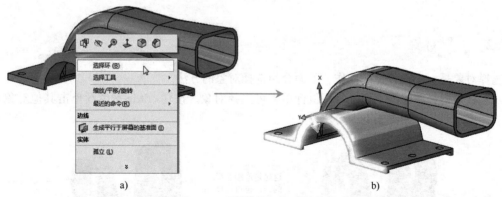

a)　　　　　　　　　　　　　　　b)

图 1-51　"选择环"选项操作

➤ **选择相切**：右键单击曲线、边线或面，在弹出的快捷菜单中选择"选择相切"菜单项，可以选择与此对象相切的对象，如图 1-52 所示。

知识库：

　　还可执行"选择中点"命令，右键单击某条线，在弹出的快捷菜单中选择"选择中点"命令，将选中并标注出此曲线的中点位置。

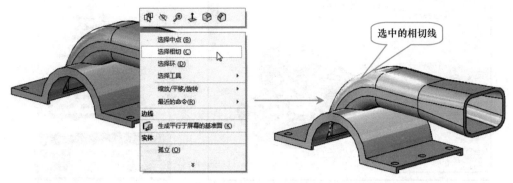

图 1-52 "选择相切"选项操作

➤ **选择其他：** 在绘图工作区中右键单击模型，然后单击"选择其他"按钮 ▣，可将当前选择的对象（如面）隐藏，从而选择被其隐藏的对象，如图 1-53 所示。

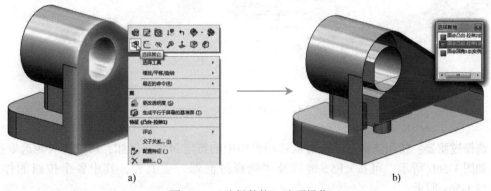

图 1-53 "选择其他"选项操作

> **提示：**

在执行"选择其他"命令时将同时打开"选择其他"对话框，如图 1-53b 所示。在此对话框中按出现顺序列举了与当前选择对象相关的其他对象（如面、边线、子装配体等）。将光标停留在清单所列的对象上，此对象会高亮显示。上下移动光标，找到需要选择的对象后单击即可选择该对象。

➤ **模型树选择：** 通过在 FeatureManager 模型树中选择名称可以选择特征、草图、基准面和基准轴等，如图 1-54a 所示。

> **知识库：**

在选择对象的同时按住<Shift>键，可以选择多个连续项目；在选择的同时按住<Ctrl>键，可以选取多个非连续项目。右键单击模型树中的特征（除了材质、光源、相机和布景），在弹出的快捷菜单中选择"转到"菜单项，如图 1-54b 所示，可以按名称搜索特征。

➤ **逆转选择和套索选取：** 逆转选择将选择文件中与当前选择对象类似的所有其他对象，而取消当前选择的对象。要逆转选择对象，可右键单击当前选中的对象，然后在弹出的快捷菜单中，选择"逆转选择"命令，如图 1-55 所示（如选择"套索选取"命令，则可以通过绘制一个套索区域来选择区域内的对象）。

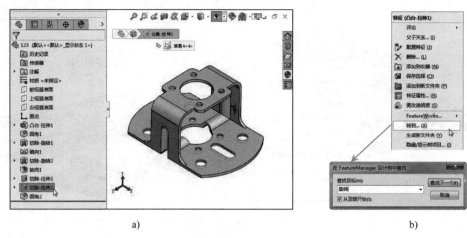

a)   b)

图 1-54 使用模型树选择对象和根据对象名称选择对象的操作

图 1-55 逆转选择对象的操作

> **选择过滤器**：使用选择过滤器可以选择模型中的特定对象，例如，可设置只能选取边线，如图 1-56b 所示。可按 <F5> 键打开"选择过滤器"工具栏，其中各个按钮的作用如图 1-56a 所示。

a)   b)

图 1-56 "选择过滤器"工具栏

知识库：

要取消对象的选取，可采用以下几种方法。

> 按 <Esc> 键，可取消全部对象的选取。
> 按 <Ctrl>+鼠标左键，可取消选取单击的对象。
> 单击空白区域，可取消全部对象的选取。

1.5.3 删除对象

删除对象的方法十分简单，在选择好要删除的对象后，直接按<Delete>键（或在 FeatureManager 模型树中右键单击，在弹出的快捷菜单中选择"删除"菜单项）即可完成删除操作；如果想撤销删除，只需单击"标准"工具栏中的"撤销"按钮 ↷ 即可。

在删除对象时需要注意以下几点。

➤ 不能删除非独立存在的对象，如实体的表面、包括其他特征的对象等。

➤ 不能直接删除被其他对象引用的对象，如通过拉伸草绘曲线生成实体后，不能将该草绘曲线删除。

1.5.4 隐藏对象

在建模过程中，如果所建模型的一部分阻碍了其他对象的绘制，那么可以将某些对象暂时隐藏以方便操作。

在 FeatureManager 模型树中右键单击要隐藏/显示的对象，在弹出的工具栏中单击"隐藏"按钮 ◇ /"显示"按钮 ⊙，可隐藏/显示对象，如图 1-57 所示。

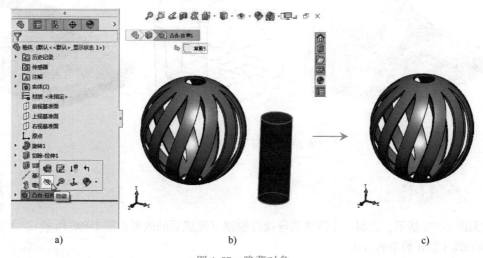

a)　　　　　　　　　　b)　　　　　　　　　　c)

图 1-57　隐藏对象

需要注意的是，隐藏的对象不能与其他对象有关联，否则所有关联对象将会一同被删除或隐藏。

> **提示：**
>
> 也可以单击"压缩"按钮 ↓ 将对象压缩，压缩的对象只需考虑特征的父子关系，无需考虑关联性。
>
> 压缩的对象不被装入内存，不参与模型的大多数运算，主要是为了减少系统的运算量；而隐藏的对象，仍然处于内存中，而且参与模型的运算，主要是为了方便操作。

1.6 实战练习

针对本章学习的知识，本节给出几个上机实战练习题，包括视图调整、简单工件绘制、自定义尺寸标准和视图背景、自定义工具栏等；思考完成这些练习题，将有助于广大读者熟悉本章内容，并可进行适当拓展。

1.6.1 视图调整

打开本书提供的素材文件（如图1-58a所示），尝试执行如下操作。

1）尝试执行旋转视图、绕线旋转视图和平移视图操作。

2）通过使用"前导视图"工具栏中的"显示类型"命令按钮🗔，令模型具有不同的显示样式，并观察各种样式的不同之处（部分效果如图1-58b所示）。

3）通过使用"视图定向"命令按钮🗔，令模型分别处于"上视图""左视图"和"等轴侧"视图状态。

4）局部放大模型的某个区域后，再恢复到整体显示模型状态。

5）显示出模型原点。

6）对模型按照右视基准面进行剖切（效果如图1-58c所示）。

7）压缩"凸台-拉伸4"特征。

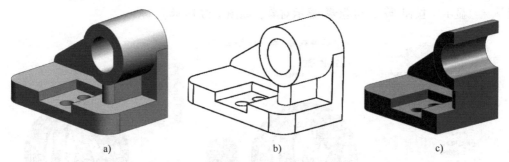

a)   b)   c)

图1-58 零件素材和要执行的部分操作

1.6.2 绘制工件

按照图1-59a所示，绘制一个简单的连接件模型（完成后的效果如图1-59b所示），了解使用SOLIDWORKS制作模型的方法。

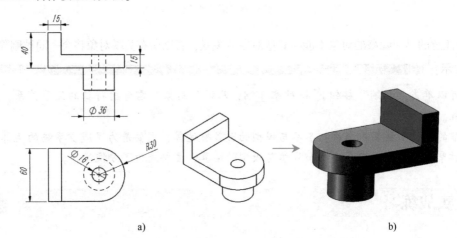

a)   b)

图1-59 连接件工程图和三维模型

1.6.3 自定义尺寸标准和视图背景

新建空白的零件类型文件，然后尝试完成如下操作。

1) 通过"选项"对话框，设置视图背景为白色。

2) 通过"选项"对话框，设置当前文件的单位和尺寸标准为"MMGS（毫米、克、秒）（G）"。

1.6.4 自定义工具栏

打开本书提供的素材文件"1.6.4 涡轮壳体（sc）.SLDPRT"，尝试执行如下操作。

1) 通过自定义操作，调出"包覆"特征到"特征"工具栏中。

2) 显示"参考几何体"工具栏，然后将此工具栏移动到窗口左下角"特征"工具栏的下部位置处，如图 1-60 所示。

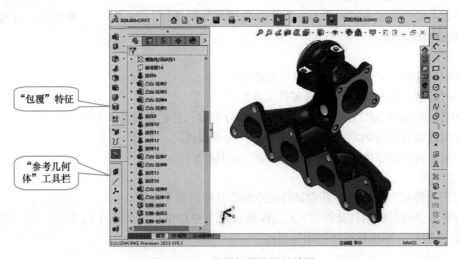

图 1-60 工具栏的最终调整效果

1.7 习题解答

针对 1.6 节的实战练习，本书给出了视频讲解，包括相关实例等，读者可以扫码观看。

如果仍无法独立完成 1.6 节要求的这些操作，那么就一步一步跟随视频讲解，操作一遍吧！

1.8 课后作业

学完本章内容后，读者应对 SOLIDWORKS 软件和使用它设计模型的思路有一个基本的了解，熟练掌握新建、打开和保存文件的方法；掌握工具栏的打开和关闭，以及工具栏命令按钮的添加方法；还需掌握调整视图以及选择、删除和隐藏对象的方法，为后面的学习打下坚实的基础。为了更好地掌握本章内容，可以尝试完成如下课后作业。

一、填空题

1) 在 SOLIDWORKS 中，按照特征的性质不同，特征可分为_____、_____

与_____。

2）如果一个特征取决于另一个对象而存在，则它是此对象的_____或相关对象。

3）在新建一个零件模型时，为了便于操作，系统提供了_____、_____和_____三个基准面，以及一个_____，均称为基准特征。

4）如果出现无法导入文件的情况，可先在 Pro/E 等软件中将文件导出为_____文件格式，然后再进行导入操作。

5）SOLIDWORKS 可以创建三种不同类型的文件：_____、_____和_____。

6）_____工具栏是一个与当前绘制内容密切相关的工具栏，可以推测用户的当前需求，从而动态更新工具栏上的显示内容。

7）按住_____键和鼠标滚轮，然后移动鼠标可以平移视图。

8）_____按钮在模型状态下，基本上对模型的显示没有明显作用，只有对视图进行渲染后，才可查看其设置效果。

9）右键单击当前选中的对象，在弹出的快捷菜单中选择_____菜单项，可选择与当前对象相连边线的环组。

二、问答题

1）SOLIDWORKS 产品的设计过程是怎样的？

2）如何新建一个 SOLIDWORKS 零件文件？

3）SOLIDWORKS 2023 的工作界面由哪些部分组成，它们各有什么作用？

4）如何设置 SOLIDWORKS 的绘图区背景？简单叙述。

5）如何在新建的零件文件中添加"钣金"工具栏？

三、操作题

1）打开"特征"工具栏，并尝试添加或删除其中的命令按钮。

2）打开本书提供的素材文件"1.8 操作题（SC).SLDPRT"，如图 1-61 所示，练习选择、隐藏对象，以及旋转、平移和缩放视图等操作。

按住鼠标滚轮拖动可旋转视图

图 1-61 "1.8 操作题（SC).SLDPRT"文件

第 **2** 章

草 图 绘 制

本章要点

☐ 草图入门
☐ 草图绘制
☐ 草图工具
☐ 标注尺寸
☐ 添加几何关系

学习目标

本章讲述草图绘制的基本操作，包括草图实体（如直线、多边形、圆和抛物线）的绘制和草图编辑。草图实体绘制包括直线、多边形、圆和圆弧、椭圆/椭圆弧、抛物线、中心线、样条曲线和文字等的绘制；草图编辑包括圆角、倒角、等距实体、转换实体引用、剪裁/延伸草图、构造几何线、镜像草图和阵列草图等工具的使用。此外，标注尺寸和添加几何关系也是编辑定义草图的重要组成部分。

2.1 草图入门

SOLIDWORKS 中模型的创建都是从绘制二维草图开始的，草图指的是一个平面轮廓，用于定义特征的截面形状、尺寸和位置等。图 2-1 所示即是一个二维草绘图形。

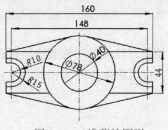

图 2-1 二维草绘图形

2.1.1 进入和退出草绘环境

共有两种进入草绘环境的方法，具体如下。

1）单击"草图"工具栏中的"草图绘制"按钮▣，或单击"草图"工具栏中的任一草绘图形按钮（如直线✎、边角矩形▢、圆◉等），或选择"插入"→"草图绘制"菜单命令，再选择任一基准平面或实体面即可进入草绘环境，如图2-2所示。

2）单击"特征"工具栏中的"拉伸凸台/基体"按钮▣、"旋转凸台/基体"按钮▧，或选择相应的菜单栏，再选择任一基准平面或实体面即可进入草绘环境，如图2-3所示。此时必须绘制闭合草图才能退出草绘环境。

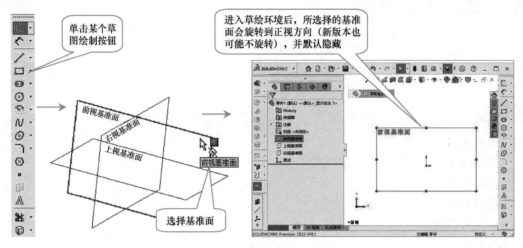

图 2-2　进入草绘环境的方式一

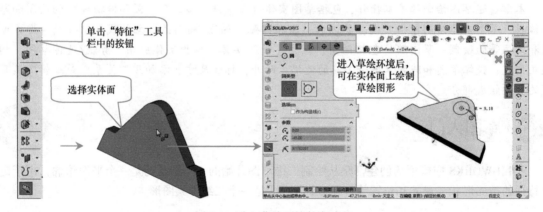

图 2-3　进入草绘环境的方式二

进入草绘环境后，即可按要求绘制草绘图形。草图绘制完成后，可单击"草图"工具栏中的"退出草图"按钮▣退出草绘模式，也可单击绘图工作区右上角的"退出草图"按钮↳或"取消"按钮✖退出草绘模式。

2.1.2　"草图"工具栏

"草图"工具栏提供了草图绘制所用到的大多数工具，并且进行了分类，包括尺寸标注工具、添加几何关系工具、实体绘制工具和草图编辑工具等，详细说明如图2-4所示。

本章将按照上述分类，分节介绍使用"草图"工具栏中提供的工具绘制草绘图形的方法。

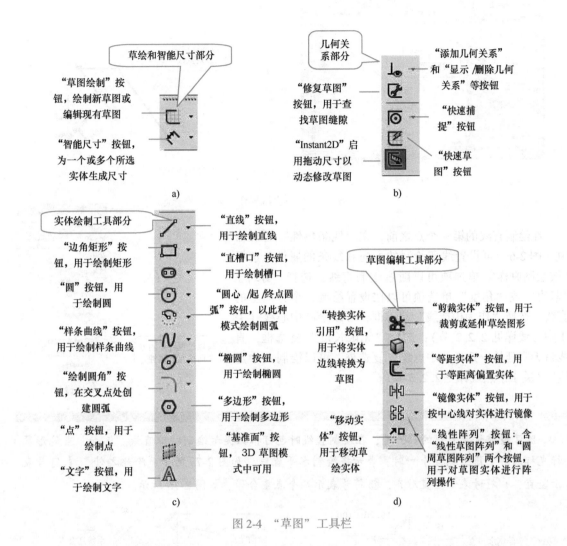

图 2-4 "草图"工具栏

2.2 草图绘制

草图绘制实体是指直接绘制草图图线的操作，如绘制直线、多边形、圆和圆弧、椭圆和椭圆弧等，下面分小节讲述其操作。

2.2.1 直线

进入草绘环境后，单击"草图"工具栏中的绘制直线按钮 ✏ （或选择"工具"→"草图绘制实体"→"直线"菜单命令），指针形状变为 ✎ ，并且弹出"线条属性"管理器，如图 2-5a 所示。在绘图区的适当位置单击确定直线的起点，释放鼠标，将光标移到直线的终点后单击，再双击鼠标左键，即可完成当前直线的绘制。

如在绘制终点单击左键，则可以连续绘制相互连接的多条直线，如图 2-5b 所示。

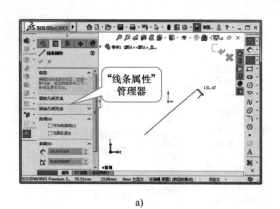

a)

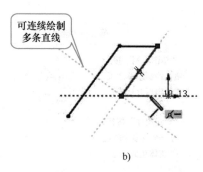

b)

图 2-5　绘制直线操作

在绘制直线的第一个点之前，在"线条属性"管理器中（图 2-6）可设置线条绘制的方向和线条的属性。选择"按绘制原样"单选项可以随意绘制直线；选择"水平""竖直"或"角度"单选项可以按设置绘制某个方向上的直线；选择"作为构造线"复选框，可以绘制中心线（关于中心线详见 2.2.2 节）；选择"无限长度"复选框，直线将无限延长；选择"中点线"复选框，可以绘制"中点线"（关于中点线详见 2.2.3 节）。

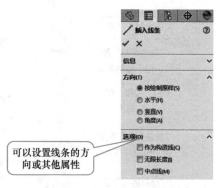

图 2-6　绘制直线前的设置

知识库：

除了提前设置直线的属性外，在绘制直线时也可根据提示绘制特殊直线。例如，当笔形鼠标光标的右下角出现符号━时，表示将绘制水平直线，如图 2-7a 所示。除此之外，┃符号表示竖直，╎符号表示竖直对齐，◎符号表示两个点重合等，如图 2-7b 所示。

图 2-7　绘制直线时的光标提示

直线绘制完成后，单击"草图"工具栏中的"直线"按钮　（或按<Esc>键），按钮颜色变为灰色，即可退出绘制直线命令。

提示：

在直线的第二个点绘制完成且未移动鼠标前，如图 2-8a 所示，可以在"线条属性"管理器中输入直线第二点的精确参数，如图 2-8b 所示。

另外，在直线第二个点绘制完成后，鼠标光标顺着直线的绘制方向移动（如图 2-9 a 所示），再将鼠标光标移动到直线的外部，可以绘制与已绘直线相切的圆弧（如图 2-9b 所示）。

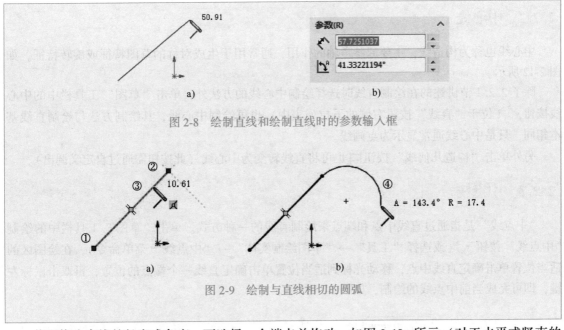

图 2-8　绘制直线和绘制直线时的参数输入框

图 2-9　绘制与直线相切的圆弧

　　若要修改直线的长度或角度，可选择一个端点并拖动，如图 2-10a 所示（对于水平或竖直的直线，在调整角度前应删除其约束，详见下面"提示"）；若要移动直线可选择该直线并将它拖动到另一位置，如图 2-10b 所示；若要删除直线，用鼠标选中直线后按<Delete>键即可。

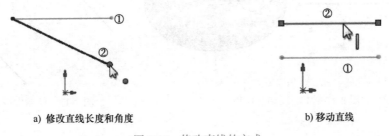

a) 修改直线长度和角度　　　　　　　　　　b) 移动直线

图 2-10　修改直线的方式

提示：

　　如果修改的直线具有竖直或水平几何关系（在直线下面显示━或▮标志），在改变直线角度之前，应删除其几何关系，删除方法如图 2-11 所示。用鼠标选中该直线几何关系的提示符号，符号变为粉红色，然后按<Delete>键，即可将其删除。

　　所谓几何关系即是对直线的约束，详细添加方法将在 2.5 节讲述。

a) 删除水平几何关系　　　　　　　　　　b) 删除竖直几何关系

图 2-11　删除几何关系

2.2.2 中心线

中心线也称为构造线，主要起参考轴的作用，通常用于生成对称的草图特征或旋转特征，如图 2-12 所示。

除了 2.2.1 节讲述的在绘制直线时选择绘制中心线的方法外，单击"草图"工具栏中的中心线按钮（位于"直线"按钮右侧的下拉列表中）也可绘制中心线，其绘制方法与绘制直线基本相同，只是中心线通常显示为点画线。

另外单击"构造几何线"按钮也可将直线转变为中心线（此按钮需通过自定义调出）。

2.2.3 中点线

"中点线"是指通过直线中点和端点来绘制直线的一种方式。单击"草图"工具栏中的绘制"中点线"按钮（或选择"工具"→"草图绘制实体"→"中点线"菜单命令），在绘图区的适当位置单击确定直线中点，移动光标到适当位置单击确定直线一个端点的位置，再双击鼠标左键，即可完成当前中点线的绘制，如图 2-13 所示。

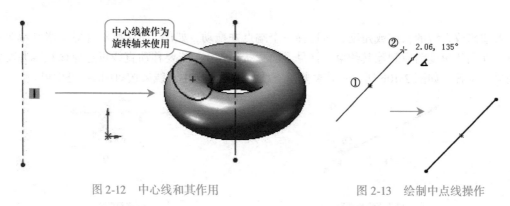

图 2-12　中心线和其作用　　　　　图 2-13　绘制中点线操作

2.2.4 矩形

进入草绘环境后，单击"草图"工具栏中的"矩形"按钮（或选择"工具"→"草图绘制实体"→"矩形"菜单命令），此时指针形状变为，并且在导航控制区弹出"矩形"属性管理器，如图 2-14 所示。

在"矩形"属性管理器的"矩形类型"卷展栏中可以发现有 5 种创建矩形的方式，分别为：边角矩形、中心矩形、3 点边角矩形、3 点中心矩形和平行四边形，下面分别介绍这 5 种创建矩形的方法。

图 2-14　"矩形"属性管理器

● 1. 边角矩形

"边角矩形"方式可以通过两个对角点绘制矩形。在"矩形"属性管理器的"矩形类型"卷展栏中单击"边角矩形"按钮，可以"边角矩形"方式绘制矩形，在绘图区的不同位置单击两次，即可绘制矩形，如图 2-15 所示。

2. 中心矩形

"中心矩形"方式可以通过中心点和对角点绘制矩形。在"矩形"属性管理器的"矩形类型"卷展栏中单击"中心矩形"按钮▢，可以"中心矩形"方式绘制矩形，在绘图区中单击确定矩形中心点的位置，然后移动鼠标以中心点为基准向两边延伸，调整好矩形的长度和宽度后，单击鼠标左键即可绘制矩形，如图 2-16 所示。

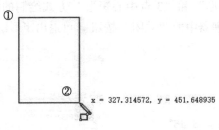

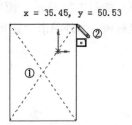

图 2-15　"边角矩形"方式　　　　图 2-16　"中心矩形"方式

3. 3 点边角矩形

"3 点边角矩形"方式可以通过确定 3 个角点绘制矩形。在"矩形"属性管理器的"矩形类型"卷展栏中单击"3 点边角矩形"按钮◇，可以"3 点边角矩形"方式绘制矩形。在绘图区单击确定第 1 点，然后移动鼠标从该点处产生一条跟踪线，该线指示矩形的宽度，在合适位置处单击确定第 2 点（确定矩形的宽度和倾斜角度），最后沿与该线垂直的方向移动鼠标调整矩形的高度，并单击确定第 3 点即可生成矩形，如图 2-17 所示。

4. 3 点中心矩形

"3 点中心矩形"方式可以通过矩形中心点和两个角点绘制矩形。在"矩形"属性管理器的"矩形类型"卷展栏中单击"3 点中心矩形"按钮◇，可以"3 点中心矩形"方式绘制矩形。在绘图区单击确定矩形中心点的位置，然后移动鼠标从该点处产生一条跟踪线，该线确定矩形的一半长度，在合适位置处单击确定第 2 点（此点确定矩形的长度和倾斜角度），然后沿与该线垂直的方向移动鼠标调整矩形另一边的长度，并单击鼠标左键确定第 3 点即可生成矩形，如图 2-18 所示。

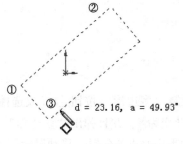

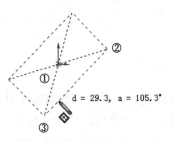

图 2-17　"3 点边角矩形"方式　　　　图 2-18　"3 点中心矩形"方式

5. 平行四边形

"平行四边形"方式与"3 点中心矩形"方式基本相同，都是通过三个角点来确定矩形，只是此命令可以用于绘制平行四边形。在"矩形"属性管理器的"矩形类型"卷展栏中单击"平行四边形"按钮 ⧄，可以"平行四边形"方式绘制平行四边形。在绘图区单击确定平行四边形起点的位置，移动鼠标从该点处产生一条跟踪线，该线指示平行四边形一条边的长度，在合适位置处单击确定第 2 点，然后移动鼠标确定平行四边形第 3 个点的位置单击，即可生成平行四边形，如图 2-19 所示。

通过上述操作绘制矩形后，可通过"矩形"属性管理器中的"参数"卷展栏更改矩形每个角点的坐标值，如图 2-20 所示，使用"中心矩形"和"3 点中心矩形"方式绘制的矩形还可更改中心点的坐标值。另外单击"矩形"属性管理器中的"关闭"按钮 ✔ 可退出矩形绘制模式。

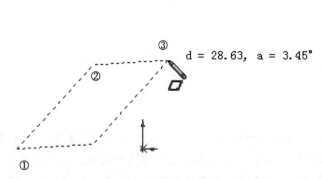

图 2-19　绘制平行四边形　　　　　　图 2-20　"矩形"属性管理器的"参数"卷展栏

知识库：

可在退出矩形绘制模式后，通过拖动矩形的一个边或顶点，来修改矩形的大小和形状，如图 2-21 所示。

拖动矩形的一边　　　　　　　　　　　　拖动矩形的一个顶点

　　　　　a)　　　　　　　　　　　　　　b)

图 2-21　修改矩形

2.2.5　多边形

进入草绘环境后，单击"草图"工具栏中的绘制"多边形"按钮 ⬡（或选择"工具"→"草图绘制实体"→"多边形"菜单命令），鼠标指针变为 ⬡，并且弹出"多边形"属性管理器，如图 2-22 b 所示。在绘图区的适当位置单击确定多边形中心点的位置，移动鼠标，此时系统提示鼠标指针与中心点的距离和旋转角度，再次单击完成绘制。

通过上述操作后，基本绘制出一个多边形，此时在"多边形"的属性管理器中，可设置多边形的边数、中心坐标、内切圆或外接圆的直径以及角度等（图 2-22c 所示为更改边数的多边形效果）。再次单击"多边形"按钮 ⬡ 可退出多边形绘制状态。

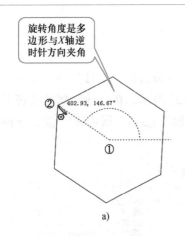

图 2-22　绘制多边形

提示：

　　在图 2-22b 所示的"多边形"属性管理器中，选中"内切圆"单选项，表示多边形内切于设置的圆；"外接圆"单选项表示多边形的顶点位于所设置的圆上。

　　单击"新多边形"按钮，表示该属性管理器所设置的参数应用于新创建的多边形上，否则更改这些参数，将直接用于当前多边形。

　　退出多边形绘制模式后，可拖动多边形的一条边，修改多边形的大小，如图 2-23a 所示；若要移动多边形，可通过拖动多边形的顶点或中心点来完成，如图 2-23b 所示。

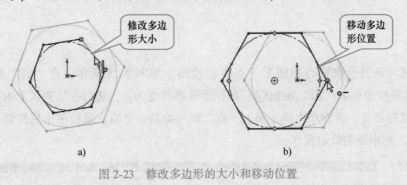

图 2-23　修改多边形的大小和移动位置

知识库：

　　若想让多边形的边具有不同的长度或几何状态，可在选择多边形的边线后，在"多边形"属性管理器的"现有几何关系"卷展栏中（如图 2-24a 所示）删除"阵列"几何关系，此时就可以随意地改变多边形的形状了，如图 2-24b 所示。

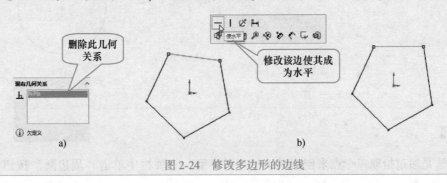

图 2-24　修改多边形的边线

2.2.6　圆

进入草绘环境后，单击"草图"工具栏中的"圆"按钮⊙（或选择"工具"→"草图绘制实体"→"圆"菜单命令），打开"圆"属性管理器，如图 2-25 所示。在"圆"属性管理器的"圆类型"卷展栏中可以发现系统提供了两种创建圆的方式："圆"⊙和"周边圆"◯，下面分别讲解其操作。

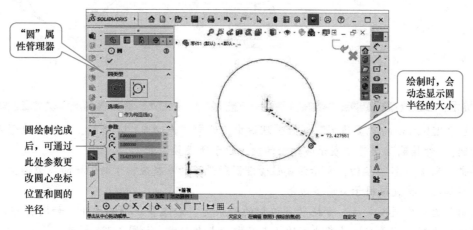

图 2-25　绘制圆及"圆"属性管理器

● 1. 圆

此种方式可通过拾取圆心和圆上一点来创建圆。如图 2-25 所示，在"圆"属性管理器的"圆类型"卷展栏中单击"圆"按钮⊙，鼠标指针形状变为✎，然后在绘图区单击指定一点作为圆心，移动鼠标指针，再次单击确定圆上一点，即可绘制一个圆。最后单击属性管理器中的"关闭"按钮✔，结束圆的绘制操作。

知识库：

在退出圆的绘制模式后，将鼠标指针放置在圆的边缘或是圆心上，可通过拖动来修改圆。例如，可拖动圆的边线来放大或缩小圆，拖动圆的圆心来移动圆，如图 2-26 所示。

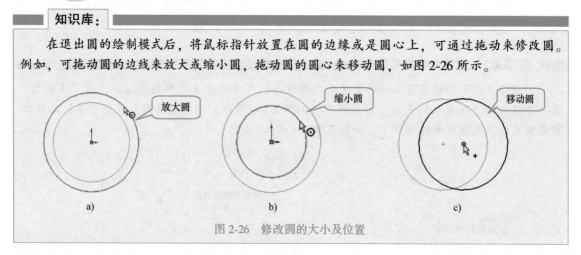

图 2-26　修改圆的大小及位置

● 2. 周边圆

此种方法是通过拾取三个点来创建圆。在"圆类型"卷展栏中单击"周边圆"按钮◯，然后在绘图工作区中三个不共线的位置各单击一次，即可创建一个圆，如图 2-27 所示，最后单击属性管理器中的"关闭"按钮 ✔，结束圆的绘制操作。

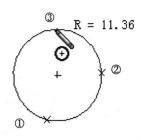

图 2-27　"周边圆"方式绘制圆

2.2.7　圆弧

在 SOLIDWORKS 中绘制圆弧主要有"圆心/起/终点圆弧""切线弧"和"三点圆弧"三种方法，下边分别介绍其绘制过程。

● 1. 圆心/起/终点圆弧

此种方式是通过选取圆弧圆心和端点来创建圆弧。进入草绘环境后，单击"草图"工具栏中的"圆心/起/终点圆弧"按钮 🕭（或选择"工具"→"草图绘制实体"→"圆心/起/终点圆弧"菜单命令），鼠标指针形状变为 ✎，然后在绘图区单击指定一点作为圆弧的圆心，移动鼠标指针，会有虚线圆出现，在虚线圆上的两个不同位置各单击一次确定圆弧的两个端点，即可绘制一段圆弧，如图 2-28 所示。

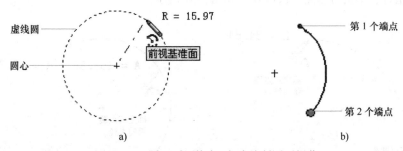

图 2-28　"圆心/起/终点"方式绘制圆弧操作

最后单击属性管理器中的"关闭"按钮 ✔，可结束圆弧的创建操作。

● 2. 切线弧

如果绘图区有直线、圆弧或者样条曲线存在，可以创建一段在其端点处与这些图元相切的圆弧，操作如下。

进入草绘环境后，单击"草图"工具栏中的"切线弧"按钮 🕭（或选择"工具"→"草图绘制实体"→"切线弧"菜单命令），指针形状变为 ✎；在某一直线或圆弧的一个端点处单击，确定切线弧的起始点，移动指针在适当的位置再次单击，确定切线弧的方向、半径及终止点，完成切线弧的绘制，如图 2-29 所示。

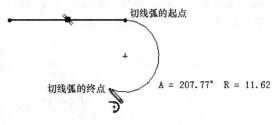

图 2-29　绘制切线弧的操作

> **提示：**
>
> 　　需要注意的是，鼠标移动方向不同，所生成的切线弧也不同。例如，沿着直线的方向向后拖动，再向外拖动可以生成向内切的圆弧，如图 2-30a 所示；从端点位置开始，直接垂直于直线向外拖动，再向两边拖动，将生成与直线垂直的圆弧，如图 2-30b 所示。

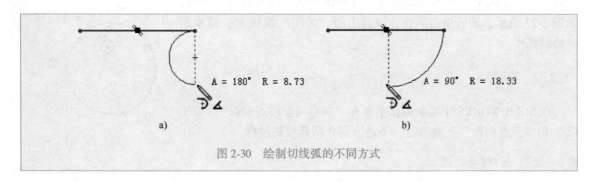

图 2-30　绘制切线弧的不同方式

● 3. 三点圆弧

该方式通过三个点来绘制一段圆弧。进入草绘环境后，单击"草图"工具栏中的"三点圆弧"按钮 （或选择"工具"→"草图绘制实体"→"三点圆弧"菜单命令），指针形状变为 ；在绘图区的两个不同位置各单击一次指定圆弧的两个端点，此时会有一段弧粘在鼠标指针上，移动鼠标指针，单击可创建一段圆弧，如图 2-31 所示。

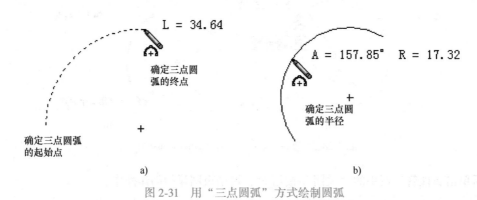

图 2-31　用"三点圆弧"方式绘制圆弧

知识库：

在圆弧绘制完成且未执行其他操作时（或进入草绘模式后，选择绘制的圆弧），可在"圆弧"属性管理器的"参数"卷展栏中（如图 2-32 所示）更改圆弧"圆心"和两个端点的坐标值，以及圆弧的半径和圆弧的角度。

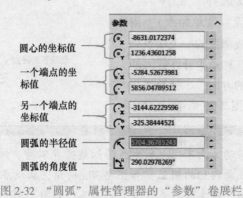

图 2-32　"圆弧"属性管理器的"参数"卷展栏

2.2.8 椭圆

进入草绘环境后，单击"草图"工具栏中的"椭圆"按钮 ⊙ （或选择"工具"→"草图绘制实体"→"椭圆（长短轴）"菜单命令），指针形状变为 ； 在绘图区的适当位置单击确定椭圆圆心的位置，拖动鼠标并单击确定椭圆的一个半轴的长度，再次拖动鼠标并单击确定椭圆另一个半轴的长度，椭圆绘制完成，如图 2-33 所示。

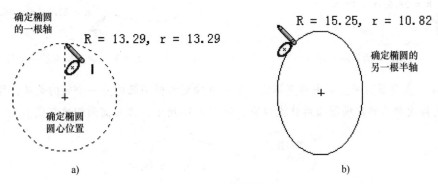

图 2-33　绘制椭圆

知识库：

在绘制完成的椭圆上有四个星位，在星位处按下鼠标左键并拖动，可令椭圆旋转，或调整长轴/短轴的半径，如图 2-34a 所示；在椭圆圆心处按下鼠标左键并拖动，可使椭圆绕一个星位旋转（通常为右下角的星位），如图 2-34b 所示。

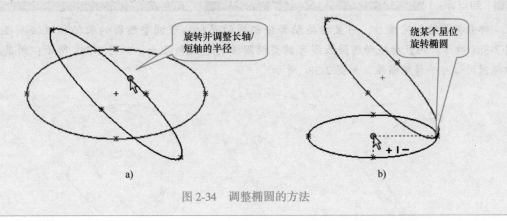

图 2-34　调整椭圆的方法

2.2.9 椭圆弧

可通过如下操作来绘制椭圆弧（即部分椭圆）。

步骤 1　进入草绘环境后，单击"草图"工具栏中的"部分椭圆"按钮 ⊙ （或选择"工具"→"草图绘制实体"→"部分椭圆"菜单命令），指针形状变为 。

步骤 2　在绘图区的适当位置单击确定椭圆圆心的位置，移动鼠标指针拖出一个虚线圆，如图 2-35 所示。

步骤 3　单击鼠标确定椭圆的一个轴，此时再移动鼠标指针会拖出一个椭圆，如图 2-36 所示。

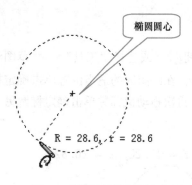

图 2-35　确定椭圆的圆心位置

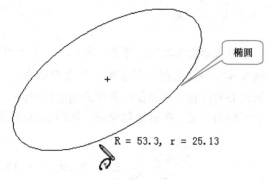

图 2-36　确定椭圆的一个轴

步骤 4　在椭圆圆周上单击确定椭圆弧的起点位置和椭圆弧的另一个轴的长度，移动指针在椭圆圆周上再次单击确定椭圆弧的终点位置，如图 2-37 所示，部分椭圆创建完成。

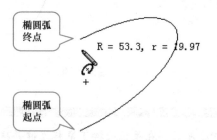

图 2-37　确定椭圆的起点位置和终点位置

知识库：

　　部分椭圆绘制完成后，用鼠标拖动部分椭圆的星位，可调整椭圆的长轴和短轴半径，如图 2-38a 所示；用鼠标拖动椭圆弧线可调整椭圆弧的形状和弧长，如图 2-38b 所示；用鼠标拖动椭圆圆心可平移椭圆弧，如图 2-38c 所示。

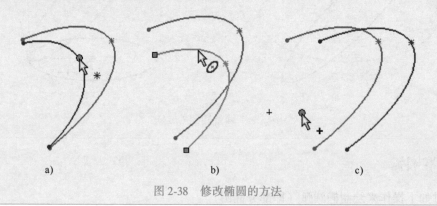

　　　a)　　　　　　　　　　　b)　　　　　　　　　　　c)

图 2-38　修改椭圆的方法

2.2.10　抛物线

　　抛物线是指在平面内到一个定点和一条定直线的距离相等的点的轨迹，它是圆锥曲线的一种，在 SOLIDWORKS 中可通过如下操作绘制抛物线。

　　步骤 1　进入草绘环境后，单击"草图"工具栏中的"抛物线"按钮 ∪（或选择"工具"→

"草图绘制实体"→"部分椭圆"菜单命令），指针形状变为 ◌。

步骤 2 在绘图区的适当位置单击确定抛物线的焦点位置。

步骤 3 移动鼠标指针拖出一条虚抛物线，再次单击确定抛物线的大小（焦距长度）和旋转角度，如图 2-39 所示。

步骤 4 移动鼠标在合适位置单击确定抛物线的起点位置，再移动鼠标并单击确定抛物线的终点位置，如图 2-40 所示。抛物线绘制完成。

图 2-39 确定抛物线焦点位置和焦距长度   图 2-40 确定抛物线起点和终止点

知识库：

抛物线绘制完成后，若要展开抛物线，可将顶点拖离焦点，如图 2-41a 所示；若要使抛物线更尖锐，可将顶点拖向焦点，如图 2-41b 所示；若要改变抛物线的边长（或角度）而不修改抛物线的曲率，可选择一个端点并拖动，如图 2-41c 所示。

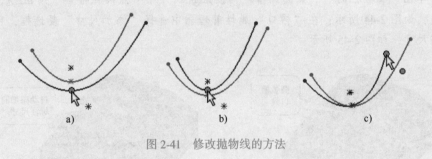

图 2-41 修改抛物线的方法

2.2.11 槽口线

槽口指两边高起中间陷入的条缝，作为榫卯结构的榫眼，俗称通槽。槽口线用于定义槽口的范围，如图 2-42 所示。

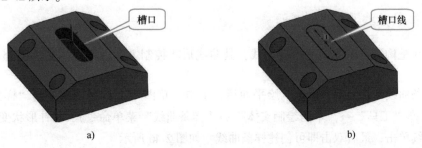

图 2-42 槽口和槽口线

可通过如下操作来绘制直槽口。

步骤1　进入草绘环境后，单击"草图"工具栏的"直槽口"按钮 （或选择"工具"→"草图绘制实体"→"直槽口"菜单命令），打开"槽口"属性管理器，如图2-43a所示。

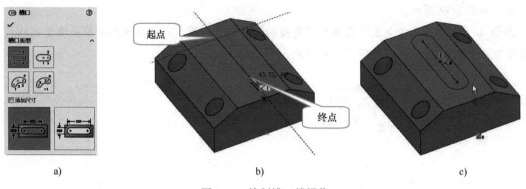

起点

终点

图2-43　绘制槽口线操作

步骤2　在绘图区的适当位置单击确定直槽口的起点位置。

步骤3　移动鼠标指针拖出一条虚线，再次单击确定直槽口直线部分的长度，如图2-43 b所示。

步骤4　移动鼠标在合适位置单击确定直槽口的宽度，如图2-43c所示。槽口线绘制完成（使用此线进行拉伸切除即可绘制槽口）。

单击"草图"工具栏的"三点圆弧槽口"按钮 或"中心点圆弧槽口"按钮 ，可以绘制圆弧槽口线，如图2-44所示；在"槽口"属性管理器中选择"添加尺寸"复选框，可以自动为槽口线标注尺寸，如图2-45所示。

圆弧槽口线

图2-44　绘制的圆弧形槽口线

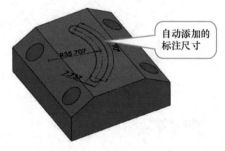

自动添加的标注尺寸

图2-45　为槽口线自动添加的标注尺寸

2.2.12　样条曲线

样条曲线是构造自由曲面的主要曲线，其曲线形状控制方便，可以满足大部分产品设计的要求。

绘制样条曲线非常简单，确定草绘平面后，单击"草图"工具栏中的绘制"样条曲线"按钮 （或选择"工具"→"草图绘制实体"→"样条曲线"菜单命令），指针形状变为 ，再在绘图区中连续单击，最后双击即可创建样条曲线，如图2-46所示。

图 2-46　样条曲线的创建过程

知识库：

　　样条曲线绘制完成后，在每个样条控制点处，会显示样条曲线的控标图标。通过调整这些图标可以调整样条曲线此点处的"相切重量"和"相切径向方向"，从而调整样条曲线此点处的曲率，如图 2-47 所示。

图 2-47　样条曲线控标图标的作用

　　选择"工具"→"样条曲线工具"→"显示样条曲线控标"菜单命令，可显示/隐藏控标。

　　下面解释"样条曲线"属性管理器中相关参数的作用，如图 2-48 所示。

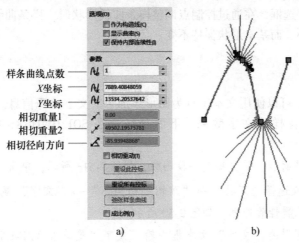

图 2-48　"样条曲线"属性管理器和曲线曲率

➢ **显示曲率**：选中此复选框，将在绘图区中显示样条曲线控制点处的曲率，如图 2-48b 所示。

➢ **保持内部连续性**：选中此复选框可令曲线的曲率保持连续，否则曲线曲率将呈间断性变化，如图 2-49 所示。

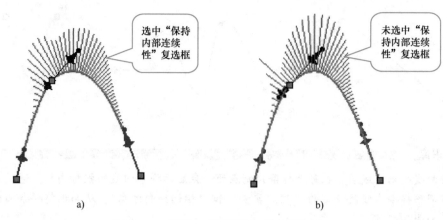

图 2-49 "保持内部连续性"选项的作用

> **样条曲线点数**：选择要设置参数的样条曲线控制点。
> **X 坐标**：指定样条曲线当前控制点的 X 坐标。
> **Y 坐标**：指定样条曲线当前控制点的 Y 坐标。
> **相切重量 1**：调整样条曲线控制点处的曲率度数，以控制左相切向量的大小。
> **相切重量 2**：调整样条曲线控制点处的曲率度数，以控制右相切向量的大小。
> **相切径向方向**：通过修改样条曲线控制点处相对于 X、Y 或 Z 轴的倾斜角度来控制相切方向。
> **相切驱动**：使用"相切重量"和"相切径向方向"选项来激活样条曲线控制。
> **重设此控标**：将所选样条曲线控制点的控标值设置为其初始状态。
> **重设所有控标**：将所有样条曲线控标设置为其初始状态。
> **弛张样条曲线**：当通过拖动控制点更改了样条曲线的形状时，可单击此按钮以令样条曲线重新参数化（平滑）。
> **成比例**：选中此复选框，在通过控制点调整样条曲线形状时，样条曲线将只按比例调整整个样条曲线的大小，而基本形状保持不变。

2.2.13 文字

在绘制草绘图形时，可以使用文本工具为图形添加一些文字注释信息。通过设置文字的格式，还可以制作出各种各样的文字效果。下面是一个在 SOLIDWORKS 中添加文字操作的例子。

步骤 1 确定草绘平面后，首先绘制一段圆弧，如图 2-51a 所示，单击"草图"工具栏中的绘制"文字"按钮 ⓐ（或选择"工具"→"草图绘制实体"→"文字"菜单命令），在绘图区的左侧弹出"草图文字"属性管理器，如图 2-50 所示。

步骤 2 在属性管理器的"文字"文本框内输入文字"雅马哈 YZF-R6"，在绘图区中选中"圆弧"，设置文字沿圆弧放置，效果如图 2-51b 所示。

步骤 3 在属性管理器的"文字"文本框中选中文字"雅马哈 YZF-R6"，并单击"旋转"按钮 ⓒ，令文字旋转 30°，最后单击属性管理器中的"确定"按钮 ✓ 即可，创建的文字效果如图 2-52 所示。

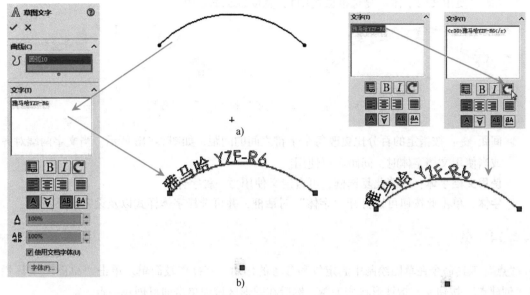

图 2-50　"草图文字"属性管理器　　图 2-51　文字沿圆弧放置　　　　图 2-52　旋转文字

知识库：

　　草图文字创建完成后，拖动草图文字附着的曲线，文字将会随曲线移动；可以双击草图文字，在打开的"草图文字"属性管理器中对文字进行更改。

下面解释图 2-50 所示"草图文字"属性管理器中各选项的作用。

- **"曲线收集器"列表** ⟳：用于设置草图文字附着的曲线、边线或其他草绘图形等。
- **"文字"文本框**：可输入文字，输入的文字在绘图区中沿所选实体放置。如果没有选取实体，文字出现在原点的开始位置，而且水平放置。
- **链接到属性** 🔲：单击此按钮后可弹出"链接到属性"对话框。在此对话框中可将当前文件的属性等信息（或者当前日期和时间等）附加到所绘制文字的后部，以方便添加此类信息。
- **加粗** B、**斜体** I **或旋转** ↻：可加粗、倾斜或旋转字体，需在选中文字后单击按钮执行。单击按钮后，将在文字周围添加编辑码（相当于网页中的 HTML 码），如通过更改某些编辑码的数值可更改文字旋转（或倾斜等）的角度，如图 2-53 所示。

图 2-53　更改文字的旋转角度

- **左对齐** ☰、**居中** ☰、**右对齐** ☰ **或两端对齐** ☰：用于调整文字沿曲线对齐的方式。
- **竖直反转** A∀ **和水平反转** AB ꓭA：用于在竖直方向或水平方向上反转文字。
- **宽度因子** ⥹：按指定的百分比均匀加宽每个字符，如图 2-54a 所示。当使用文档字体时

（即"使用文档字体"复选框被选中），宽度因子不可用。

a)   b)

图 2-54 调整"宽度因子"和"间距"的作用

> 间距 : 按指定的百分比更改每个字符之间的间距，如图 2-54b 所示。当文字两端对齐时或当使用文档字体时，间距不可使用。
> 使用文档字体：取消此复选框，可自定义使用另一种字体。
> 字体：单击此按钮可以打开"字体"对话框，并可选择字体样式以及设置大小。

2.2.14 点

"点"工具命令在草图绘制中起定位和参考的作用，其操作较简单。单击"草图"工具栏中的"创建点"按钮 ▪，指针形状变为 ✏，然后在图形区域中单击即可创建一点。

提示：

需要注意的是，点不可在实体内部已经存在的定义点上创建，但是可在如曲线中点等类型的虚拟点上创建。

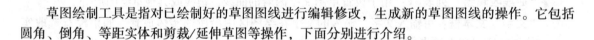

2.3 草图工具

草图绘制工具是指对已绘制好的草图图线进行编辑修改，生成新的草图图线的操作。它包括圆角、倒角、等距实体和剪裁/延伸草图等操作，下面分别进行介绍。

2.3.1 绘制圆角

利用"绘制圆角"工具命令可以将草图中两相交图线进行圆角处理，其基本操作如下。

步骤 1 首先绘制两条不平行的直线，如图 2-55a 所示，单击"草图"工具栏中的绘制"圆角"按钮 ⌐（或选择"工具"→"草图绘制工具"→"圆角"菜单命令），打开"绘制圆角"属性管理器。

a)   b)

图 2-55 两条不平行直线和"绘制圆角"属性管理器

步骤 2 如图 2-55b 所示，在打开的"绘制圆角"属性管理器中，设置圆角半径 ⌐ 为

10mm，并选中"保持拐角处约束条件"复选框。

步骤 3 用鼠标左键选取圆角过渡的两条线段，如图 2-56a 所示，系统将生成图 2-56b 所示的圆角。

图 2-56 圆角创建完成

步骤 4 单击"草图"工具栏中的"圆角"按钮，按钮颜色变为灰色，可退出绘制圆角命令。

知识库：

创建圆角时，所选取的两个图元，可以相交，也可以不相交。圆角在其端点处与所选图元都是相切关系。

另外在创建圆角时，如两曲线相交，直接单击该交点，即可生成圆角，如图 2-57 所示。

图 2-57 直接单击交点绘制圆角

下面解释"绘制圆角"属性管理器中各选项的作用。

➤ **保持可见**：默认为 形状时，可连续绘制多个圆角；当单击此按钮将其转变为 形状时，执行绘制"圆角"命令后，系统将自动退出该命令。

➤ **保持拐角处约束条件**：选中此复选按钮，如果顶点具有尺寸或几何约束，将保留虚拟交点；取消此复选框的选择状态，如顶点具有尺寸或几何约束，则生成圆角后将删除这些几何关系，如图 2-58 所示。

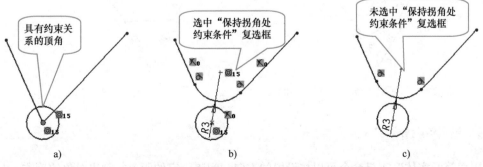

图 2-58 "保持拐角处约束条件"复选框的作用

➢ **"撤销"按钮**：撤销上一个圆角。当某些圆角为通过"圆角"命令创建时，可通过此按钮顺序撤销一系列圆角。

2.3.2 绘制倒角

绘制倒角与绘制圆角类似，单击"草图"工具栏中的绘制"倒角"按钮 ↘（或选择"工具"→"草图绘制工具"→"倒角"菜单命令），弹出"绘制倒角"属性管理器，然后设置倒角距离，再选取倒角的两条线段即可，如图 2-59 所示。

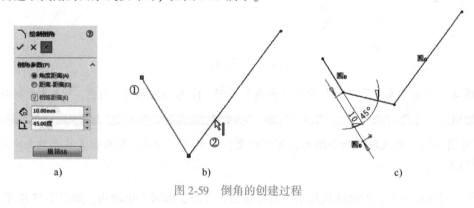

图 2-59　倒角的创建过程

> **知识库：**
>
> 也可通过直接单击曲线交点来创建倒角。

下面解释"绘制倒角"属性管理器中各选项的作用。

➢ **角度距离**：以角度和距离的形式来创建倒角。图 2-59 所示即是使用此方法创建的倒角。其中"角度"是选择的第一条边与倒角的夹角，"距离"是所选择的第一条边与倒角的交点距离原来两曲线交点的距离。

➢ **距离-距离**：选中此单选项，将以"距离-距离"的方式创建倒角。使用该方式可分别设置所选第一和第二条曲线上的倒角距离，如图 2-60 所示。

➢ **相等距离**：选中此复选框可以创建等距倒角，如图 2-61 所示。

➢ **距离 1** ↗ 和 **方向 1** ▨：用于在不同模式下设置距离和方向。

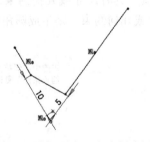

图 2-60　"距离-距离"方式创建倒角

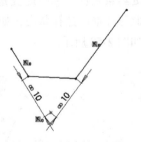

图 2-61　创建等距倒角

2.3.3 等距实体

利用"等距实体"工具命令可以按设置的方向，间隔一定的距离复制出对象的副本，具体操作如下。

  单击"草图"工具栏中的"等距实体"按钮 ⬕ （或选择"工具"→"草图绘制工具"→"等距实体"菜单命令），弹出"等距实体"属性管理器，设置等距距离等相关参数，再选中要进行等距处理的实体，单击"确定"按钮 ✓，即可创建等距实体，如图 2-62 所示。

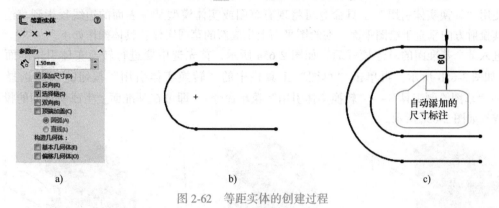

图 2-62 等距实体的创建过程

下面介绍"等距实体"属性管理器中各参数的作用。

➤ **等距距离** ⬕：设置原实体与等距实体之间的距离。

➤ **添加尺寸**：自动添加原实体和等距实体之间的尺寸标注，如图 2-62c 所示。

➤ **反向**：设置在相反方向生成等距实体，如图 2-63a 所示。

➤ **选择链**：设置生成与选中实体连接的所有连续草图实体的等距实体。如不选中此复选框，将只生成选中实体的等距实体，如图 2-63b 所示。

➤ **双向**：在内外两个方向上生成等距实体，如图 2-63c 所示。

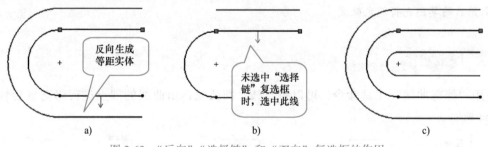

图 2-63 "反向""选择链"和"双向"复选框的作用

➤ **顶端加盖**：选中"双向"复选框后，此项才可用。用于添加一顶盖来延伸原有非相交草图实体。可选择生成圆弧或直线类型的延伸顶盖，如图 2-64a、图 2-64b 所示。

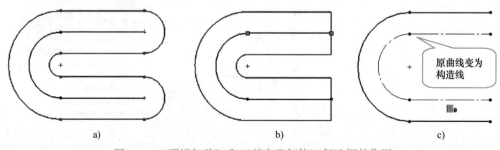

图 2-64 "顶端加盖"和"基本几何体"复选框的作用

➤ **基本几何体**：完成偏移操作后，将原草图实体转换为构造线，如图 2-64c 所示。

➤ **偏移几何体**：完成偏移操作后，将偏移后的图线转换为构造线。

2.3.4 转换实体引用

使用"转换实体引用"工具命令可将现有草图或实体模型某一表面的边线投影到草绘平面上，其投射方向垂直于绘图平面，在绘图平面上生成新的草图实体，具体操作如下。

进入某个基准面的草绘模式后，如图 2-65a 所示，首先选中要进行转换实体引用的面（或线），如图 2-65b 所示，再单击"草图"工具栏中的"转换实体引用"按钮 🗔（或选择"工具"→"草图绘制工具"→"转换实体引用"菜单命令），即可在基准面上生成所选面的投影草图边线，如图 2-65c 所示。

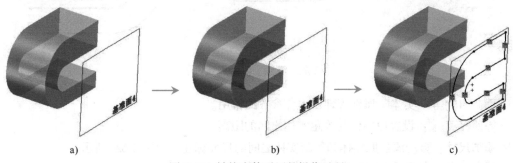

图 2-65 转换实体引用的操作过程

提示：

利用"转换实体引用"命令生成的草图与原实体间存在着连接关系，若原实体改变，转换实体引用后的草图也将随之改变。

2.3.5 剪裁实体

使用"修剪曲线"工具命令，可以将直线、圆弧或自由曲线的端点进行修剪或延伸，如图 2-66a 所示。

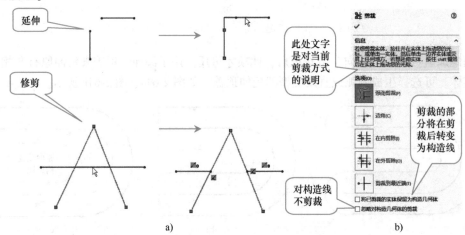

图 2-66 "剪裁"属性管理器和裁剪实体操作

单击"草图"工具栏中的"剪裁实体"按钮 （或选择"工具"→"草图绘制工具"→"裁剪实体"菜单命令），打开"剪裁"属性管理器，如图 2-66b 所示。由图中可以看出，系统共提供了 5 种剪裁实体的方式：强劲剪裁 、边角 、在内剪裁 、在外剪裁 和剪裁到最近端 。下面分别讲述这 5 种剪裁实体的操作。

● 1. 强劲剪裁

使用"强劲剪裁"方式可以用指针拖过每个草图实体来剪裁多个相邻草图实体，还可以令草图实体沿其自然路径延伸，如图 2-67 所示。

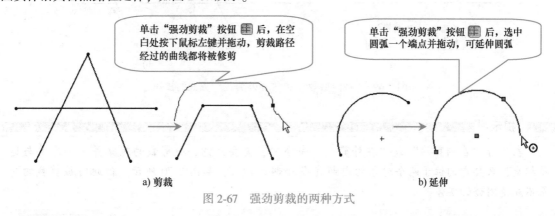

图 2-67　强劲剪裁的两种方式

提示：

　　在圆弧的两边具有最大的延伸长度（通常为补圆弧的一半长度），一旦达到最大延伸长度，延伸将转到另一侧。

● 2. 边角

"边角"方式剪裁用于延伸或剪裁两个草图实体，直到它们在虚拟边角处相交，如图 2-68 所示。

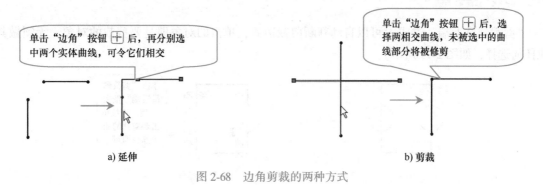

图 2-68　边角剪裁的两种方式

● 3. 在内剪裁

"在内剪裁"方式 用于剪裁位于两个边界实体内的草图实体部分，如图 2-69a 所示。执行操作时，需要首先选中两条边界曲线，然后选择剪裁对象，剪裁对象位于边界内的部分将被删除。

4. 在外剪裁

"在外剪裁"方式 ✂ 用于剪裁位于两个边界实体外的草图实体部分，如图 2-69b 所示。执行操作时，需要首先选中两条边界曲线，然后选择剪裁对象，剪裁对象位于边界外的部分将被删除。

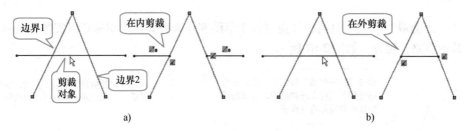

图 2-69 "在内剪裁"和"在外剪裁"方式的操作

提示：

在执行"在内剪裁"或"在外剪裁"命令时，需要注意，被剪裁的对象并不一定要与边界相交，只要它们位于两个对象的内部（或外部）即可，如图 2-70 所示。但此时被剪裁的对象不能是闭合的实体。

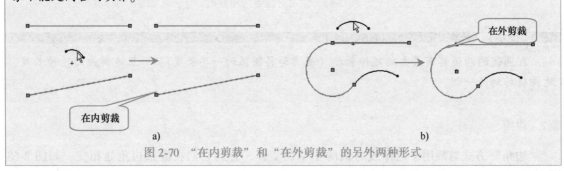

图 2-70 "在内剪裁"和"在外剪裁"的另外两种形式

5. 剪裁到最近端

"剪裁到最近端"方式 ┼ 可以自动判断剪裁边界，单击的对象即是要剪裁的对象，无须做其他任何选择，如图 2-71 所示。

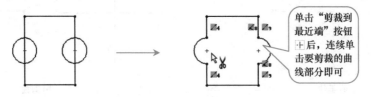

图 2-71 "剪裁到最近端"方式的操作

2.3.6 延伸实体

使用"延伸实体"工具命令，可在保证图线原有趋势不变的情况下向外延伸，直到与另一图线相交。单击"草图"工具栏中的"延伸实体"按钮 ┬（或选择"工具"→"草图绘制工具"→"延伸实体"菜单命令），然后单击要延伸的实体，即可将实体延伸，如图 2-72 所示。

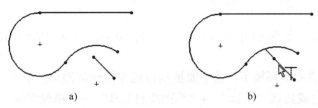

a)   b)

图 2-72　延伸实体操作

提示：

若图线的延伸方向上没有其他草图图线作为延伸终止条件，软件将尝试沿另一方向延伸，若还没有找到合适的延伸终止条件，系统将放弃执行延伸操作。

2.3.7　分割实体

使用"分割实体"工具命令，可将草图图线在某一位置上一分为二。选择"工具"→"草图绘制工具"→"分割实体" 菜单命令，然后在绘图区单击需分割的曲线位置即可在此位置分割曲线，如图 2-73 所示。

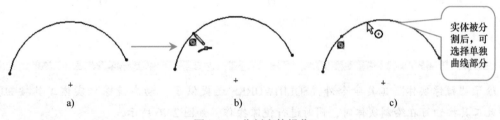

a)   b)   c)

图 2-73　分割实体操作

提示：

如果要将两个被分割的草图实体合并成一个实体，可在打开草图后，单击选中分割点，并按下<Delete>键将其删除即可。

2.3.8　构造几何线

"构造几何线"命令是一种线型转换工具，用来协助生成草图实体。它既可以将草图的各种实体图线转换为构造几何线，也可将构造几何线转换为实体图线。

如图 2-74 所示，首先选取图中实体图线，再选择"工具"→"草图绘制工具"→"构造几何线"菜单命令 （该菜单命令也可通过自定义操作将其放置在"草图"工具栏中），即可将实体图线转变为构造线。执行同样操作可将构造线转变为实体图线。

图 2-74　构造几何线操作

2.3.9　镜像实体

镜像实体操作是以某条直线（中心线）作为参考，复制出对称图形的操作，常用来创建具有对称部分的复杂图形。

如图 2-75 所示，在草绘环境下，选中要被执行镜像操作的图形，单击"草图"工具栏中的"镜像实体"按钮 ⧳（或选择"工具"→"草图绘制工具"→"镜像实体"菜单命令），再在弹出的"镜像"属性管理器中单击"镜像点"下的横条，从中选择作为镜像参考的直线或中心线，可复制出关于中心线对称的图形。

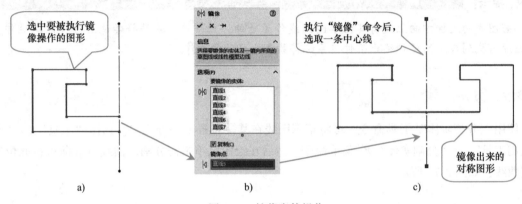

图 2-75　镜像实体操作

> **提示：**
>
> 除了"镜像实体"工具命令外，SOLIDWORKS 还提供了"动态镜像"实体工具按钮 ⧳，使用此工具按钮可在绘制实体时，同时进行镜像操作，如图 2-76 所示。 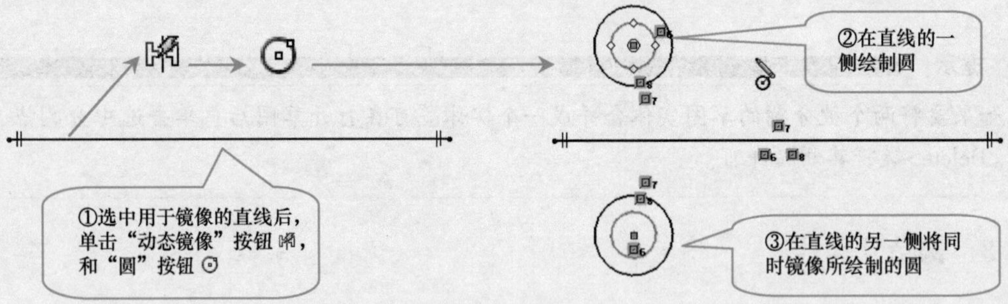
>
> ①选中用于镜像的直线后，单击"动态镜像"按钮 ⧳，和"圆"按钮 ⊙
>
> ②在直线的一侧绘制圆
>
> ③在直线的另一侧将同时镜像所绘制的圆
>
> 图 2-76　动态镜像实体操作

2.3.10　阵列实体

阵列实体包括"线性草图阵列"和"圆周草图阵列"，下面分别介绍。

● 1. 线性草图阵列

所谓线性草图阵列就是在横向和竖向两个方向上来阵列图形，下面是一个线性草图阵列的操作实例。

首先绘制一个五角星并将其选中，如图 2-77b 所示，然后单击 "草图" 工具栏中的 "线性草图阵列" 按钮 ❑❑（或选择 "工具" → "草图绘制工具" → "线性草图阵列" 菜单命令），弹出 "线性阵列" 属性管理器。在 "方向 1" 卷展栏和 "方向 2" 卷展栏中设置相应的 "间距" ❑❑ 和 "阵列个数" ❑❑ ，最后单击 "确定" 按钮 ❑ ，即可生成阵列草图，如图 2-77c 所示。

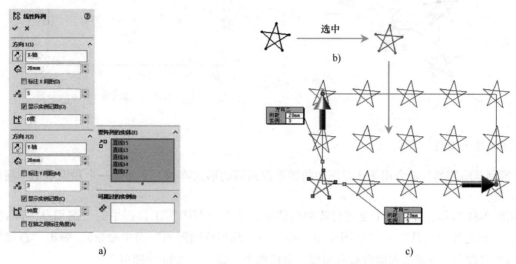

图 2-77 线性草图阵列操作

下面解释 "线性阵列" 属性管理器中各选项的作用。

➤ **"方向 1"** 卷展栏：用于设置阵列在此方向上的参数。例如，可设置阵列的参考轴，各阵列对象间的距离、个数和阵列方向与参考轴间的角度等，如图 2-78 所示。

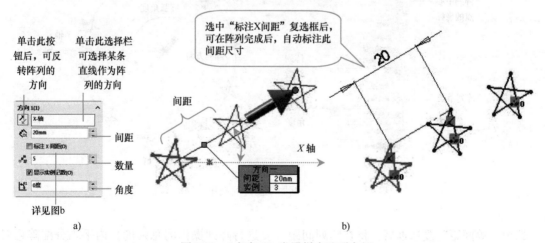

图 2-78 "方向 1" 卷展栏中选项介绍

➤ **"方向 2"** 卷展栏：用于设置阵列在另一个方向上的参数，其意义同 "方向 1" 卷展栏。选中 "在轴之间添加角度尺寸" 复选框，可在完成阵列后，自动标注两个阵列方向间的角度，如图 2-79 所示。

➤ **"要阵列的实体"** 卷展栏：选中此卷展栏中的列表区域后，可在绘图区中选择要进行阵列操作的实体。

➤ **"可跳过的实例"** 卷展栏：选中此卷展栏中的列表区域后，可在阵列中单击不想包括在阵列中的实例，如图2-80所示。

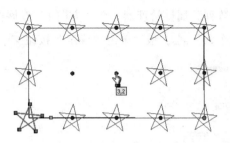

图 2-79　标注阵列方向间的角度　　　　图 2-80　选择不希望在阵列中出现的对象

● **2. 圆周草图阵列**

"圆周草图阵列"命令用于将草图中的图形以圆周的形式阵列，下面是一个圆周草图阵列的操作实例。

如图2-81所示，首先选中要进行阵列的图形，单击"草图"工具栏中的"圆周草图阵列"按钮 （或选择"工具"→"草图绘制工具"→"圆周草图阵列"菜单命令），弹出"圆周阵列"属性管理器，设置阵列的数量和角度，最后单击"确定"按钮 即可。

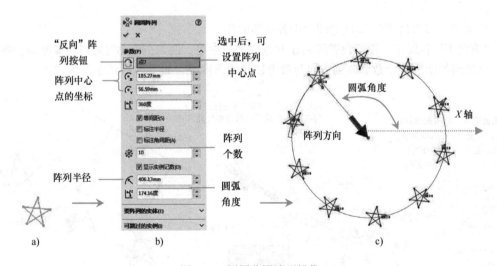

图 2-81　圆周草图阵列操作

选中"等间距"复选框后，将在阵列间距（要进行阵列操作的总弧度）内平均分配阵列对象，如取消其选中状态，阵列间距为两个阵列对象间的弧度值。

2.3.11　移动实体

在草图中选择要移动的实体，单击"草图"工具栏中的"移动实体"按钮 （或选择"工具"→"草图绘制工具"→"移动"菜单命令），单击一点作为移动实体的定位点，移动鼠标到目标点后单击，如图2-82所示，最后单击"确定"按钮 即可移动实体。

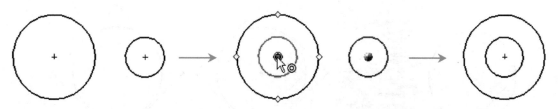

图 2-82　移动实体操作

移动实体时，在其属性管理器的"参数"卷展栏中（图 2-83）选择"从/到"单选项，表示选择两个定位点来移动实体；选择"X/Y"单选项，表示以设置的 X 轴和 Y 轴上的移动量来移动实体；单击"重复"按钮，表示按相同距离（X 轴和 Y 轴上的移动量）来重复移动实体。

图 2-83　"参数"卷展栏

2.3.12　旋转实体

选择草图中需要旋转的实体，单击"草图"工具栏中的"旋转实体"按钮 ⬥（或选择"工具"→"草图绘制工具"→"旋转"菜单命令），单击一点作为旋转中心，选择后将看到一坐标系图标，按下鼠标左键并拖动图标即可旋转实体，如图 2-84 所示，最后单击"确定"按钮 ✓ 即可。

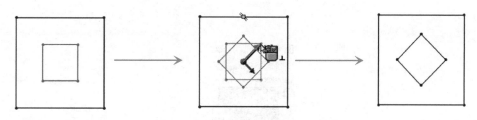

图 2-84　旋转实体操作

提示:

在旋转实体的操作过程中，也可通过在"旋转"属性管理器的"角度"文本框 中输入旋转的角度值来确定旋转的角度。

2.3.13　缩放实体

选择草图中需要缩放的实体，单击"草图"工具栏中的"缩放实体比例"按钮 （或选择"工具"→"草图绘制工具"→"缩放比例"菜单命令），弹出"比例"属性管理器，单击圆心（如图 2-85a 所示）设置比例缩放的相对点，再在"比例因子"文本框 中设置缩放的比例，最后单击"确定"按钮 ✓，即可缩放实体，如图 2-85 所示。

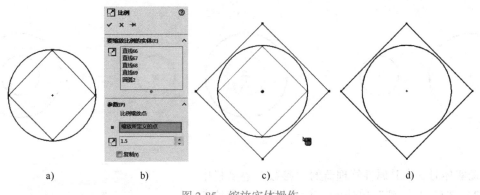

a)   b)   c)   d)

图 2-85　缩放实体操作

　　选中"比例"属性管理器中的"复制"复选框，可在"缩放"实体时保留原实体（如图 2-85c 所示），即实现复制实体的操作。

2.3.14　伸展实体

　　利用"伸展实体"工具命令可以将多个草图实体作为一个组进行伸展，而不必逐个修改实体的长度，其基本操作如下。

　　步骤 1　首先绘制图 2-86a 所示的左右对称的草绘图形，欲保持图形的对称状态并将图形拉长，如果直接拖动右侧的边线将令图形变得不对称，所以需要使用"伸展实体"工具命令进行操作。

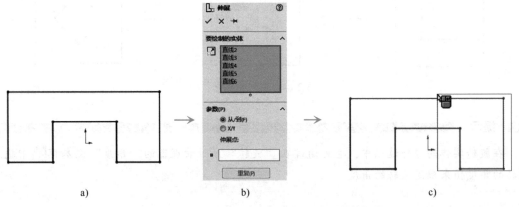

a)   b)   c)

图 2-86　"伸展"属性管理器和框选草绘实体操作

　　步骤 2　单击"草图"工具栏中的绘制"伸展实体"按钮 ⌞⌞⌞（或选择"工具"→"草图绘制工具"→"伸展实体"菜单命令），弹出"伸展"属性管理器，如图 2-86b 所示。然后用鼠标自下而上框选要编辑的草绘实体，如图 2-86c 所示。

　　步骤 3　在"伸展"属性管理器中选中"基准点"选择框，如图 2-87a 所示，然后在绘图区中单击一角点并向右拖放，在合适的位置单击即可完成伸展实体操作，如图 2-87b 所示。

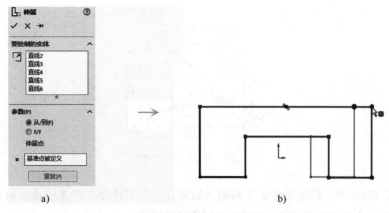

图 2-87 "伸展"属性管理器和草图伸展操作

2.3.15 检查草图合法性

检查草图合法性可以及时准确地判断草图对于指定特征操作的可行性。例如，在某一草图绘制完成后（如图 2-88 所示），选择"工具"→"草图绘制工具"→"检查草图合法性"菜单命令，弹出"检查有关特征草图合法性"对话框，在对话框中设置"特征用法"选项为"凸台拉伸"，单击对话框中的"检查"按钮，弹出新对话框，显示草图有自相交部分，同时草图中自相交的部分会以绿色显示。

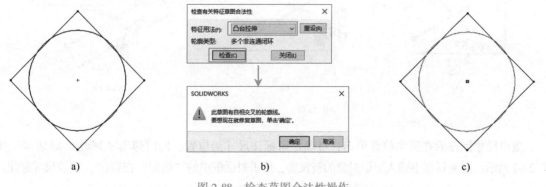

图 2-88 检查草图合法性操作

草图中有自相交的部分，表明此草绘图形不符合凸台拉伸操作（关于凸台拉伸操作，将在第 3 章中讲述）要求，因此需要重新绘制草绘图形。

如果草图合法，在弹出的对话框中，将出现"没有找到问题"之类的文字，表明可以使用此草绘图形进行相应的特征操作。

 2.4 标注尺寸

上文绘制实体操作，只是确定了截面图形的大体轮廓，并没有具体规范图形的大小，图形不精确。标注尺寸就是为截面图形标注长度、直径、弧度等尺寸，如图 2-89 所示。通过标注尺寸，可以定义图形的大小。

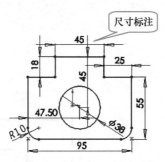

图 2-89　草图上的尺寸标注

在 SOLIDWORKS 中，标注尺寸主要利用"智能尺寸"工具命令 来完成，可标注线性尺寸、角度尺寸、圆弧尺寸和圆的尺寸等，本节分别介绍其操作。

2.4.1　线性尺寸

线性尺寸分为水平尺寸、垂直尺寸和平行尺寸三种。单击"草图"工具栏中的"智能尺寸"按钮 （或选择"工具"→"标注尺寸"→"智能尺寸"菜单命令），单击直线，然后一直向下移动鼠标，可拖出水平尺寸，一直向右拖动鼠标可拖出垂直尺寸，沿着垂直于直线的方向移动可拖出平行尺寸，如图 2-90 所示。

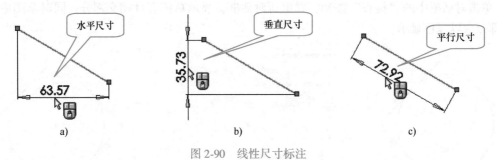

a)　　　　　　　　　　b)　　　　　　　　　　c)

图 2-90　线性尺寸标注

拖出尺寸标注后在适当位置单击，可确定所标注尺寸的位置，同时弹出"修改"对话框，如图 2-91 所示。在对话框中输入图形对象的新长度，单击对话框中的"确定"按钮 ，完成尺寸标注。

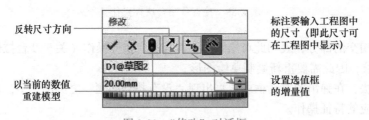

图 2-91　"修改"对话框

提示：

可以通过单击"反转尺寸方向"按钮 ，或在"草图尺寸"文本框中输入负值来反转尺寸的方向。在标注时，单击鼠标右键（鼠标形状变为 样式）可锁定要标注的尺寸方向（再次单击鼠标右键，可解除锁定状态）。

2.4.2 角度尺寸

单击"草图"工具栏中的"智能尺寸"按钮，用鼠标分别单击需标注角度尺寸的两条直线，移动鼠标并在适当位置单击，即可标注角度尺寸，如图 2-92 所示。

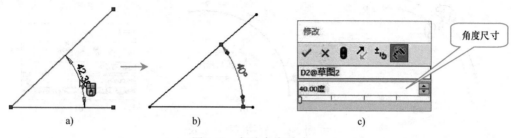

图 2-92　标注角度尺寸

知识库：

在标注角度尺寸时，移动鼠标指针至不同的位置，可得到不同的标注形式，如图 2-93 所示。

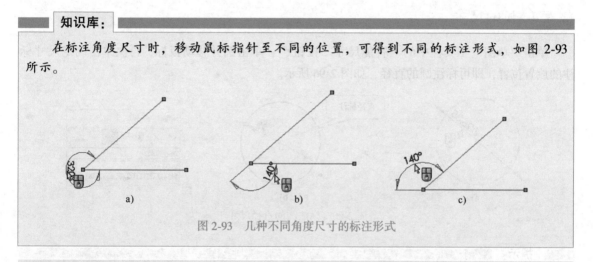

图 2-93　几种不同角度尺寸的标注形式

2.4.3 圆弧尺寸

可标注圆弧半径和圆弧弧长两种圆弧尺寸，下面分别介绍其操作。

● 1. 标注圆弧半径

单击"草图"工具栏中的"智能尺寸"按钮，单击圆弧，移动鼠标拖出半径尺寸，再次单击确定尺寸标注的放置位置，即可标注圆弧半径，如图 2-94 所示。

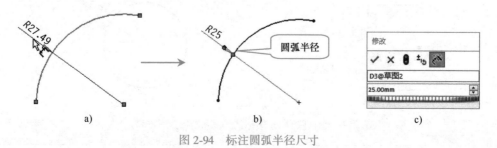

图 2-94　标注圆弧半径尺寸

● 2. 圆弧弧长的标注

单击"草图"工具栏中的"智能尺寸"按钮 $\checkmark$，用鼠标分别单击圆弧的两个端点及圆弧，移动鼠标并单击确定尺寸标注的位置，即可标注圆弧弧长，如图 2-95 所示。

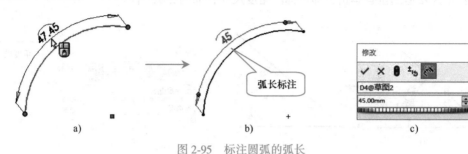

图 2-95　标注圆弧的弧长

2.4.4　圆的尺寸

单击"草图"工具栏中的"智能尺寸"按钮 $\checkmark$，单击圆并移动鼠标，再次单击确定尺寸标注的放置位置，即可标注圆的直径，如图 2-96 所示。

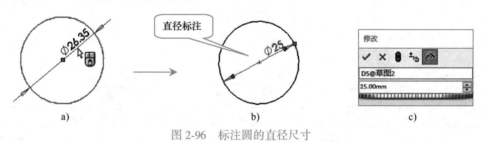

图 2-96　标注圆的直径尺寸

提示：

在标注圆的直径时，鼠标单击位置不同，圆的标注形式也有所不同，如图 2-97a 所示。通过单击"尺寸"属性管理器"引线"卷展栏中的"半径"按钮 $\bigcirc$，可以标注圆的半径尺寸，如图 2-97b 所示。

"尺寸"属性管理器中对每种尺寸标注都提供了大量的选项可以设置。例如，可设置尺寸标注的"对齐方式""箭头样式"和"文字样式"等，由于篇幅限制，本书不再一一讲述其含义，有兴趣的读者不妨自己尝试一下。

图 2-97　圆直径尺寸的标注形式和圆的半径标注

知识库：

在草绘模式下，在标注尺寸上双击，弹出"修改"对话框，可在此对话框中对标注尺寸进行修改。

2.4.5 尺寸链

对于一些具有相同起点的尺寸，可以使用尺寸链进行连续标注。共有三种尺寸链标注（位于"智能尺寸"命令按钮下），分别为尺寸链 🔩、水平尺寸链 🔩 和竖直尺寸链 🔩，如图 2-98 所示。其中，使用"竖直尺寸链"选项 🔩 可标注竖向的尺寸链，如图 2-99 所示。操作时，先选中一条水平的边线（或点），拖动后单击确定底部边界，然后向上（或向下）连续单击即可标注尺寸链（标注时可更改标注值的大小）。

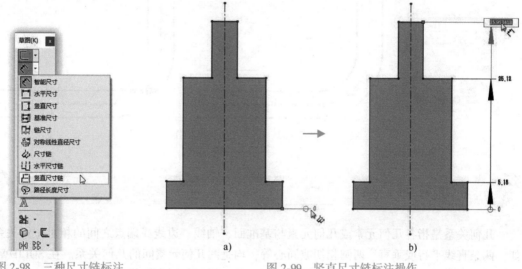

图 2-98　三种尺寸链标注　　　　　　　图 2-99　竖直尺寸链标注操作

使用"水平尺寸链"选项 🔩 可标注水平的尺寸链（如图 2-100 所示），而"尺寸链"命令，则可标注任意方向上的尺寸链（如图 2-101 所示）。其操作与"竖直尺寸链"选项基本相同，不同之处在于，在执行"尺寸链"命令标注时，最好选择一条边线确定底部边界，否则不好控制要标注的方向。

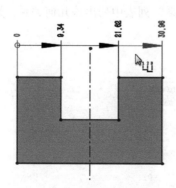

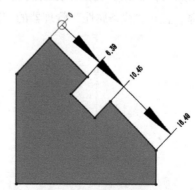

图 2-100　水平尺寸链标注　　　　　图 2-101　用"尺寸链"命令进行的斜向连续标注

在"智能尺寸"命令按钮下的"水平尺寸" 和"竖直尺寸" 按钮，分别用于单独标注水平尺寸和竖直尺寸，其标注方法与使用智能尺寸标注基本相同，此处不再赘述。

2.4.6 路径长度

单击位于"智能尺寸"命令按钮下的"路径长度尺寸"按钮（如图 2-98 所示），打开"路径长度"属性管理器，单击多条（两段以上）连续的线段，然后单击"确定"按钮，即可标注所选线段的长度，如图 2-102 所示。

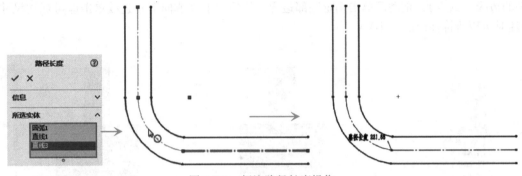

图 2-102　标注路径长度操作

2.5 添加几何关系

几何关系是指各几何元素或几何元素与基准面、轴线、边线或端点之间的相对位置关系。例如，两条直线平行或垂直、两圆相切或同心等，均是两几何元素间的几何关系。在 SOLIDWORKS 中，可自动添加几何关系，也可手动添加几何关系，下面分别介绍其操作。

2.5.1 自动添加几何关系

自动添加几何关系是指在绘图过程中，系统根据几何元素的相关位置，自动赋予几何意义，不需另行添加几何关系。例如，在绘制竖直直线时，如图 2-103a 所示，系统自动添加"竖直" 几何关系，且在"线条属性"管理器的"现有几何关系"列表中列出该几何关系，如图 2-103b 所示。

图 2-103　带有竖直几何关系的直线和"现有几何关系"列表

知识库：

可选择"工具"→"选项"菜单命令，打开"系统选项"对话框，如图 2-104 所示。在"系统选项"选项卡中选择"草图"→"几何关系/捕捉"选项，在右侧选择或不选择"自动几何关系"复选框，可设置在绘制图形时，系统是否自动添加几何关系。

图 2-104　设置是否自动添加几何关系

提示：

选择"视图"→"隐藏/显示"→"草图几何关系"菜单命令，可设置在当前草图中是否显示已添加的几何关系。

2.5.2　手动添加几何关系

手动添加几何关系是指用户根据模型设计的需要，手动设置图形元素间的几何约束关系，下面是一个添加几何关系的操作实例。

步骤 1　首先绘制一条倾斜直线，如图 2-105a 所示，然后单击"草图"工具栏中的"添加几何关系"按钮 ┠（或选择"工具"→"几何关系"→"添加"菜单命令）。

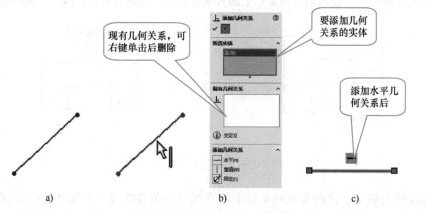

a)　　　　　　　　　　　b)　　　　　　　　　　c)

图 2-105　添加水平几何关系

步骤2　单击倾斜直线，则该直线的名称将显示在"添加几何关系"属性管理器的"所选实体"选项列表中，如图 2-105b 所示。

步骤3　单击"添加几何关系"卷展栏中的"水平"按钮━，则该倾斜直线将水平放置，如图 2-105c 所示。

系统会根据用户所选择的草绘实体提供不同的几何关系按钮，可添加水平、竖直、相等、共线、平行、相切、同心、中点、对称等几何关系，下面介绍这些几何关系的含义。

➢ 水平几何关系━：使选取的对象按水平方向放置，如图 2-105 所示。

➢ 竖直几何关系▏：使选取的对象按竖直方向放置，如图 2-106 所示。

图 2-106　添加竖直几何关系

➢ 相等几何关系＝：使选取的图形元素等长或等径，如图 2-107 所示。

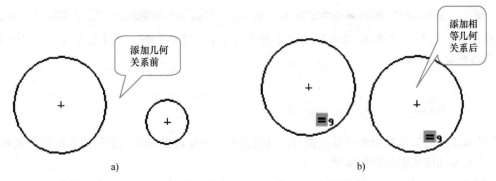

图 2-107　添加相等几何关系

➢ 共线几何关系◢：使两条或两条以上的直线落在同一直线或其延长线上，如图 2-108 所示。

图 2-108　添加共线几何关系

➢ 平行几何关系◥：使两条或两条以上的直线与一条直线或一个实体边缘线互相平行，如图 2-109 所示。

图 2-109　添加平行几何关系

➤ 相切几何关系 ⟳：使两图线（直线、圆、圆弧、椭圆或实体边缘线）相切，如图 2-110 所示。

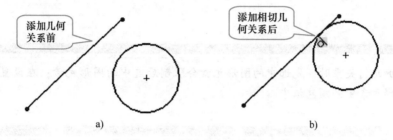

图 2-110　添加相切几何关系

➤ 同心几何关系 ◎：使两圆或圆弧同圆心，如图 2-111 所示。

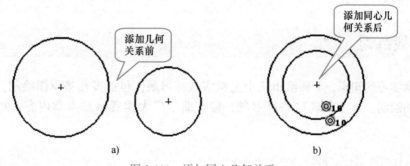

图 2-111　添加同心几何关系

➤ 中点几何关系 ⟋：使点（端点或圆心点）位于线段的中点，如图 2-112 所示。

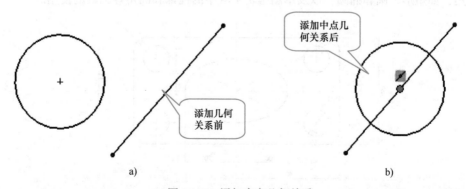

图 2-112　添加中点几何关系

> 对称几何关系 ◻ ：使两条图线关于一个中心线对称，如图 2-113 所示。

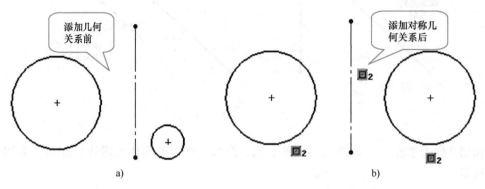

图 2-113 添加对称几何关系

> **提示：**
>
> 在手动添加几何关系时，先选中的图形元素会限制后选中的图形元素；在设置对称几何关系时，所选图形元素中必须包括中心线。

> **知识库：**
>
> 退出草图模式后，可在特征管理器的设计树中，单击草图项目，然后在弹出的工具栏中单击"编辑草图"按钮 ，即可进入此草图项目的编辑模式，也可直接双击绘图区中的草图，进入其编辑模式。

2.6 实战练习

针对本章学习的知识，下面给出几个上机实战练习题，包括多孔垫草图绘制，扳手草图绘制，手柄草图绘制。思考完成这些练习题，将有助于广大读者熟悉本章内容，并可进行适当拓展。

2.6.1 多孔垫草图绘制

使用本章所学的知识，尝试绘制图 2-114 所示的多孔垫草图。本练习主要用于熟悉基本绘图工具的使用，如矩形、圆和椭圆，以及草图编辑工具中的镜像和圆角等工具的使用。

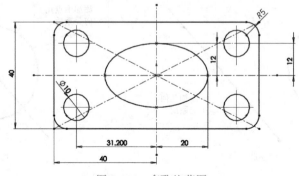

图 2-114 多孔垫草图

2.6.2 扳手草图绘制

使用本章所学的知识，尝试绘制图 2-115 所示的扳手草图。本练习主要用于熟悉基本绘图工具中圆、多边形工具的使用，并可熟悉草图编辑工具中的等距、剪裁、倒圆角等工具的使用。完成图线的绘制后，需要使用"标注尺寸"命令为图形标注正确的尺寸。

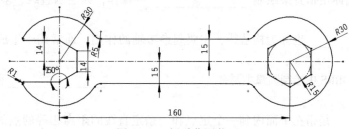

图 2-115　扳手草图截面

2.6.3 手柄草图绘制

使用本章所学的知识，尝试绘制如图 2-116 所示的手柄草图。本练习主要用于熟悉基本绘图工具中的中心线、直线、圆和圆弧等工具的使用，以及草图编辑工具中的镜像、剪裁工具的使用，并通过添加几何关系及添加尺寸标注，得到最终的理想模型。

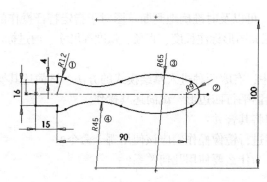

图 2-116　手柄草图（①②③④为尺寸标注顺序，详见配套视频讲解）

2.7 习题解答

针对 2.6 节的实战练习，本书给出了视频讲解，包括相关实例等，读者可以扫码观看。
如果仍无法独立完成 2.6 节要求的这些操作，那么就一步一步跟随视频讲解，操作一遍吧。

2.8 课后作业

熟练准确地绘制出草图，是使用 SOLIDWORKS 进行模型设计的第一步。本章主要介绍了绘制草图实体，对草图实体进行修改，以及进行尺寸标注和设置草图实体间几何关系的方法。其中尺寸标注和几何关系是本章的难点，应重点掌握。

此外，为了更好地掌握本章内容，可以尝试完成如下课后作业。

一、填空题

1）草图指的是一个平面轮廓，用于定义特征的＿＿＿＿＿＿＿、＿＿＿＿＿＿＿和＿＿＿＿＿＿＿等。

2）"草图"工具栏提供了草图绘制所用到的大多数工具，并且进行了分类，包括＿＿＿＿＿工具、＿＿＿＿＿＿工具、＿＿＿＿＿＿＿工具和＿＿＿＿＿＿工具。

3）草图绘制实体是指直接绘制＿＿＿＿＿＿＿的操作，如绘制直线、多边形、圆和圆弧、椭圆和椭圆弧等。

4）＿＿＿＿＿＿＿也称为构造线，主要起参考轴的作用，通常用于生成对称的草图特征或旋转特征。

5）在SOLIDWORKS中绘制圆弧主要有＿＿＿＿＿＿＿、＿＿＿＿＿＿＿和＿＿＿＿＿＿＿三种方法。

6）＿＿＿＿＿＿是指在平面内到一个定点和一条定直线的距离相等的点的轨迹，它是圆锥曲线的一种。

7）利用＿＿＿＿＿工具命令可以按设置的方向，间隔一定的距离复制出对象的副本。

8）使用＿＿＿＿＿工具命令可将现有草图或实体模型某一表面的边线投影到草绘平面上，其投射方向垂直于绘图平面，在绘图平面上生成新的草图实体。

9）使用＿＿＿＿＿工具命令，可以将直线、圆弧或自由曲线的端点进行修剪或延伸。

10）使用＿＿＿＿＿＿工具命令，可在保证图线原有趋势不变的情况下，向外延伸，直到与另一图线相交。

11）＿＿＿＿＿＿＿可以及时准确地判断草图对于指定特征操作的可行性。

12）标注尺寸就是为截面图形标注长度、直径、弧度等尺寸，通过标注尺寸，可以＿＿＿＿＿＿。

二、问答题

1）在SOLIDWORKS中，有哪两种进入草绘模式的方法？试简述其操作。

2）应使用哪个命令绘制平行四边形？试简述其操作。

3）分割实体后应如何将其合并？

4）能否在绘制图形时进行镜像操作？应该使用哪个命令？

5）什么是几何关系？为什么要使用几何关系？

三、操作题

1）尝试绘制一个五角星（推荐使用"多边形"和"线"工具命令绘制）。

2）试绘制图2-117所示的草绘图形，并为其标注尺寸。

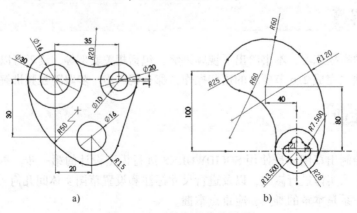

a)   b)

图2-117 需绘制的草绘图形

第 **3** 章

特 征 建 模

学习目标

特征是以草图为基础创建三维模型的工具，例如，通过拉伸、旋转、扫描和放样等特征可直接生成三维模型（基础特征）。本章讲述这些特征的使用方法。

3.1 拉伸特征

拉伸特征是生成三维模型时最常用的一种特征，其原理是将一个二维草绘平面图形拉伸一段距离形成特征，如图 3-1 所示。

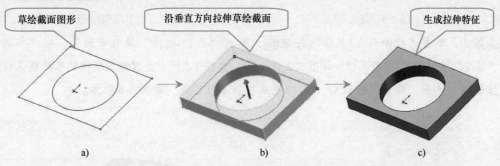

草绘截面图形　　　沿垂直方向拉伸草绘截面　　　生成拉伸特征

a)　　　　　　　　　b)　　　　　　　　　c)

图 3-1　拉伸特征生成过程示意图

拉伸特征主要包括拉伸实体或薄壁、拉伸基体或凸台、切除拉伸和拉伸曲面四种类型（如图 3-2 所示）。其中拉伸实体、薄壁和凸台可通过"拉伸凸台/基体"按钮 创建，切除拉伸可通过"拉伸切除"按钮 创建，拉伸曲面可通过"拉伸曲面"按钮 创建。

本节仅讲述使用"拉伸凸台/基体"按钮🗊和"拉伸切除"按钮🔘创建拉伸特征的方法，对于拉伸曲面操作，将在后面第 5 章讲述。

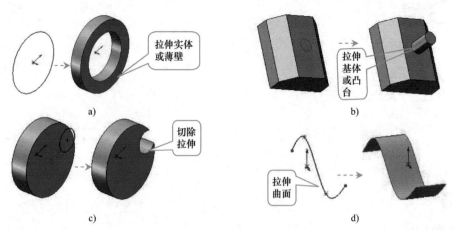

图 3-2　四种拉伸类型

3.1.1　拉伸凸台/基体的操作过程

拉伸基体就是拉伸出实体，而拉伸凸台则是在拉伸出的实体上绘制草图再拉伸出凸台（实际上是一样的）。下面通过将 2.6.1 节中创建的多孔垫草图进行拉伸，创建其实体，来认识一下拉伸特征的操作方法。

步骤 1　按照第 2 章介绍的操作，完成草图的绘制后（效果如图 3-3 所示），退出草绘模式。

步骤 2　通过模型树，选中草绘图形，如图 3-4 所示。

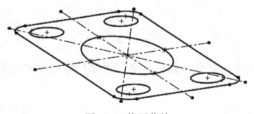

图 3-3　截面草绘

图 3-4　通过模型树选中草绘图形

步骤 3　单击"拉伸凸台/基体"按钮🗊，弹出"凸台-拉伸"属性管理器。在"方向"卷展栏"深度"文本框🖽中输入拉伸深度"2.00mm"，如图 3-5 所示，其他选项保持系统默认设置。

步骤 4　单击"确定"按钮✔，即可完成拉伸实体操作，如图 3-6 所示。

图 3-5　"凸台-拉伸"属性管理器

图 3-6　拉伸效果

3.1.2　拉伸凸台/基体的参数设置

拉伸凸台/基体的参数很多，上文只是创建了一个最简单的拉伸特征，实际上通过其他参数，还可以创建薄壁、拔模等拉伸特征，并可按要求设置拉伸方向、距离和拉伸的终止方式等，下面分别介绍。

● 1. "从（F）"卷展栏

如图 3-7 所示，"**从（F）**"卷展栏包括一个下拉列表，该列表用于设置拉伸的起始条件，具体如下。

图 3-7　"从（F）"卷展栏

> **草图基准面**：从草图所在的基准面开始拉伸，如图 3-8a所示。
> **顶点**：从选择顶点所在的平面处开始拉伸，如图 3-8a 所示。
> **等距**：从与当前草图基准面等距的基准面上开始拉伸，可在"输入等距值"文本框中设定等距距离，如图 3-8a 所示。
> **曲面/面/基准面**：从选择的某个"曲面""面"或"基准面"处开始拉伸。可以从非平面开始拉伸，但是草图投影必须完全包含在非平面曲面或面的边界内，草图的开始曲面依存于非平面的形状，如图 3-8b 所示。

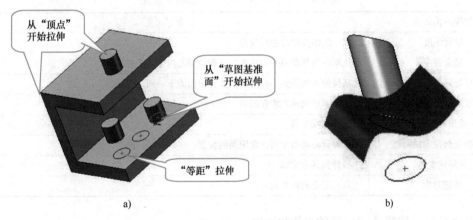

a)　　　　　　　　　　　　　　　　　　　b)

图 3-8　"从（F）"卷展栏选项介绍

● 2. "方向 1"卷展栏

"**方向 1**"卷展栏中的参数如图 3-9 所示，用户可以在其中设置凸台或基体在"方向 1"上的拉伸终止条件、拉伸方向以及拔模斜度等，具体如下。

图 3-9　"方向 1"卷展栏选项介绍

➢ **"拉伸终止条件"** 选项：该选项用来定义拉伸特征在拉伸方向上的终止位置或条件。在 "拉伸终止条件" 选项的下拉列表中包括了 8 种不同形式的终止条件，各终止条件的作用如图 3-10 所示，其含义见表 3-1。

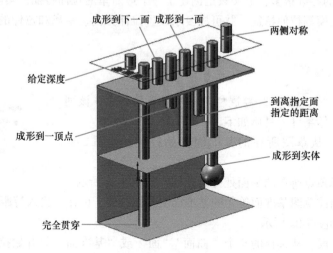

图 3-10 "拉伸终止条件" 选项的作用

表 3-1 "拉伸终止条件" 各选项的含义

拉伸终止条件	含　义
给定深度	以一定的高度值进行拉伸
完全贯穿	从草图的基准面开始拉伸，直到贯穿几何体的所有部分
成形到下一面	从拉伸方向开始，拉伸到实体当前面的下一面
成形到一顶点	拉伸到所选顶点所在的面
成形到一面	拉伸到某个面
到离指定面指定的距离	拉伸到距离指定面一定距离的位置
成形到实体	拉伸到某个实体
两侧对称	以指定距离向两侧拉伸

单击"反向"按钮 ↗ 可以反转拉伸的方向。

➢ **"拉伸方向"** ↗ 选项：该选项默认拉伸方向为垂直于草图基准面的方向，用户也可以自定义拉伸的方向，如图 3-11 所示。

图 3-11 "拉伸方向" 选项的作用

➢ **"合并结果"** 复选框：选中此复选框，如有可能，执行拉伸操作后会将所产生的实体合并到现有实体；如果不选择，拉伸特征将生成不同实体。

➤ **"拔模"** 选项：单击 "拔模开/关" 按钮 ![icon]，可在其右侧文本框中设置拔模度数，选择 "向外拔模" 复选框可设置向外拔模，如图 3-12 所示。

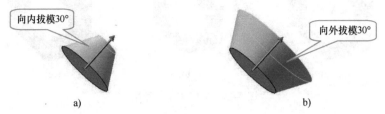

图 3-12　拔模效果比较

● 3. "方向 2" 卷展栏

"方向 2" 卷展栏的参数如图 3-13a 所示，用于设置在另外一个方向上的拉伸效果，如图 3-13b 所示。其参数与 "方向 1" 卷展栏类似，不同的是 "方向 2" 不能设置拉伸方向（"方向 2" 与 "方向 1" 相反），只能设置拉伸深度、拉伸终止条件和是否拔模。

图 3-13　"方向 2" 卷展栏和另外一个方向上的拉伸效果

● 4. "薄壁特征" 卷展栏

"薄壁特征" 卷展栏如图 3-14 所示，用于设置进行薄壁拉伸。薄壁是指具有一定厚度的实体特征，可以对闭环和开环草图进行薄壁拉伸。

图 3-14　"薄壁特征" 卷展栏

"薄壁特征" 卷展栏中各选项的作用如下。

➤ **"薄壁类型"** 选项：该选项用于设定薄壁特征拉伸的类型，包括 "单向" "两侧对称" 和 "双向" 三种类型，其含义见表 3-2，其作用如图 3-15 所示。

表 3-2　"薄壁类型" 各选项的含义

薄 壁 类 型	含　　义
单向	设置薄壁向外单侧拉伸
两侧对称	设置薄壁向内外两侧以相同距离拉伸
双向	设置薄壁以不同距离向内外两侧分别拉伸

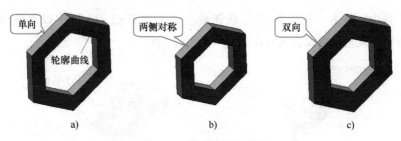

图 3-15　薄壁类型的作用

➤ **"顶端加盖"** 选项：选中"顶端加盖"复选框，可以为薄壁特征的顶端加上顶盖，在"加盖厚度" 文本框中可以指定顶盖的厚度。"顶端加盖"选项只能用于模型中第一个拉伸实体。

➤ **"自动加圆角"** 选项：如果轮廓草图是开环的，则会在"薄壁特征"卷展栏中出现"自动加圆角"复选框，如图 3-16a 所示。选中此复选框，可在"圆角半径" 文本框设置自动倒圆角的值，从而在具有夹角的相交边线上自动生成圆角，如图 3-16b 所示。

● 5. "所选轮廓"卷展栏

"所选轮廓"卷展栏，允许用户选择当前草图中的部分草图生成拉伸特征，如图 3-17 所示。

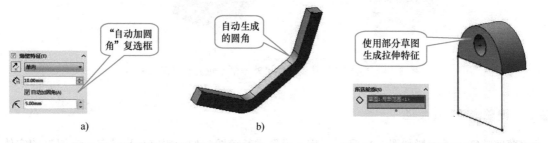

图 3-16　"自动加圆角"选项和其效果　　　　图 3-17　"所选轮廓"卷展栏和拉伸实体

知识库：

构成拉伸特征通常需要如下三个基本要素：

草图：用于定义拉伸特征的基本轮廓，是拉伸特征最基本的要素之一，它描述了截面的形状。通常要求草图为封闭的二维图形，并且不能存在自交叉现象。

拉伸方向：垂直草图方向或指定方向，均可作为拉伸特征的拉伸方向。

终止条件：定义拉伸特征在拉伸方向上的终止位置。

3.1.3　"拉伸切除"特征

使用"拉伸切除"按钮 可以创建"拉伸切除"特征，即以拉伸体作为"刀具"在原有实体上去除材料，如图 3-18 所示。

"拉伸切除"特征与拉伸凸台/基体的参数设置基本一致（如图 3-19a 所示），只是在"拉伸切除"特征中增加了"反侧切除"复选框。利用该复选框可以切除封闭草图以外的部分，如图 3-19b 所示。

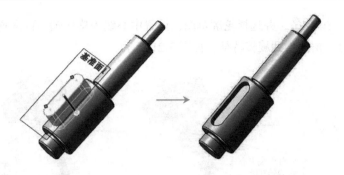

图 3-18 "拉伸切除"特征的作用

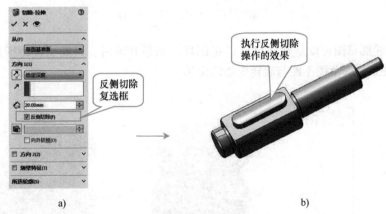

a)   b)

图 3-19 选择"反侧切除"选项拉伸创建的实体

3.2 旋转特征

旋转特征是将草绘截面绕旋转中心线旋转一定角度生成的特征。如图 3-20 所示，常见的轴类、盘类、球类等，都可用"旋转"命令进行造型。

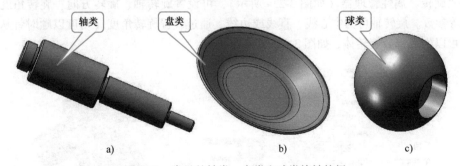

a)   b)   c)

图 3-20 常见的轴类、盘类和球类旋转特征

旋转特征主要包括"旋转凸台/基体"和"旋转切除"两类特征，可以创建实体、薄壁，可以设置旋转角度，也可以进行旋转切除。

3.2.1 旋转凸台/基体的操作过程

旋转特征的操作过程是：首先绘制一条中心线，并在中心线的一侧绘制出轮廓草图，然后单击"旋转凸台/基体"按钮 ，并选择轮廓草图，设置中心线为旋转轴，再设置截面绕中心线旋转的角度（0°～360°），由此得到旋转特征，如图 3-21 所示。

图 3-21 "旋转凸台/基体"特征的生成过程

旋转特征的轮廓草图可以是开环也可以是闭环，当是开环时，只能生成薄壁旋转特征，如图 3-22 所示。注意轮廓草图不能与旋转中心线交叉。

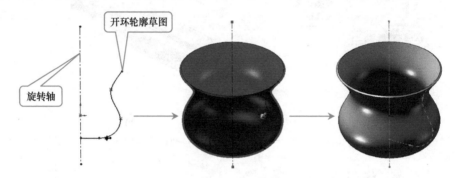

图 3-22 "薄壁旋转"特征的生成过程

3.2.2 旋转凸台/基体的参数设置

通过"旋转"属性管理器（如图 3-23a 所示），可设置旋转轴、旋转方向、旋转角度和设置薄壁特征等参数。旋转轴可为中心线、直线或边线，通过设置旋转角度（角度以顺时针从所选草图测量）可以生成部分旋转体，如图 3-23b 所示。

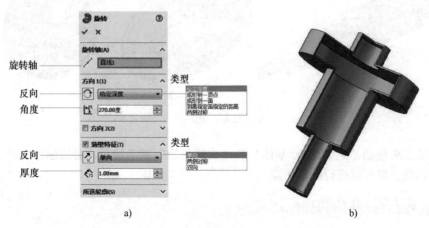

a)   b)

图 3-23 "旋转"属性管理器和薄壁角度旋转效果

提示：

　　旋转特征的草绘图形可以包含多个相交轮廓线，如图 3-24 所示。可以在"所选轮廓"卷展栏中，选择需要使用的一个或多个交叉或非交叉轮廓线来生成旋转特征。

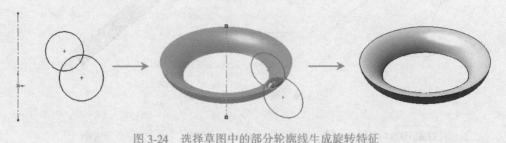

图 3-24　选择草图中的部分轮廓线生成旋转特征

3.2.3　"旋转切除"特征

　　"旋转切除"特征是通过旋转草绘图形，从而在原有模型上去除材料的特征。"旋转切除"特征与"旋转凸台/基体"特征的操作方法基本一致。如图 3-25 所示，单击"旋转切除"按钮后🔲，选择进行旋转切除的草绘图形，并设置旋转轴，草绘图形旋转经过的区域将被切除。

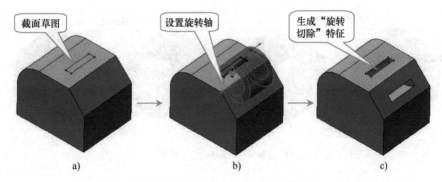

图 3-25　"旋转切除"特征的操作过程

提示：

　　"旋转切除"特征的参数设置，可参考"旋转凸台/基体"特征。

3.3　扫描特征

　　"扫描"特征是指草图轮廓沿一条路径移动获得的特征，在扫描过程中用户可设置一条或多条引导线，最终可生成实体或薄壁特征。

　　"扫描"特征主要包括简单扫描、引导线扫描和扫描切除三个特征，如图 3-26、图 3-27 和图 3-28 所示，下面分别讲解其创建方法，并讲解"扫描"特征参数设置的含义。

图 3-26 简单 "扫描" 特征

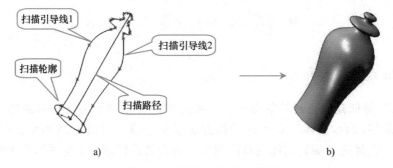

图 3-27 引导线 "扫描" 特征

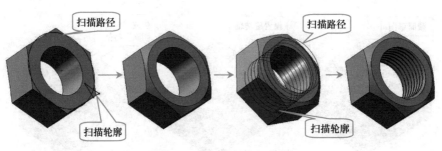

图 3-28 "扫描切除" 特征

3.3.1 简单 "扫描" 特征的操作过程

如图 3-26 所示，仅仅由扫描轮廓和扫描路径构成的扫描特征称为简单 "扫描" 特征，即令扫描轮廓沿扫描路径运动形成扫描特征，此种扫描特征的特点是每一个与路径垂直的截面尺寸都不发生变化。

下面以扫描出图 3-26 所示内六角扳手模型为例，介绍具体操作过程。

步骤 1 在前视基准面中绘制出图 3-29 所示的草绘图形，标注相应的尺寸并添加约束，作为扫描的路径曲线。

步骤 2 选择 "插入" → "参考几何体" → "基准面" 菜单命令，弹出 "基准面 1" 属性管理器，如图 3-30 所示，"第一参考" 选择路径曲线的一个端点，"第二参考" 选择步骤 1 中绘制的路径曲线，单击 "确定" 按钮 ，创建一基准平面。

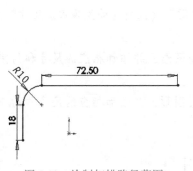

图 3-29　绘制扫描路径草图

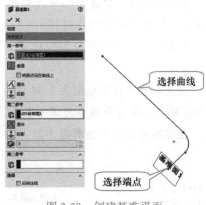

图 3-30　创建基准平面

步骤 3　如图 3-31 所示，进入新创建的基准面的草绘模式，并绘制一中心经过扫描路径端点的正六边形，正六边形内切圆的半径为 4.5mm。

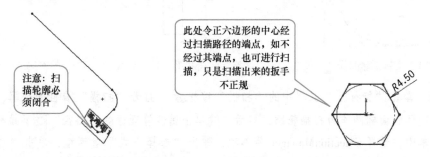

图 3-31　绘制正六边形

步骤 4　单击"特征"工具栏中的"扫描"按钮 <img>（或选择"插入"→"凸台/基体"→"扫描"菜单命令），顺序选择"轮廓" <img> 和"路径" <img> 曲线，并单击"确定"按钮 <img>，即可完成内六角扳手模型的绘制，如图 3-32 所示。

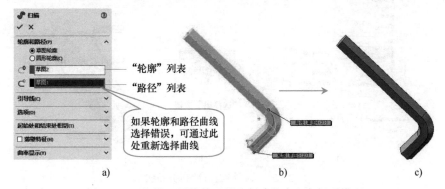

图 3-32　"扫描"属性管理器和创建的内六角扳手模型

3.3.2　引导线"扫描"特征的操作过程

在扫描过程中草图的截面形状有变化时，可以使用引导线来控制扫描过程中间轮廓的形状，这种扫描称为变截面扫描，又称为引导线扫描。下面以扫描出一个化妆品瓶实体（如图3-27所示）为例，讲解引导线扫描的操作过程。

步骤1 在前视基准面中绘制图3-33所示的草绘图形（注意此处无须添加尺寸和约束），作为扫描的轮廓曲线。

步骤2 在上视基准面中绘制图3-34所示的草绘图形，并添加相应的尺寸和约束，其中垂直直线作为扫描路径，样条曲线作为第一条引导线。

步骤3 在右视基准面中绘制图3-35所示的草绘图形，并添加相应的尺寸和约束，作为第二条引导线。

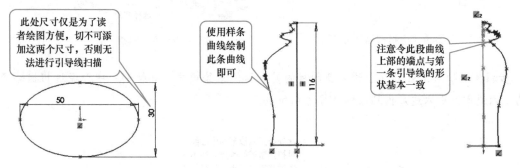

图3-33 绘制轮廓曲线　　图3-34 绘制路径曲线和第一条引导线　图3-35 绘制第二条引导线

步骤4 单击"特征"工具栏中的"扫描"按钮 ，打开"扫描"属性管理器，如图3-36所示。首先选择底面椭圆作为扫描轮廓，然后右键单击属性管理器的"路径" 下拉列表，在弹出的快捷菜单中，选择SelectionManager菜单项，弹出"选择方式"对话框，单击"选择组"按钮 ，然后选择草图中间的竖线作为扫描路径，并单击"确定"按钮 。

步骤5 如图3-36所示，打开"引导线"卷展栏，使用与步骤4相同的操作分别选择两条样条曲线作为引导线，最后单击"确定"按钮 ，即可完成化妆品瓶的绘制。

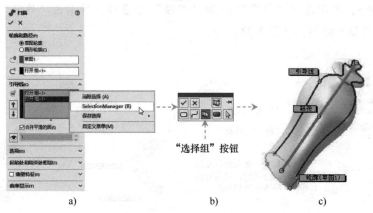

"选择组"按钮

a)　　　　　　　　　　b)　　　　　　　　　c)

图3-36 选择扫描路径和引导线

提示：

在进行引导线扫描时应注意：引导线必须和扫描轮廓相交于一点，并作为引导线的一个顶点，所以最好在引导线和截面线间添加相交处的穿透约束关系。

3.3.3 "扫描"特征的参数设置

通过"扫描"属性管理器（如图 3-37 所示），可设置扫描路径、扫描轮廓和引导线，并可设置扫描轮廓的旋转方向，路径对齐方式，以及扫描面与扫描轮廓面的相切方式等，具体如下。

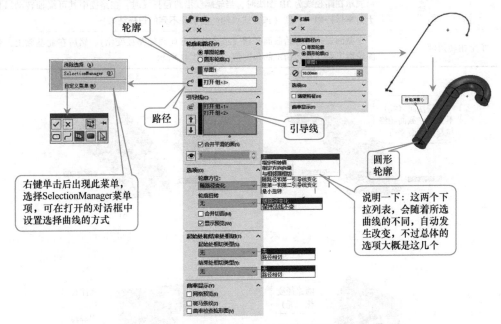

图 3-37 "扫描"属性管理器的常用操作界面

1. "轮廓和路径"卷展栏

该卷展栏用于选择扫描轮廓和扫描路径。右键单击下拉列表可通过弹出的快捷菜单删除所选择的曲线，或选择 SelectionManager 菜单项，在打开的对话框中设置选择曲线的方式，单击"选择组"按钮，可选择草图中的某条曲线或多条曲线作为轮廓或路径曲线。

2. "选项"卷展栏

该卷展栏中的"轮廓方位/轮廓扭转"下拉列表用于设置截面图形在扫描过程中的方向和扭转方式，见表 3-3（结合"选项"卷展栏的第二个下拉列表）。

表 3-3 "轮廓方位/轮廓扭转"下拉列表中各选项的含义

"轮廓方位/轮廓扭转"选项		含 义
保持法向（线）不变		表示截面总是与起始截面保持平行，如图 3-38a 所示
随路径变化	无	表示截面与路径的角度始终保持不变（仅用于路径线为 2D 图线），如图 3-38b 所示
	指定方向向量	选择一个能够确定方向的参照物，如直线、面等，令截面轮廓在扫描时始终与其垂直
	与相邻面相切	将扫描附加到现有几何体时可用，使相邻面在轮廓上相切
	随路径和第一引导线变化	表示中间截面的扭转角度由路径到第一条引导线的向量决定，如图 3-39 所示
	随第一和第二引导线变化	表示中间截面的扭转方向由第一条到第二条引导线的向量决定，如图 3-40 所示

（续）

"轮廓方位/轮廓扭转" 选项		含　义
随路径变化	最小扭转	表示在路径线为3D图线时，令轮廓线与3D图线的角度不变，或满足生成实体的情况下，尽量少的发生变化
	自然	表示在路径线为3D图线时，当轮廓线沿路径扫描时，在路径中其可绕轴转动以相对于曲率保持同一角度（该方式可能产生意想不到的扫描结果）
指定扭转角度		令截面保持与开始截面平行（或令截面方向跟随路径变化），然后在此基础上，令截面轮廓沿路径扭转指定的角度值，如图3-41所示

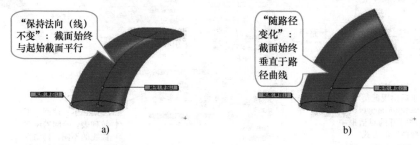

图 3-38 "保持法向（线）不变"和"随路径变化"选项的作用

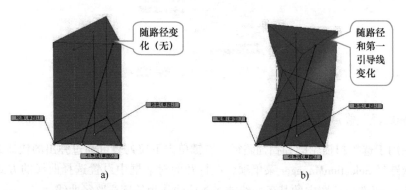

图 3-39 "随路径变化（无）"和"随路径和第一条引导线变化"选项的作用

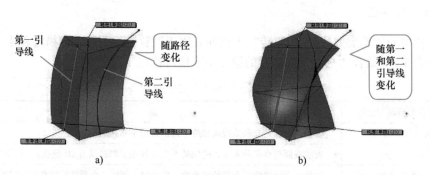

图 3-40 "随路径变化"和"随第一和第二条引导线变化"选项的作用

　　"路径对齐类型"下拉列表在使用"扫描"命令 🔧 扫描曲面时，具有较明显的作用。当路径曲率波动而使轮廓不能对齐时，用于令轮廓稳定（此处不做过多讲解）。"选项"卷展栏中最后几个复选框的作用如下。

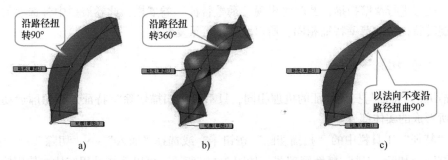

图 3-41 "指定扭转角度"和"以法向不变沿路径扭曲"选项的作用

> **合并切面**：如果扫描轮廓具有相切线段，选中此复选框可使所生成的相应扫描曲面相切。
> **显示预览**：选中此复选框，可在设置扫描曲线时预览扫描效果。
> **合并结果**：当扫描体与其他实体相交时，在扫描后与相交实体合并成一个实体。
> **与结束端面对齐**：选中此复选框，可令扫描轮廓延伸或缩短，以与扫描端点处的面相匹配。此选项在进行扫描切除时，效果较明显，如图 3-42 所示。

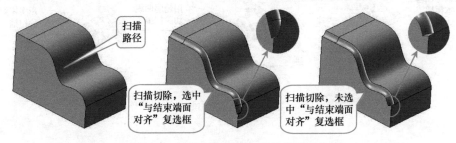

图 3-42 "与结束端面对齐"复选框的作用

● 3. "引导线"卷展栏

此卷展栏用于选择和设置引导线，可选择多条引导线。选中"合并平滑的面"复选框可在引导线曲率不连续时，对自动生成的曲面进行平滑处理，如图 3-43 所示。单击"显示截面"按钮 ⊙，可显示扫描截面在某个位置处的截面形状，如图 3-43c 所示。

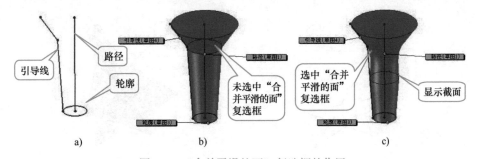

图 3-43 "合并平滑的面"复选框的作用

● 4. "起始处和结束处相切"卷展栏

此卷展栏用于设置不相切或设置垂直于开始点路径而生成扫描特征。

另外，还可进行薄壁扫描，此时将出现"薄壁特征"卷展栏，此卷展栏中各选项的作用与前文介绍的旋转特征中的薄壁特征相同，所以此处不再重复叙述。

3.3.4 "扫描切除"特征

"扫描切除"特征与扫描特征的机理相同，只不过"扫描切除"特征是在轮廓运动的过程中切除轮廓所形成的实体部分。

单击"特征"工具栏中的"扫描切除"按钮 或选择"插入"→"切除"→"扫描"菜单命令，打开"切除-扫描"属性管理器，如图 3-44a 所示。可以选择使用实体或使用轮廓曲线进行切除扫描，其效果如图 3-44b、图 3-44c 所示。

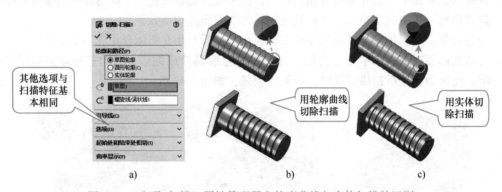

图 3-44 "切除-扫描"属性管理器和轮廓曲线与实体扫描的区别

3.4 放样特征

三维模型的形状是多变的，扫描特征解决了截面方向可以变化的难题，但不能让截面形状和尺寸也随之发生变化，这时需要用放样特征来解决此问题。

放样特征可以将两个或两个以上的不同截面进行连接，是一种相对比较复杂的实体特征，如图 3-45 所示。

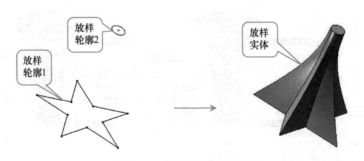

图 3-45 简单"放样"特征

放样特征包括简单"放样"特征（仅使用放样轮廓得到的"放样"特征，如图 3-45 所示）和引导线"放样"特征（使用轮廓线和引导线共同控制的"放样"特征，如图 3-46 所示），下面分别讲解其创建方法。

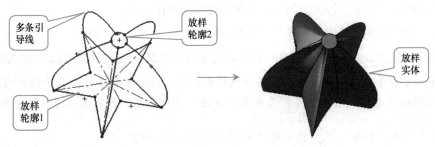

图 3-46　引导线 "放样" 特征

3.4.1　简单 "放样" 特征

简单放样是直接在两个或多个轮廓间进行的放样特征，下面以图 3-45 所示简单 "放样" 特征为例介绍操作方法。

步骤 1　打开本书提供的素材文件 "3.4.1 放样(SC).SLDPRT"，如图 3-47 所示。

步骤 2　单击 "特征" 工具栏中的 "放样凸台/基体" 按钮 （或选择 "插入" → "凸台/基体" → "放样" 菜单命令），打开 "放样" 属性管理器，如图 3-48a 所示，在绘图区中依次选择五角星和圆草图轮廓线。

步骤 3　打开 "放样" 属性管理器的 "开始/结束约束" 卷展栏，在 "结束约束" 下拉列表中选择 "垂直于轮廓" 选项，令结束位置处的放样面与放样轮廓面垂直相切，如图 3-48b 所示，单击 "确定" 按钮 完成放样操作。

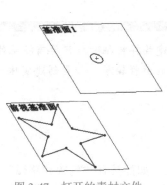

图 3-47　打开的素材文件一

a)　　　　　　　b)

图 3-48　简单放样操作

3.4.2　引导线 "放样" 特征

引导线在放样过程中控制截面草图的变化，从而达到控制放样实体模型的目的。下面以

图 3-46 中的引导线"放样"特征为例介绍添加引导线的操作方法。

步骤 1 打开本书提供的素材文件"3.4.2 引导线放样(SC).SLDPRT",如图 3-49 所示。

> **提示:**
>
> 此处省略了引导线的创建,不过需要注意的是:采用引导线放样时,引导线草图节点和轮廓线节点之间必须建立"重合"几何关系或"穿透"几何关系,否则无法进行引导线放样。

步骤 2 单击"特征"工具栏中的"放样凸台/基体"按钮 🔶 (或选择"插入"→"凸台/基体"→"放样"菜单命令),打开"放样"属性管理器,如图 3-50a 所示,然后选中图 3-49 中所示的五角星和圆草图作为轮廓线。

步骤 3 打开"引导线"卷展栏,再选中其余 5 条曲线为引导线,如图 3-50b 所示,单击"确定"按钮 ✔ 完成放样操作,如图 3-50c 所示。

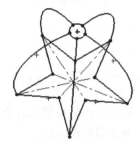

图 3-49 打开的素材文件二

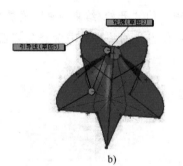

a)   b)   c)

图 3-50 引导线"放样"特征操作

> **知识库:**
>
> 放样特征和扫描特征的区别:放样没有路径的概念,在创建放样特征时,只要有轮廓线即可,而引导线则可有可无;另外,在放样时,必须有两个以上的放样轮廓,如要创建实体,则放样轮廓必须是封闭的。

3.4.3 "放样"特征的参数设置

"放样"特征的属性管理器与"扫描"特征有很多相似之处,如都具有"轮廓和路径"卷展栏、"引导线"卷展栏等,而且其功能基本相同,所以下面仅讲解其与"扫描"特征不同的属性,具体如下。

1. "开始/结束约束"卷展栏

此卷展栏(如图 3-51 所示)用于设置产生的放样面与轮廓面间的关系,例如,设置开始端为"垂直于轮廓"方式,即设置开始的放样面垂直于开始轮廓面,如图 3-52 所示。还可精确设置"拔模角度"和"相切长度",取消选择"应用到所有"复选框,可单独设置构成轮廓线的每条线段的"拔模角度"和"相切长度"。

图 3-51 "起始/结束
约束"卷展栏

图 3-52 设置"开始约束"的选项

在"开始约束"下拉列表中也可以选择"方向向量"选项,用于设置开始的放样面与某个参照方向相切。

● 2. "引导线"卷展栏

"放样"特征的"引导线"卷展栏与"扫描"特征相比,增加了设置引导线影响范围的"引导线感应类型"下拉列表(其作用如图 3-53 所示),另外还可设置放样面与引导线的相切类型。

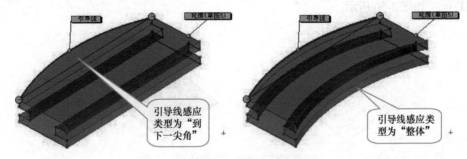

图 3-53 设置"引导线感应类型"的选项

● 3. "中心线参数"卷展栏

由于放样操作本身就是使用几个截面图形绘制的特征,所以在放样轮廓图形之间通常由系统自动填充,填充部分截面的方向与引导线无关,如图 3-54a 所示。

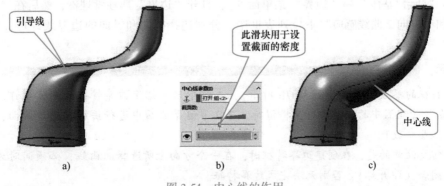

图 3-54 中心线的作用

为了控制放样操作扫描截面的方向，在"放样"特征中引入了"中心线"（增加了一个"中心线参数"卷展栏，如图 3-54b 所示），令所有中间截面的草图基准面都与中心线垂直，如图 3-54c 所示，从而可以更有效地进行放样操作。中心线可与引导线共存。

● 4. "草图工具"卷展栏

使用"草图工具"卷展栏，可以在编辑"放样"特征时，对 3D 草绘图形进行编辑操作，如图 3-55 所示。

图 3-55 "草图工具"卷展栏的作用

3.5 边界特征

边界特征是指通过指定实体横向和纵向的边界线（也可仅指定一个方向的边界线），从而创建实体的特征，如图 3-56 所示。

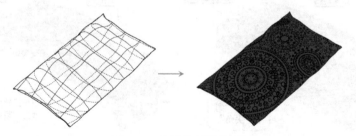

图 3-56 边界特征的作用

边界特征通常用于创建形状不规则的实体，如图 3-56 所示的枕头模型。

当仅指定一个方向上的边界线时，边界特征的创建过程（含创建思路）以及所创建的实体，与"放样"特征基本相同。

边界特征的创建较为简单，单击"特征"工具栏中的"边界凸台/基体"按钮 ![](（或选择"插入"→"凸台/基体"→"边界"菜单命令），打开"边界"属性管理器，然后在"方向1曲线感应"和"方向2曲线感应"下拉列表框中，分别选择横向和纵向的边界线即可，如图 3-57 所示。

> **提示：**
>
> 边界特征的参数较多（如图 3-57b 所示），本章中只介绍了边界特征的创建操作，而对于"边界"属性管理器中的相关参数，将留待 5.2.2 节边界曲面中进行讲解（通过曲面，可以更好地理解这些参数）。
>
> 这里需要注意的是，在创建边界特征时，在一个方向上所选择的曲线，必须同时为闭合或同时为不闭合（即开环），否则无法完成边界特征。

如单击"特征"工具栏中的"边界切除"按钮 (或选择"插入"→"切除"→"边界"菜单命令），可创建"边界切除"特征。"边界切除"特征是使用创建的边界实体为工具，切除其他实体的特征，其操作与边界特征基本相同，此处不再赘述。

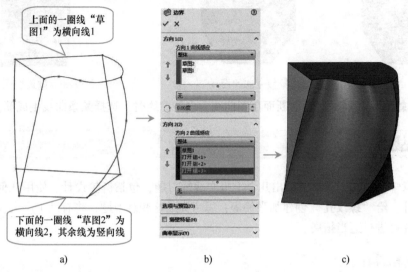

a)   b)   c)

图 3-57　边界特征的创建过程

3.6　筋特征

筋特征是用来增加零件强度的结构，是由开环的草图轮廓生成的特殊类型的拉伸特征，可以在轮廓与现有零件之间添加指定方向和厚度的材料，如图 3-58 所示。

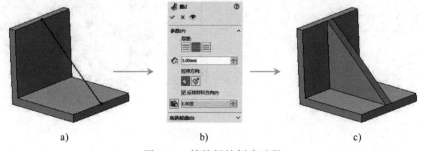

a)   b)   c)

图 3-58　筋特征的创建过程

单击"特征"工具栏中的"筋"按钮 ，选择绘制好的筋特征横断面曲线（或选择一个面绘制筋特征横断面曲线），设置筋特征的宽度和拉伸方向，如图 3-58 所示，单击"确定"按钮 ，即可生成筋特征。

下面解释图 3-58b 所示"筋 2"属性管理器中各选项的作用。

➤ "厚度"下的三个按钮用于设置筋特征厚度的拉伸方向。

➤ 单击"平行于草图方向"按钮 可设置筋特征以平行于草图的方向进行拉伸。

➤ 单击"垂直于草图方向"按钮 可设置筋特征以垂直于草图的方向进行拉伸（这两个按

钮的不同效果如图 3-59 所示)。

➤ 单击 **"拔模"** 按钮 可设置筋特征的拔模角度, 其效果如图 3-60 所示。

图 3-59 对筋特征拉伸方向的设置   图 3-60 设置拔模的作用

➤ **"所选轮廓"** 卷展栏: 当横断面草图曲线含多条曲线时, 选择某条曲线生成筋。

3.7 实战练习

针对本章学习的知识, 本节给出几个上机实战练习题, 包括链轮设计、使用几何关系控制扫描、挂钩设计、给 "螺纹孔" 创建加强筋等; 思考完成这些练习题, 将有助于广大读者熟练掌握本章内容, 并可进行适当拓展。

3.7.1 链轮设计

按照图 3-61a 所示图样, 结合本章所学的知识, 绘制链轮模型 (如图 3-61b 所示), 以熟悉 "拉伸凸台/基体" 特征和 "拉伸切除" 特征的使用。

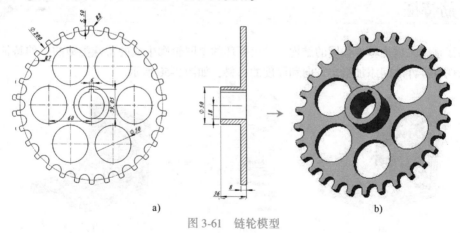

a)   b)

图 3-61 链轮模型

3.7.2 使用几何关系控制扫描

打开本书提供的素材文件 "3.7.2 几何关系控制扫描(SC).SLDPRT", 按照图 3-62a 所示绘制轮廓线, 然后尝试使用扫描特征, 扫描出图 3-62b 所示实体模型。

> **提示:**
>
> 本练习的关键是引导线本来并没有高度控制, 但是通过使用几何关系结合引导线可以控制扫描过程中截面的高度。

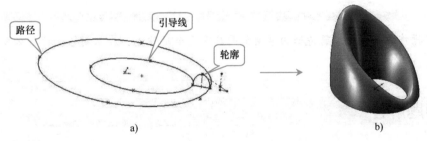

图 3-62　使用几何关系控制轮廓线和扫描实体

3.7.3　挂钩设计

打开本书提供的素材文件"3.7.3 挂钩(SC).SLDPRT",如图 3-63a 所示。尝试使用放样特征放样出图 3-63b 所示挂钩主体,然后通过拉伸操作,创建挂钩的挂钩柄(拉伸长度都为 50mm,直径分别为 35mm 和 30mm),并使用"圆顶"特征(使用方法,见第 4 章),创建挂钩主体。

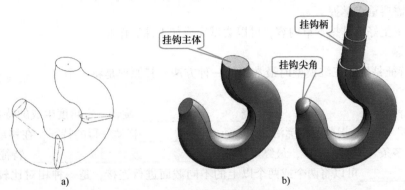

图 3-63　挂钩轮廓和挂钩模型

> **提示:**
>
> 本练习的难点,实际上是创建挂钩主体的放样引导线和轮廓线,建议在完成挂钩的创建操作后,可参考提供的素材文件,练习一下该图线的创建。

3.7.4　给螺纹孔创建加强筋

筋操作虽然简单,但是也有一些难点。打开本书提供的素材文件"3.7.4 加强筋(SC).SLD-PRT",如图 3-64a 所示。尝试使用筋特征为螺纹孔添加一个图 3-64b 所示大小的加强筋,最终效果如图 3-64c 所示。

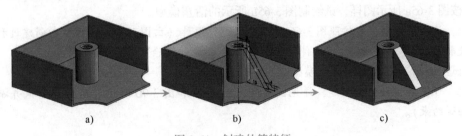

图 3-64　创建的筋特征

> **提示：**
>
> 本练习操作的关键是，筋特征的草绘截面具有两个延伸端，应深刻体会为什么要绘制这两个延伸端。

3.8 习题解答

针对 3.7 节的实战练习，本书给出了视频讲解，包括相关实例等，读者可以扫码观看。

如果仍无法独立完成 3.7 节要求的这些操作，那么就一步一步跟随视频讲解，操作一遍吧！

3.9 课后作业

本章主要介绍了拉伸、旋转、扫描、放样、边界和筋特征的创建方法，这些特征，都是可以直接生成实体的特征（即不需要附着在其他实体上的特征），所以是 SOLIDWORKS 创建三维模型的基础特征，需要重点掌握。

此外，为了更好地掌握本章内容，可以尝试完成如下课后作业。

一、填空题

1）拉伸特征是生成三维模型时最常用的一种方法，其原理是将一个＿＿＿＿＿＿＿＿形成特征。

2）旋转特征是将＿＿＿＿＿＿绕＿＿＿＿＿＿旋转一定角度生成的特征。

3）"扫描"特征是指草图轮廓沿一条＿＿＿＿＿＿移动获得的特征，在移动过程中用户可设置一条或多条＿＿＿＿＿，最终可生成＿＿＿＿或＿＿＿＿特征。

4）＿＿＿＿＿＿可以将两个或两个以上的不同截面进行连接，是一种相对比较复杂的实体特征。

5）＿＿＿＿＿＿是指通过指定实体横向和纵向的边界线（也可仅指定一个方向的边界线），从而创建实体的特征。

6）筋特征是用来增加零件强度的结构，它是由＿＿＿＿＿＿生成的特殊类型的拉伸特征。

二、问答题

1）有几种拉伸特征？分别通过哪些按钮实现这些拉伸特征？

2）创建扫描特征时，如何设置截面图形在扫描过程中的方向和扭转方式？

3）可以使用哪个特征创建螺纹，简单叙述其操作？

4）放样特征中，中心线的作用是什么？中心线和引导线的区别是什么？

三、操作题

1）按图 3-65a 所示图样，试绘制图 3-65b 所示的活塞模型。

提示：该活塞模型，可按照图 3-66 所示过程进行设计（由图可知，该模型在创建过程中主要用到"旋转凸台/基体"命令，"拉伸切除"命令和"旋转切除"命令）。

2）试绘制图 3-67 所示的元宝模型。

提示：可使用扫描特征创建，详见图 3-68、图 3-69 和图 3-70 所示（请自行查找并添加必要位置的相等约束）。

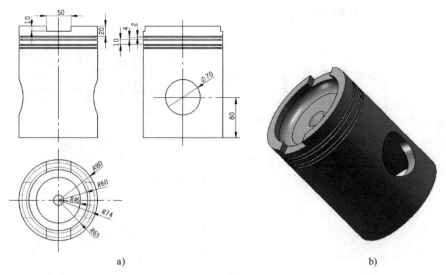

图 3-65　活塞图样和模型

图 3-66　活塞模型的创建过程

图 3-67　绘制的元宝模型

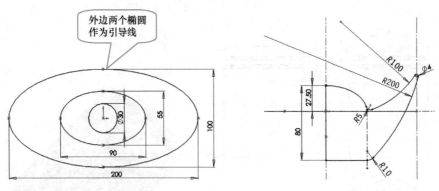

图 3-68 绘制元宝的截面图形

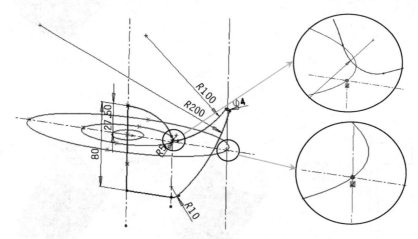

图 3-69 元宝截面图形的细节

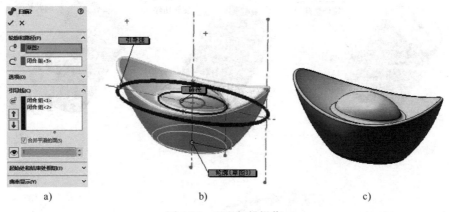

a)　　　　　　　　b)　　　　　　　　c)

图 3-70 元宝扫描操作

第 **4** 章

特征编辑

学习目标

　　对已创建的实体,可以为其执行孔、倒角和变形等操作,以创建更加复杂的模型;此外,可以使用参考几何体辅助创建特征和定义零件的空间位置;可以对不符合要求的几何体进行修改或重定义;另外对于相同或相似的特征,还可以使用镜像与阵列特征进行创建,从而提高产品设计的效率。本章将讲解上述内容。

4.1 参考几何体

　　在建模的过程中经常会用到基准平面、基准轴以及基准坐标等参考几何体(也被称为基准特征),如图 4-1a 所示。通过这些参考几何体可以确定实体的位置和方向(使用"参考几何体"工具栏中的命令按钮可以创建参考几何体,如图 4-1b 所示)。

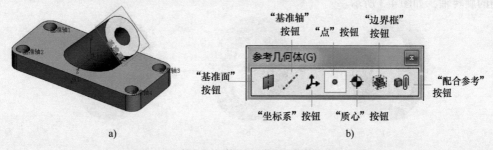

图 4-1　参考几何体和"参考几何体"工具栏

4.1.1 基准面

如前所述，在使用 SOLIDWORKS 设计零件时，系统默认提供了前视、右视和上视三个互相垂直的基准面作为零件设计和其他操作的参照，但是在很多情况下，仅仅依赖这三个基准面是远远不够的，还必须根据需要来创建其他基准平面。

实际上，在 SOLIDWORKS 中创建基准面类似于使用位置约束定义基准面的位置。如图 4-2 所示，单击"特征"工具栏中的"基准面"按钮 ，打开"基准面"属性管理器，然后选择参照来定义基准面的位置（选择面、线和点都可以），完成定义后，单击"确定"按钮 ✔ 即可完成基准面的创建。

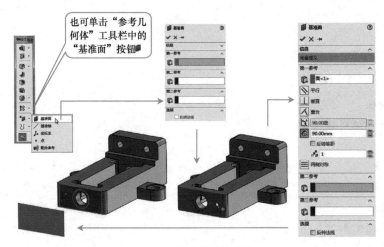

图 4-2 创建基准面操作

基准面的定位参考方式与第 2 章的草图几何关系类似，通常有"平行""垂直""重合""两面夹角"等定位类型，用户根据需要选择使用即可。

> **提示：**
>
> 通过图 4-2，可以发现 SOLIDWORKS 共提供了三个参考用于创建基准面，实际上通常使用一到两个参考即可。如使用一个或两个参考已经将基准面完全固定（完全定义），则无需使用更多参考（图中使用了面的"距离"方式，所以只需一个参考即可）。

4.1.2 基准轴

基准轴是创建其他特征的参照线，主要用于创建孔特征、旋转特征，以及作为阵列复制与旋转复制的旋转轴，如图 4-3 所示。

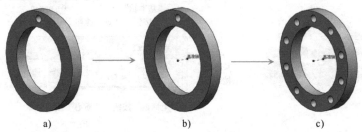

a)   b)   c)

图 4-3 创建的基准轴和用基准轴创建的圆周阵列

要创建图 4-3 所示的基准轴,可单击"参考几何体"工具栏中的"基准轴"按钮 ，打开"基准轴"属性管理器,如图 4-4 所示,然后选择圆环的内表面,并单击"确定"按钮 即可。

> **提示**:
> 将在 4.8 节讲述图 4-3c 所示的"圆周阵列"特征的创建方法。

如图 4-4 所示,除了通过"圆柱/圆锥面"方式创建基准轴外,还有如下几种创建基准轴的方式。

图 4-4 "基准轴"属性管理器

> ➤ "一直线/边线/轴"方式 ：以某一直线、边线或轴作为参照创建基准轴,生成的基准轴与选作参照的直线、边线或轴重合,如图 4-5a 所示。
> ➤ "两平面"方式 ：创建与两个参考平面的交线重合的基准轴,如图 4-5b 所示。
> ➤ "两点/顶点"方式 ：创建通过两个点的基准轴,如图 4-5c 所示。
> ➤ "点和面/基准面"方式 ：创建通过一个点,且与基准面垂直的基准轴,如图 4-5d 所示。

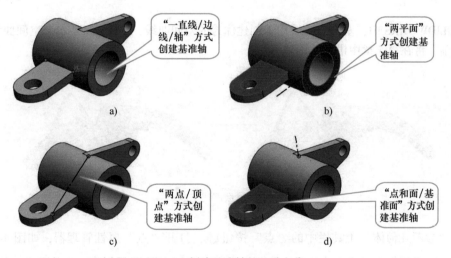

"一直线/边线/轴"方式创建基准轴

a)

"两平面"方式创建基准轴

b)

"两点/顶点"方式创建基准轴

c)

"点和面/基准面"方式创建基准轴

d)

图 4-5 创建基准轴的几种方式

4.1.3 坐标系

在 SOLIDWORKS 中,用户创建的坐标系,也被称为基准坐标,主要在装配和分析模型时使用,在创建一般特征时,基本用不到坐标系。

单击"参考几何体"工具栏中的"坐标系"按钮 ，打开"坐标系"属性管理器,如图 4-6a 所示。然后选择一点作为坐标系的原点,再依次选择几条边线(或点)确定坐标系三条轴的方向(也可使用系统默认设置的坐标轴方向),单击"确定"按钮 ，即可创建一坐标系,如图 4-6b、图 4-6c 所示。

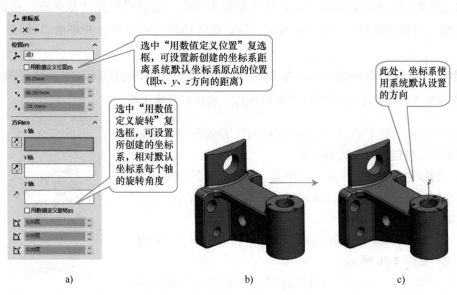

图 4-6 创建坐标系的操作

4.1.4 点

在 SOLIDWORKS 中，基准点主要用于创建优秀的空间曲线，如图 4-7 所示。空间曲线是创建曲面的基础，将在第 5 章中讲述其创建方法。

图 4-7 使用点创建空间曲线

单击"参考几何体"工具栏中的"点"按钮 ⬡，打开"点"属性管理器，如图 4-8a 所示。然后选择一段圆弧作为创建点的参照，单击"确定"按钮 ✔，即可创建一个基准点，如图 4-8b、图 4-8c 所示。

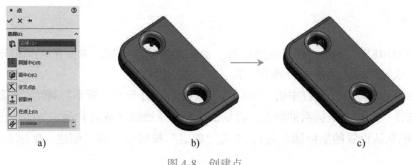

图 4-8 创建点

如图 4-8a 所示，除了通过"圆弧中心"方式⊙创建基准点外，还有如下几种创建基准点的方式。

- ➤ "面中心"方式⊡：以某一面为参照，创建与其中心点重合的基准点，如图 4-9a 所示。
- ➤ "交叉点"方式⊠：以两条基准曲线为参照创建与其中心重合的基准点，如图 4-9b 所示。
- ➤ "投影"方式⊡：创建一个点到一个平面的垂直投影点，如图 4-9c 所示。
- ➤ "在点上"方式⊘：创建经过草图点的参考点。
- ➤ "沿曲线距离或多个参考点"方式⊗：以一条曲线或边线为参照，以"百分比""距离"和"均匀分布"的方式创建位于此曲线上的一个或多个基准点，如图 4-9d 所示。

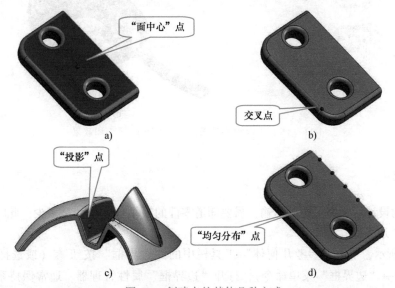

图 4-9 创建点的其他几种方式

4.1.5 质心

质心（COM）即质量的中心点，是指物质系统上被认为质量集中于此的一个假想点。质心是物理学上的一个重要定义，可用于分析物体的运动等。单击"参考几何体"工具栏中的"质心"按钮✦（或选择"插入"→"参考几何体"→"质心"菜单命令），即可为当前零件体（或装配体）添加质心点，如图 4-10 所示。

图 4-10 添加质心点效果

添加了质心点后，在绘图区中，"质心"标志✦将显示在模型的质量中心处（如图 4-10b 所示）。此外"质心"标志✦还将出现在模型树中"原点"标志L的下方，如图 4-10c 所示（右键单击"质心",选择"删除"菜单命令,可将"质心"标志删除)。

质心(COM)的位置,可随着模型的更改而自动发生变化,可以测量质心与实体顶点、边线、面之间的距离,并可添加参考尺寸。

不过质心(COM)不可用于定义驱动尺寸,如需要创建到质心的驱动尺寸,可在模型树中右键单击"质心(COM)",在弹出的快捷工具栏中,单击"COM 点"按钮,添加当前质心的质量中心参考点(COMR,标志为样式),如图 4-11 所示。COMR 可用于创建驱动尺寸,且COMR 点的位置不会随着模型的改变而移动。

图 4-11 创建质量中心参考点(COMR)操作和效果

4.1.6 边界框

完成零件的设计后,为了便于运输,需要知道零件的最小包装尺寸是多少,此时可以使用参考几何体中的"边界框"命令。

如图 4-12 所示,单击"参考几何体"工具栏中的"边界框"按钮(或选择"插入"→"参考几何体"→"边界框"菜单命令),打开"边界框"属性管理器,通常保持系统默认设置(即选中"最佳适配"单选项),单击"确定"按钮,即可为实体创建边界框。

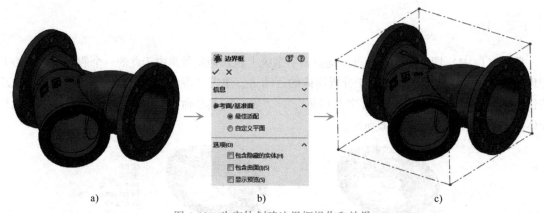

图 4-12 为实体创建边界框操作和效果

如果要让零件的某个面必须贴在包装盒的某个面上,那么可在"边界框"属性管理器(如图 4-12b 所示)中选中"自定义平面"单选项,然后选中零件的该平面,再单击"确定"按钮,重新计算需要的边界框即可。"边界框"属性管理器中,其他选项的作用如下。

➤ **"包含隐藏的实体"** 复选框:选中后,将包含隐藏实体一起计算边界框(否则不计算隐藏的实体)。

➤ **"包含曲面"** 复选框：选中后，将包含曲面一起计算边界框（否则将忽略曲面）。

➤ **"显示预览"** 复选框：选中后，即时显示预览边界框（影响速度，通常不选）。

完成边界框的计算，并显示了边界框后，应如何知道边界框的大小呢？可以单击"文件"→"属性"按钮，打开"摘要信息"对话框，如图 4-13 所示，切换到"配置特定"选项卡，可在其列表中看到边界框的大小和体积。

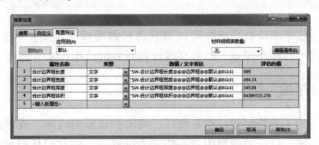

图 4-13 "摘要信息"对话框

4.1.7 配合参考

"配合参考"命令用于为零件预定义配合特征（该节内容，可在学完第 6 章装配后，再回头学习），这些配合可在零件导入装配体中时自动添加。

单击"参考几何体"工具栏中的"配合参考"按钮 🔖 （或选择"插入"→"参考几何体"→"配合参考"菜单命令），打开"配合参考"属性管理器，然后通过选择零件的相关面，设置要预定义的配合特征即可，如图 4-14 所示。

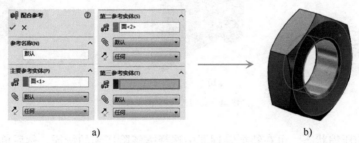

a)   b)

图 4-14 配合参考操作

"配合参考"属性管理器中（如图 4-14a 所示），"主要参考实体"是指在导入零件时，最先自动添加的配合；第二和第三参考实体是在满足了"主要参考实体"后，可根据实际情况，自动添加的配合。

在"配合参考类型" 📎 下拉列表中，可以选择要使用的配合类型，如相切配合、平行配合等；在"配合参考对齐" 🡕 下拉列表中，可以设置添加默认配合的对齐方式，如"同向对齐""反向对齐""最近端"等。

> **提示：**
>
> 该命令，往往在设计模型时不添加，通常包含默认的配合参考的零件为 Toolbox 库零件，用户也可以将自定义的零件添加为库零件，如在自定义 Routing 线路零部件时，就会用该命令来添加默认的配合。

Toolbox 库的使用和 Routing 电缆、管路，本书都不会涉及，有需要学习的读者，可查阅其他相关资料。

4.2 常用的特征编辑操作

特征设计完成后，如果不符合要求，可以对其进行修改或重定义；对于相同或相似的特征，还可以使用镜像与阵列等操作来完成，以提高设计和开发的效率，本节将逐一介绍这些特征。

4.2.1 压缩/解除压缩

当模型非常大时，为了节约创建、对象选择、编辑和显示的时间，或者为了分析工作和在冲突几何体的位置创建特征，可压缩模型中的一些非关键特征，将它们从模型和显示中移除，具体操作如下。

在特征管理器中选择需压缩的特征，单击"特征"工具栏中的"压缩"按钮↓🔲（或在特征管理器中右键单击需压缩的特征，然后在弹出的快捷工具栏中单击"压缩"按钮↓🔲，如图 4-15a 所示），可将特征压缩，如图 4-15c 所示。

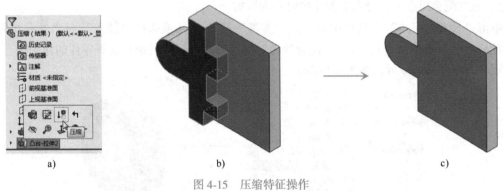

图 4-15 压缩特征操作

要解除特征的压缩状态，可在特征管理器中选择需解除压缩的特征，然后单击"特征"工具栏中的"解除压缩"按钮↑🔲。

> **提示：**
>
> 特征被压缩后将从模型中移除（但没有删除），特征从模型视图上消失并在特征管理器中显示为灰色。

4.2.2 编辑特征参数

可以通过编辑特征的参数来重新定义特征，主要包括重定义特征属性和重定义特征草图等方式，下面介绍其操作。

● 1. 重定义特征属性

右键单击要进行重定义的特征，在弹出的快捷工具栏中单击"编辑特征"按钮🔲，如

图 4-16a 所示，打开此特征的属性管理器，通过属性管理器可对特征的各个参数进行重新设置，如图 4-16b、图 4-16c 所示。

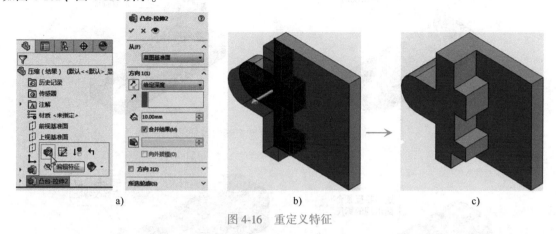

图 4-16 重定义特征

重定义特征属性的操作与创建特征的操作基本相同，不同的特征对应不同的属性管理器，应注意重定义特征属性后对其他特征的影响。

● 2. 重定义特征草图

可以直接重定义特征草图来编辑特征。右键单击要进行重定义的特征，在弹出的快捷工具栏中单击"编辑草图"按钮 ，如图 4-17a 所示。进入此特征的草绘模式，然后对草图进行修改即可达到编辑特征的目的，如图 4-17b、图 4-17c 所示。

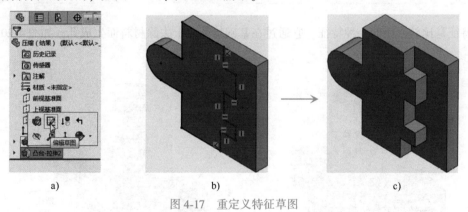

图 4-17 重定义特征草图

4.2.3 动态修改特征

单击"特征"工具栏中的 Instant3D 按钮 ，可以通过拖动控标或标尺来动态修改模型特征，如图 4-18 和图 4-19 所示。

> **提示：**
>
> 在动态修改特征的过程中，可通过将鼠标移动到标尺的刻度上来精确确定模型修改后的尺寸。

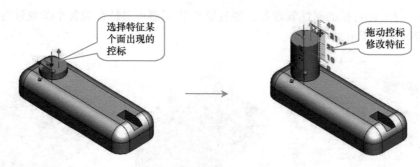

图 4-18　通过拖动控标动态修改特征

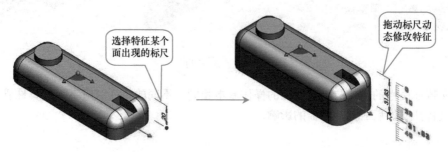

图 4-19　通过拖动标尺动态修改特征

4.3　孔特征

孔特征是比较常用的一种特征，它通过在基础特征之上去除材料而生成孔，如图 4-20 所示。

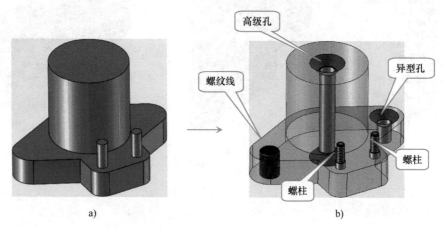

图 4-20　钻孔的实体零件

孔特征包括"异型孔向导""高级孔""螺纹线"和"螺柱向导"四个特征。

➢ **异型孔向导**：用于创建"异型孔"特征。所谓异型孔，即形状不同于常见的孔直径自上而下不变的孔（如锥形孔、管螺纹孔、沉头孔等），以及孔的截面非圆的孔（如柱孔、槽口等）。

➢ **高级孔**：是可以将多个"异型孔"特征组合起来，以创建更加复杂的孔的孔特征（所以称之为高级孔）。

> **螺纹线**：是指为孔添加实体螺纹线的特征（可以是剪切出螺纹线，也可以为杆等零部件附加螺纹线）。

> **螺柱向导**：是用来在圆柱体上（或面上）直接创建螺柱的特征。

本节首先介绍使用**异型孔向导**创建"异型孔"特征的操作。

4.3.1　异型孔

利用异型孔向导，可在模型上生成螺纹孔、柱形沉头孔、锥孔等多种类型的孔。

单击"特征"工具栏中的"异型孔向导"按钮 ，打开"孔规格"属性管理器，如图 4-21a 所示。设置好孔的类型、标准和大小等参数后，切换到"位置"选项卡，在要生成孔的实体面上单击两次（第一次单击选择孔面，第二次单击设置孔位置），即可生成异型孔。

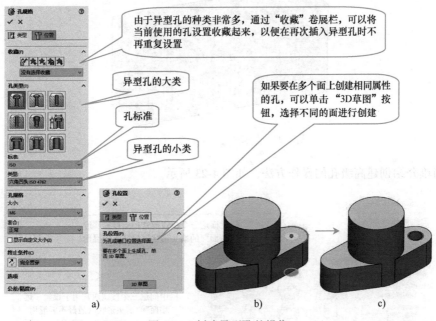

图 4-21　创建异型孔的操作

提示：

　　如果要一次创建多个相同类型的异型孔，可在切换到孔的"位置"选项卡时，在实体面上单击多次（或者单击"草图"工具栏中的"点"按钮，然后在实体面上单击创建多个点即可，有多少个点，即会创建多少个孔）。此外，在切换到孔的"位置"选项卡时，可使用"草图"工具栏中的尺寸和约束工具，定位表示孔的点的位置，即定义孔的位置。

由图 4-21a 所示可以发现，异型孔向导共提供了柱孔 、锥孔 、孔 、直螺纹孔 、锥形螺纹孔 和旧制孔 等 9 个大类的孔类型，而且提供了 GB（国家标准）、ISO（国际标准）和 Ansi（美国标准）等多种孔标准，在创建孔时，根据需要选择创建即可。

提示：

　　旧制孔 是指在 SOLIDWORKS 2000 版本之前生成的孔，在其下又包括很多孔类型，而且可以对其参数单独进行设置。

选择"显示自定义大小"复选框，可以在其下方的文本框中详细设置孔各部分的直径和长度；在"终止条件"卷展栏中可以像拉伸特征一样，设置孔特征延伸到的位置；在"选项"卷展栏中可以为孔设置额外参数，如螺钉间距和螺钉下锥孔的尺寸等。在"公差"卷展栏中，可以为孔的各个尺寸设置公差值，该公差值将自动拓展至工程图中的孔标注。如果更改孔标注中的值，也将在工程图中更新相应值。

4.3.2 高级孔

高级孔是多个异型孔的组合孔（也可以用来创建异型孔），通常用来创建液压阀块中的孔，如图 4-22 所示。

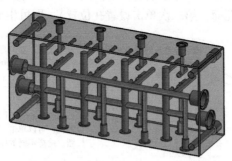

图 4-22　用高级孔创建的液压阀块

下面简单介绍创建高级孔的操作方法，如图 4-23 所示。

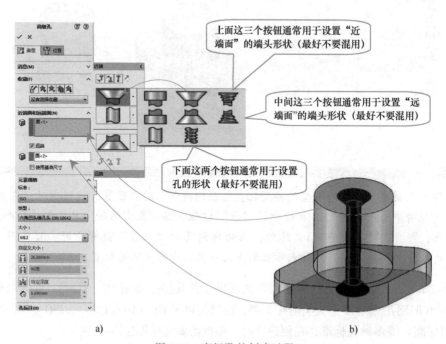

上面这三个按钮通常用于设置"近端面"的端头形状（最好不要混用）

中间这三个按钮通常用于设置"远端面"的端头形状（最好不要混用）

下面这两个按钮通常用于设置孔的形状（最好不要混用）

a)　　　　　b)

图 4-23　高级孔的创建过程

步骤 1　单击"特征"工具栏中的"高级孔"按钮，打开"高级孔"属性管理器，如图 4-23a 所示。

步骤 2 选中一个面作为孔的"近端面"（可理解为孔的起始面，或异型孔的附着面），这里选中该实体的顶部面为"近端面"。

步骤 3 在属性管理器右侧附属卷展栏（顶部有"近端"文字）中，选择孔"近端面"的端头形状（如选择"近端锥孔" ），并在"元素规格"卷展栏中设置"近端锥孔"的"标准"为 ISO、"类型"为六角凹头锥孔头 DIN 10642、"大小"为 M12。

步骤 4 单击右侧附属卷展栏（顶部有"近端"文字）中的"在活动元素下方插入元素"按钮 ，添加一孔元素，并通过"扩展"卷展栏设置该孔元素的形状为"孔" ，然后同样在左侧"元素规格"卷展栏中（此时，该卷展栏已发生了变化），设置该"孔" 的"标准"为 ISO、"类型"为"暗哨孔"、"大小"为 Ø12。

步骤 5 在图 4-23a 左侧"高级孔"属性管理器中，选中"远端"复选框，再在图 4-23a 右侧打开的"扩展"卷展栏中，选中第三个孔元素（实际上即是通过选中"远端"复选框自动添加的"远端"孔元素），然后设置该孔元素为"远端锥孔" ），型号设置与"近端锥孔"相同即可。

提示：

"远端锥孔"的"终止条件"应设置"给定深度"为 6.69mm，并应在完成步骤 5 操作后，设置步骤 4 中添加的孔元素的"终止条件"为"直到下一元素"。

步骤 6 通过以上操作，即创建了一个两端都为"锥孔"，中间为"孔"的高级孔，最后切换到"位置"选项卡，设置孔的位置，操作同异型孔，单击"确定"按钮完成高级孔的创建。

下面解释图 4-23a 所示"高级孔"属性管理器中，不易理解选项的作用。

➤ 右侧"近端"和"远端""附属"卷展栏：用于在活动元素上方插入元素，用于在活动元素下方插入元素，用于删除活动元素，用于反转堆叠方向（只用于反转近端堆叠的方向）。

➤ **"使用基准尺寸"**复选框：通过相同的初始基准尺寸测量近端和远端元素（该选项的使用较为混乱，建议操作时，尽量不选中该复选框）。

➤ **"孔标注"**卷展栏：用于设置自定义的孔标注，所设置的孔标注，将在创建的工程图中使用"孔标注"命令标注孔时显示（如不自定义孔标注，将使用系统默认添加的孔标注来标注孔）。

4.3.3 螺纹线

"螺纹线"命令是自 SOLIDWORKS 2016 版本开始提供的新功能，用于通过一个特征一步创建实体模型的螺纹。

在之前的版本中，用户一般都是通过先创建螺旋线，然后使用"扫描切除"的方式来创建螺纹，如图 4-24 所示。而使用"螺纹线"特征，则可以一步创建螺纹，如图 4-25 所示。

在创建螺纹线时，会发现"螺纹线"属性管理器中参数较多，不过实际上其创建过程却并不复杂，下面讲解操作方法。

打开本书提供的素材文件"4.3.3 螺纹线(SC).SLDPRT"，如图 4-26a 所示，单击"特征"工具栏中的"螺纹线"按钮 ，打开"螺纹线"属性管理器，如图 4-26b 所示，此时只需设置三个参数即可创建螺纹线。

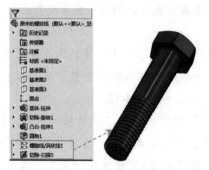

图 4-24　2016 版本前创建螺纹线

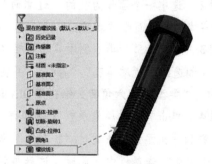

图 4-25　使用"螺纹线 3"特征直接创建螺纹

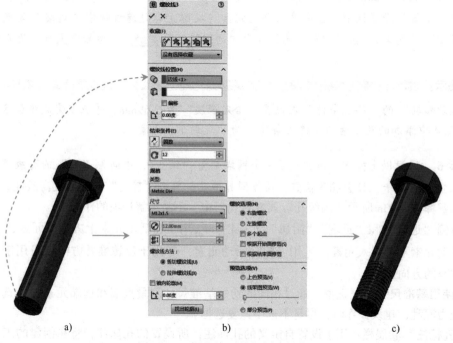

a)　　　　　　　　　　　b)　　　　　　　　　　　c)

图 4-26　"螺纹线"特征创建操作

1) 选择所打开素材（螺杆）的底部边线为螺纹线位置。

2) 设置螺纹线圈数 ![icon] 为 12。

3) 设置螺纹线规格"类型"为 metric die、"尺寸"为 M12×1.5。

其余选项全部保持系统默认设置，单击"确定"按钮 ![icon]，即可创建螺纹线，如图 4-26c 所示。

> **提示：**
>
> 　　在第一次创建螺纹线时，系统会弹出一个提示对话框，如图 4-27 所示。该对话框是提示用户，此处创建的螺纹线只是用于三维演示，通常不会用于实际加工，而且此处创建的螺纹线也不会在工程图中显示出来。
>
> 　　如需要创建用于实际加工的螺纹线，用户可自定义螺纹线的轮廓（定义方法，下面内容再做介绍）；此外也可以选择"插入"→"注解"→"装饰螺纹线"菜单命令，打开"装饰螺纹线"

属性管理器，如图 4-28 所示，然后选中螺纹起始位置的圆形边线，再根据实际生产需要设置螺纹的相关参数，为模型添加装饰螺纹线，这样就可以在工程图中直接显示添加的螺纹线，并进行标注（从而加工生产）了。

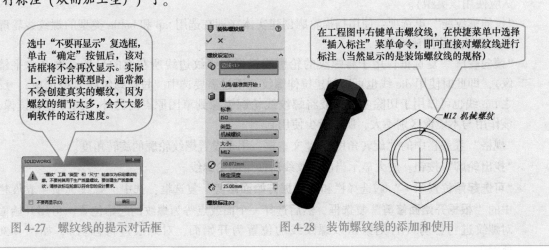

选中"不要再显示"复选框，单击"确定"按钮后，该对话框将不会再次显示。实际上，在设计模型时，通常都不会创建真实的螺纹，因为螺纹的细节太多，会大大影响软件的运行速度。

在工程图中右键单击螺纹线，在快捷菜单中选择"插入标注"菜单命令，即可直接对螺纹线进行标注（当然显示的是装饰螺纹线的规格）

图 4-27　螺纹线的提示对话框　　　　图 4-28　装饰螺纹线的添加和使用

下面解释"螺纹线"属性管理器（如图 4-26b 所示）中，一些前文未做介绍，或不易理解选项的功能（为便于理解，按先易后难顺序介绍）。

➤ "规格"卷展栏中的**"类型"**下拉列表，该下拉列表用于选择要使用的螺纹线轮廓，默认共提供了五种类型的螺纹线轮廓，分别介绍如下（参考图 4-29）。

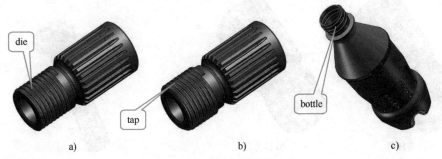

图 4-29　不同的螺纹类型

- inch die：以英寸[⊖]为单位，主要用于创建默认向内切除的螺纹（切除实体）。
- inch tap：以英寸为单位，主要用于创建默认向外拉伸的螺纹（拉伸实体）。
- metric die：以毫米为单位，主要用于创建默认向内切除的螺纹（切除实体）。

> **提示：**
>
> 用户完全可以自定螺纹线轮廓曲线，编辑草图，并保存为 .sldlfp 类型的文件，然后将该文件复制到目录 X:\ProgramData\SOLIDWORKS\SOLIDWORKS 2023\thread profiles 下，即可以使用创建的轮廓曲线来绘制螺纹。
>
> 实际上，螺纹线功能不光可以绘制螺纹线，如果自定义的螺纹轮廓较大，还可以用于创建绞龙的叶片等，由于篇幅限制，此处不再赘述。

⊖　1in = 0.0254m。

- metric tap：以毫米为单位，主要用于创建默认向外拉伸的螺纹（拉伸实体）。
- sp4xx bottle：主要用于创建瓶子瓶嘴处的扁平螺纹（拉伸实体）。

➢ **"剪切螺纹线"** 单选项：使用扫描轮廓切除实体（即在选用 die 类型的螺纹线轮廓时，默认应使用该类型）。

➢ **"拉伸螺纹线"** 单选项：使用扫描轮廓创建实体（即在选用 tap 和 bottle 类型的螺纹线轮廓时，默认应使用该类型）。

➢ **"镜向轮廓"** 复选框：用于将螺纹的轮廓线镜像到螺纹边线所在面的另外一侧（水平镜像），即此时使用 die 线也可以创建拉伸螺纹（不过需要选中 **"拉伸螺纹线"** 单选项），反之 tap 线也可以用于切除实体；或将螺纹线轮廓镜像到草图原点的另外一侧（竖直镜像，该作用与不镜像区别不大，所以较少使用）。

➢ "规格" 卷展栏中的 "旋转角度" 📐 文本框：用于设置螺纹轮廓的旋转角度。

➢ **"找出轮廓"** 按钮：放大显示当前螺纹线所使用的轮廓线。

➢ **"可选起始位置＊＊"** 🗂 选择栏和 **"根据开始面修剪"** 复选框：选中 "螺纹选项" 卷展栏中的 **"根据开始面修剪"** 复选框，然后选择一个面或点等为螺纹的起始位置，可用开始面对螺纹进行修剪（否则默认以螺纹线的位置为开始面，对螺纹进行修剪），如图 4-30 所示。

➢ **"偏移"** 复选框：选中该复选框后，可设置螺纹线沿着所选圆的轴线方向偏移。如 4-26c 所示的螺纹未偏移时，螺纹入口处不符合规定，此时，如设置螺纹向反方向偏移，即可得到需要的效果，如图 4-31 所示。

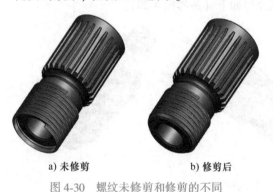

a) 未修剪　　　　　　　　b) 修剪后

图 4-30　螺纹未修剪和修剪的不同

图 4-31　偏移后的螺纹线效果

➢ "螺纹线位置" 卷展栏中的 **"开始角度"** 📐 文本框：设置用于创建螺纹线的开始角度（此处可参考第 5 章中螺旋线的创建部分内容）。

➢ "螺纹选项" 卷展栏中的 **"多个起点"** 复选框：为螺纹线设置多个起点，以创建多线螺纹，如双线螺纹、3 线螺纹、4 线螺纹等（前提是螺纹要有足够宽的螺距，如出现干涉，则无法创建螺纹）。

其余选项较易理解，此处不再赘述。

4.3.4　螺柱

螺柱向导也是 SOLIDWORKS 的新功能，通过 "螺柱向导" 命令可以在圆柱体上创建螺柱，或在面上直接创建螺柱。下面介绍这两种螺柱的创建方法。

步骤 1　打开本书提供的素材文件 "4.3.4 螺柱（SC）.SLDPRT"，如图 4-32a 所示，单击

"特征"工具栏中的"螺柱向导"按钮 🔩，打开"螺柱向导"属性管理器，如图 4-32b 所示，单击选中要创建圆柱体的上边线，然后在"标准"卷展栏中根据需要选择螺纹参数，如可选择"GB"标准（即"国家标准"）、"大小"为 M6 的机械螺纹。

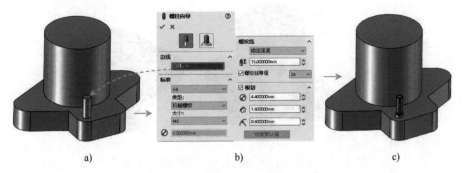

a)   b)   c)

图 4-32   在圆柱体上创建螺柱操作

> **提示：**
>
> "主要直径"选项 ⊘ 不可设置，由所选择的螺纹标准决定，用于显示所创建螺柱螺纹的外直径的大小。

步骤 2   在图 4-32b 所示"螺柱向导"属性管理器的"螺纹线"卷展栏中，设置螺纹线的"螺纹深度"（如可设置"给定深度"为 15mm），选中"螺纹线等级"复选框，在其右侧下拉列表中选择"2A"等级。

> **提示：**
>
> "螺纹线等级"复选框用于指定螺纹配合的等级，螺纹配合是指旋合螺纹之间松或紧的大小，配合的等级是作用在内外螺纹上偏差和公差的规定组合。其中，1A 用于宽松的商业安装，易于装配和拆卸；2A 用于中等贴合度；3A 用于紧密贴合度。

步骤 3   在图 4-32b 所示"螺柱向导"属性管理器中，选中"根切"复选框，设置根切参数（这里保持系统默认即可）。

> **提示：**
>
> 在螺柱的螺纹部分末端可创建"根切"特征，以提供间隙。共有三个根切参数，如图 4-33 所示。图中，1 为"根切直径"，2 为"根切深度"，3 为"根切半径"。根切参数可使用基于标准的默认值，也可以自定义这些值。

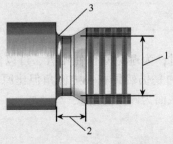

图 4-33   根切参数解释

步骤 4 在"螺柱向导"属性管理器中，单击"在曲面上创建螺柱"按钮，然后切换到"位置"选项卡，如图 4-34a 所示，再在素材文件上选择一个面为螺柱的创建位置（如图 4-34b 所示），系统自动切换到该平面的正视图，如图 4-34c 所示，单击圆弧原点位置为螺柱的创建位置。

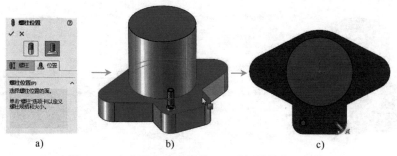

图 4-34 在曲面上创建螺柱——选择螺柱位置操作

步骤 5 在图 4-34a "螺柱向导"属性管理器中，切换到"螺柱"选项卡，如图 4-35a 所示，设置螺柱的"轴长度"和"轴直径"，再根据需要设置其他参数（同前面操作中的设置，各参数含义相同）。

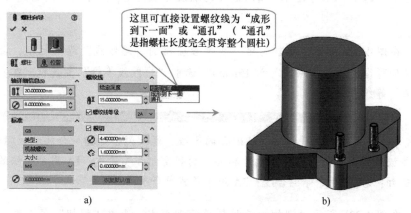

图 4-35 在曲面上创建螺柱操作

提示:

在图 4-35a 所示"螺柱向导"属性管理器中，"轴长度"和"轴直径"这两项，相当于前几步操作在圆柱几何体上创建螺柱中，螺柱附着的圆柱体，因为面上没有圆柱体，所以先创建一个圆柱体。

4.4 倒角/圆角

当产品周围的棱角过于尖锐时，为避免割伤使用者，可以使用"倒角"或"圆角"特征令其变得圆滑，"倒角"命令产生的是仍然具有一定棱角但比原来要相对平滑一些的角，而"圆角"命令产生的是更加平滑的、截面为圆角的角。

4.4.1 倒角

倒角又称"倒斜角"或"去角"，可以在所选边线或顶点上生成一个倒角，以令产品的棱角不至于过于尖锐。SOLIDWORKS 中的倒角类型包括"角度距离" 、"距离-距离" 、"顶点" 、"等距面" 、"面-面" 五种形式，如图 4-36 所示（图中未有的另外两种倒角方式，将在 4.4.2 中进行解释）。

图 4-36　倒角类型

单击"特征"工具栏中的"倒角"按钮 （或选择"插入"→"特征"→"倒角"菜单命令），在弹出的"倒角"属性管理器中设置倒角的类型和倒角值，然后选择需要倒角的边线（或顶点），单击"确定"按钮 ，即可生成倒角，如图 4-37 所示。

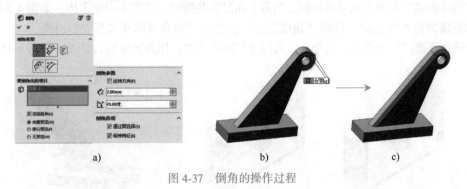

图 4-37　倒角的操作过程

4.4.2　倒角的参数设置

通过倒角参数（如图 4-37a 所示）可以设置倒角方式、倒角值、倒角线的选择方式和预览方式等，具体解释如下。

➢ **"角度距离"** 、**"距离-距离"** 和 **"顶点"** ：是 SOLIDWORKS 之前版本中提供的三种倒角方式，其中"角度距离"和"距离-距离"方式通过选择一条边来进行倒角，"顶点"方式通过选择顶点来进行倒角，较易理解，如图 4-38 所示。

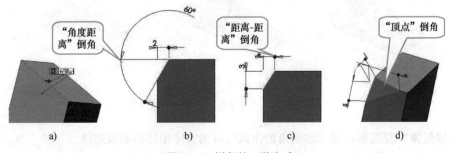

图 4-38　倒角的三种方式

➢ **"等距面"** 选项 ：选中后，可执行"等距面"倒角。该方式下，可通过偏移选定边线相邻的面来创建等距面倒角（注意：该方式也是选中边线进行倒角的），如图 4-39 所示，软件将首先计算等距面的交叉点，然后计算从该点到每个面的法向距离以创建倒角。

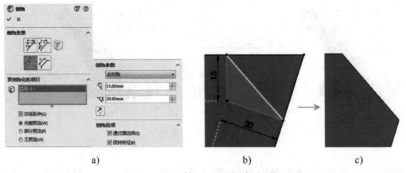

图 4-39 "等距面"倒角方式

➢ **"面-面"** 选项 ：选择两个面进行倒角，通常情况下，当两个面有共线时，该倒角方式与"角度距离"倒角方式基本相同。当两个面没有共线时，可用于创建实体，如图 4-40 所示。

➢ **"反转方向"** 复选框：反转"角度距离"倒角方式时角度和距离所在的边线。

➢ **"通过面选择"** 单选项：选中后，可以选择隐藏边线，作为倒角的引导线，如图 4-41 所示。

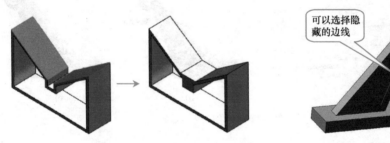

图 4-40 "面-面"倒角方式的使用　　　　图 4-41 "通过面选择"选项的作用

➢ **"保持特征"** 复选框：选中后进行倒角，可以保留倒角经过的切除或拉伸等特征，如不选择此复选框，这些特征将在倒角后被移除，如图 4-42 所示。

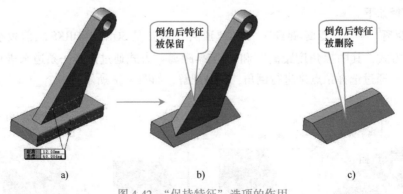

图 4-42 "保持特征"选项的作用

➢ **"切线延伸"** 复选框：用于将倒角延伸到与所选实体相切的面或边线。

➢ **"完全预览""部分预览"** 和 **"无预览"** 单选项：用于设置倒角的预览方式。

4.4.3 圆角

在边界线或顶点处创建的平滑过渡特征称作"圆角"特征。对产品模型进行圆角处理，不仅可以去除模型棱角，更能满足造型设计美学要求，增加模型造型变化。"圆角"特征包括"固定大小圆角" ⬚ 、"变量大小圆角" ⬚ 、"面圆角" ⬚ 和"完整圆角" ⬚ 四种类型，具体操作如下。

● 1. "固定大小圆角"圆角操作

单击"特征"工具栏中的"圆角"按钮 🔘 ，打开"圆角"属性管理器，如图 4-43c 所示。在"圆角参数"卷展栏中输入圆角半径 ⬚ "3mm"，依次单击模型文件最外侧的四条边，单击"确定"按钮 ✔ ，即可进行"固定大小圆角"圆角操作，效果如图 4-43d、图 4-43e 所示。

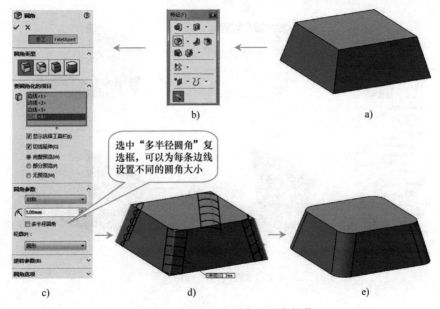

选中"多半径圆角"复选框，可以为每条边线设置不同的圆角大小

图 4-43 "固定大小圆角"圆角操作

● 2. "变量大小圆角"圆角操作

"变量大小圆角"类型同样也是对实体边线执行的操作。单击"特征"工具栏中的"圆角"按钮 🔘 ，在"圆角"属性管理器中首先选择"变量大小圆角"选项，选中要进行圆角处理的边线，再在"变半径参数"卷展栏中，设置变半径"实例" ⬚ 的个数，然后设置所选边线两个端点处的圆角半径 ⬚ （输入值后，单击"设定所有"按钮），再继续单击绘图区中的实例点，为每个实例点设置半径，即可执行变量大小圆角操作，如图 4-44 所示。

● 3. "面圆角"圆角操作

面圆角是通过选择两个面（非平行）来创建圆角的，如图 4-45 所示。实际上，面圆角的效果，与"固定大小圆角"非常类似（如图 4-45c 所示），只不过"面圆角"是选择两个面，而"固定大小圆角"是选择两个面的相交线而已。面圆角的优势是，可用于两个面没有相交线的情况。

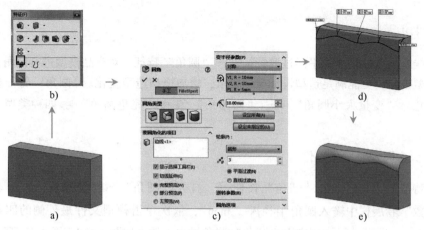

图 4-44 "变量大小圆角" 圆角操作

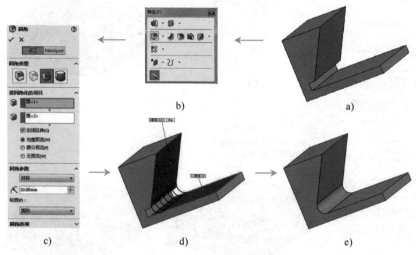

图 4-45 "面圆角" 圆角操作

● 4. "完整圆角" 圆角操作

单击 "圆角" 按钮，打开 "圆角" 属性管理器，选择 "完整圆角" 选项，分别设置 "边侧面组 1"、"边侧面组 2" 和 "边侧面组 3"（即选择三个相邻面作为生成圆角的面），单击 "确定" 按钮，即可进行 "完整圆角" 圆角操作，如图 4-46 所示。

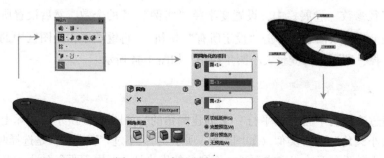

图 4-46 "完整圆角" 圆角操作

4.4.4 圆角的参数设置

通过 4.4.3 节 "圆角" 命令操作，以及前文对倒角参数的说明，可以大概了解圆角参数的基本功能，本节仅对上文没有提到的 "固定大小圆角" 方式下的 "圆角选项" 卷展栏、"面圆角" 方式下的 "圆角参数" 卷展栏（"辅助点" 选择框）、"固定大小圆角" 和 "变量大小圆角" 方式下的 "逆转参数" 卷展栏（如图 4-47c 所示）、以及 "固定大小圆角" 方式下的 "部分边线参数" 卷展栏进行详细说明，具体如下。

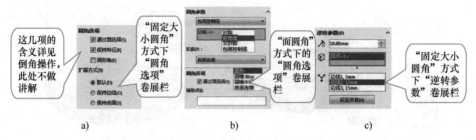

a)   b)   c)

图 4-47 "固定大小圆角" 方式下和 "面圆角" 方式下的 "圆角选项" 卷展栏，
以及 "固定大小圆角" 方式下的 "逆转参数" 卷展栏

● 1. "固定大小圆角" 方式下的 "圆角选项" 卷展栏

如图 4-47a 所示，下面着重说明此卷展栏中**"保持边线"**和**"保持曲面"**复选框的作用，具体介绍如下。

➤ **保持边线**：模型边线保持不变，而圆角自动调整。选择此复选框后，在很多情况下，圆角的顶部边线会有沉陷，如图 4-48 所示。

➤ **保持曲面**：选择此复选框后，圆角边线将调整为连续和平滑，而模型边线被更改，以与圆角边线相匹配，如图 4-49 所示。

图 4-48 "保持边线" 复选框的作用   图 4-49 "保持曲面" 复选框的作用

● 2. "面圆角" 方式下的 "圆角选项" 和 "圆角参数" 卷展栏

如图 4-47b 所示，下面着重说明这两个卷展栏中 "包络控制线" "曲率连续" 和 "辅助点" 参数的作用，具体介绍如下。

➤ **包络控制线**：在 "面圆角" 方式下，可以选择零件上一条边线或面上一条投影分割线作为确定面圆角形状的边界（如图 4-50、图 4-51 所示）。使用包络控制线时，圆角半径由控制线和要圆角化的边线之间的距离决定，因此无须设置圆角值。

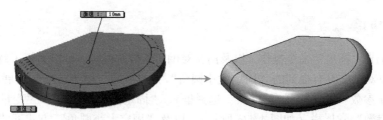

图 4-50　选择"对称"选项时的圆角效果

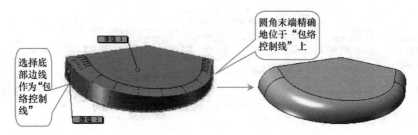

图 4-51　选择"包络控制线"选项时的圆角效果

知识库：

　　该下拉选项中的"弦宽度"选项 ⌐是指定圆角弦宽度来定义面圆角大小的方式（"对称"选项 ⌐是指定圆角半径），"非对称"选项 ⌐⌐下，可设置在选中的两个面上分别进行不同半径的圆角处理。

➤ **曲率连续**：选用该选项后，可在相邻曲面之间生成更平滑曲率的曲面，如图 4-52 所示。

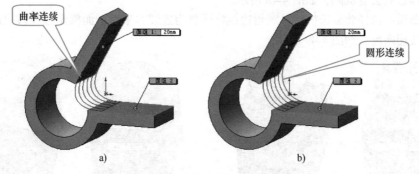

图 4-52　"曲率连续"选项的作用

知识库：

　　曲率连续圆角不同于标准圆角，因为它们的横断面曲线为样条曲线，而不是圆形。曲率连续圆角比标准圆角更为平滑，因为它们在边界处曲率连续，而标准圆角（圆形连续）在边界处相切连续，曲率存在跳跃。

➤ **"圆锥 Rho"** 和 **"圆锥半径"** 选项都是设置圆角截面线为锥形，"圆锥 Rho"模式下可以指定该锥形线的 Rho 值来控制圆角的平滑程度，"圆锥半径"模式下可以通过设置沿锥形线的肩部点的曲率半径来控制圆角的平滑程度。

"圆锥 Rho" 和 "圆锥半径" 选项的含义，如图 4-53 所示。由图可知，"圆锥 Rho"（即 ρ 值）的值始终位于 0~1 之间，且该值越接近 1 时，圆锥曲线的曲率越大，反之曲率越小；而 "圆锥半径" 越大则圆锥曲线越平滑。

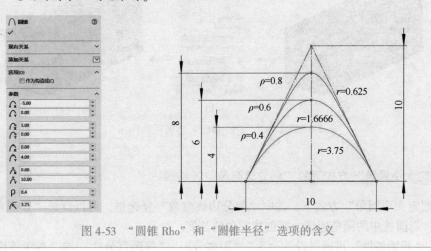

图 4-53 "圆锥 Rho" 和 "圆锥半径" 选项的含义

➤ "辅助点" 选项：当两个曲面有多个不连续区域相交时，可以通过选择辅助点来定位插入混合面的位置，如图 4-54 所示。

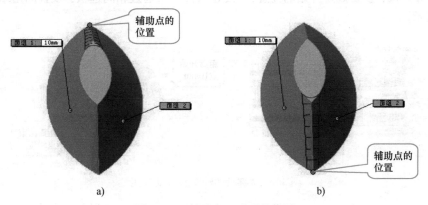

图 4-54 "辅助点" 选项的作用

● 3. "固定大小圆角" 方式下的 "逆转参数" 卷展栏

此卷展栏中的选项用于设置三条圆角边线交点处的圆角大小，逆转处理相当于在圆角之间又生成了圆角，并可设置其大小。

如图 4-55 所示，在对三条相交边进行 "固定大小圆角" 处理时，不关闭属性管理器，切换到 "逆转参数" 卷展栏，首先选中 "逆转顶点" 选择区，再在绘图区中单击三条圆角线的顶点，并在 "逆转距离" 下拉列表中分别设置三条边的逆转距离，即可进行 "逆转参数" 圆角处理。

"FilletXpert" 选项卡只在 "固定大小圆角" 方式下有用，用于对圆角进行管理，本节不对其详细解释。

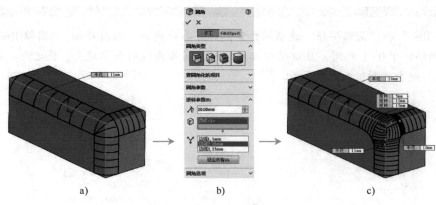

图 4-55 "逆转参数"卷展栏的作用

● 4. "固定大小圆角"方式下的"部分边线参数"卷展栏

在"固定大小圆角"方式下，选中"部分边线参数"复选框，可以设置"要圆角化的项目"卷展栏中，当前选中的圆角边线，要创建圆角的长度。

其中，"开始条件"可通过设置"无""距离等距""等距百分比"或"参考等距"（该处应该是翻译错误，应翻译为"选定参考"比较恰当，用于设置圆角开始或结束的位置，为一个选定的参考物）等方式，设置圆角开始的位置；"终止条件"可通过相同选项，设置圆角结束的位置，如图 4-56 所示。

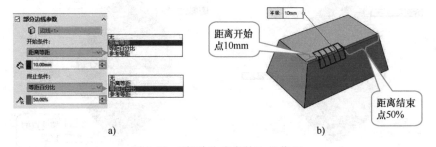

图 4-56 "部分边线参数"的作用

4.5 "抽壳"特征

"抽壳"特征常见于塑料或铸造零件，用于挖空实体的内部，留下有指定壁厚度的壳，并可设置多个抽壳厚度，以及指定想要从壳中移除的一个或多个曲面，如图 4-57 所示。

图 4-57 "抽壳"特征

单击"特征"工具栏中的"抽壳"按钮![icon]，然后设置抽壳厚度，并选择排除的面，再设置特殊厚度的面，即可生成"抽壳"特征，如图 4-58 所示。

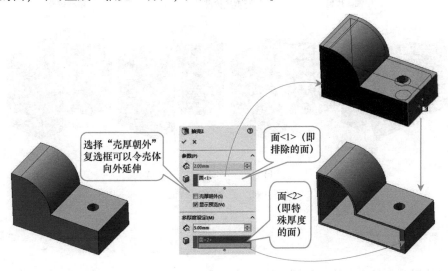

图 4-58　抽壳操作

4.6　拔模特征

在工业生产中，为了能够让注塑件和铸件顺利从模具腔中脱离出来，需要在模型上设计出一些斜面，如图 4-59 所示。这样在模型和模具之间就会形成 1°~5°甚至更大的斜角（具体视产品的类型和制造材质而定），这就是拔模处理。本节将介绍拔模特征的有关知识。

图 4-59　注射模具中拔模的作用

用户既可以在已有零件上插入拔模特征，也可以在创建拉伸特征时单击"拔模开/关"按钮![icon]进行拔模。在已有零件上插入拔模特征包括"中性面拔模""分型线拔模"和"阶梯拔模"三种拔模类型，如图 4-60 所示，其含义如下。

> **中性面拔模**：可以选择中性面和需拔模的面来生成拔模特征。
> **分型线拔模**：可对分型线周围的曲面进行拔模，分型线可以是分割线（关于分割线的创建方法详见 5.1.2 节），也可以是现有的模型边线。
> **阶梯拔模**：阶梯拔模是分型线拔模的变体，即在分型线处多生成一个拔模方向面平行的

面，以代表阶梯。

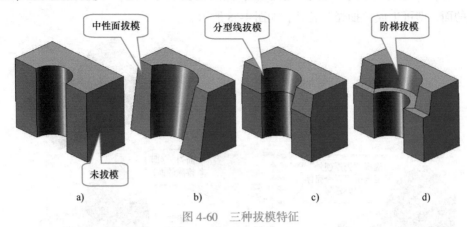

图 4-60   三种拔模特征

4.6.1 中性面拔模

单击"特征"工具栏中的"拔模"按钮 🗔 （或选择"插入"→"特征"→"拔模"菜单命令），打开"拔模"属性管理器，如图 4-61a 所示。选择"中性面"拔模类型，再设置好拔模角度 🖉，并在"中性面"卷展栏和"拔模面"卷展栏中分别选择中性面和拔模面，单击"确定"按钮 ✔，即可进行拔模操作，如图 4-61b、图 4-61c 所示。

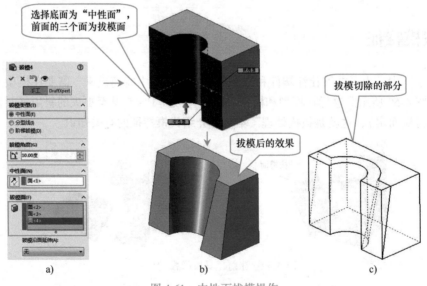

图 4-61   中性面拔模操作

> **提示：**
>
> 中性面决定了拔模方向，中性面的 Z 轴方向为零件从模具中取出的方向。可单击"反向"按钮 🗔 来反转拔模方向。
>
> 在"拔模"属性管理器中，Draftxpert 相当于"中性面"拔模模式，除此之外，在此模式下还可在拔模的过程中进行分析。

4.6.2 分型线拔模和阶梯拔模

可以通过在实体中创建一条分割线来创建"分型线"拔模特征，其创建方法与"中性面"拔模特征基本相同。如图 4-62 所示，只需选择"分型线"拔模类型，设置拔模角度、拔模方向，选择"分型线"即可生成分型线拔模。

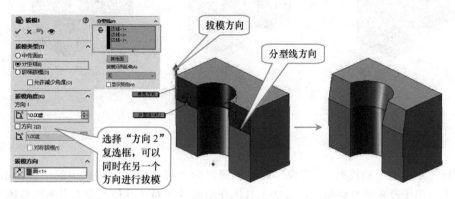

图 4-62　分型线拔模操作

执行"分型线"拔模命令时，需要注意的是对拔模方向和分型线方向的设置。分型线方向的一侧是对实体进行修改的一侧，拔模方向决定了拔模角度的计算位置。例如，依然是上面实体，还可以生成图 4-63 所示的拔模特征（单击"其他面"按钮可切换分型线方向）。

图 4-63　设置拔模方向和分型线方向的作用

阶梯拔模是分型线拔模的变体，所以其创建方法也与分型线拔模操作相同。需要注意的是阶梯拔模无法选择"边线"作为拔模的参考方向，而且作为拔模参考方向的面，通常是面积不变的面。

> **提示：**
>
> 阶梯拔模包括"锥形阶梯"和"垂直阶梯"两种拔模方式。其中，"锥形阶梯"以与锥形曲面相同的方式生成曲面；而"垂直阶梯"是垂直于原有主要面而生成曲面，如图 4-64 所示。

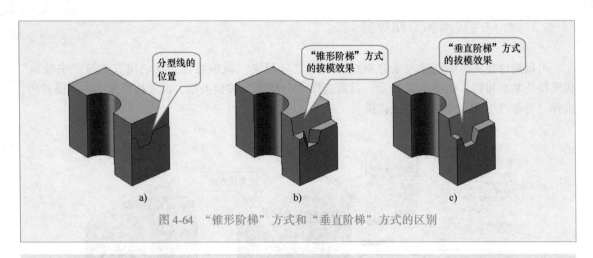

图 4-64 "锥形阶梯"方式和"垂直阶梯"方式的区别

4.6.3 拔模的参数设置

在选择"中性面"拔模时,"拔模"属性管理器的"拔模面"卷展栏中的"拔模沿面延伸"下拉列表主要用于设置选择拔模面的方法,具体介绍如下(对于其他参数本书不再赘述)。

➤ **无**:只有所选的面才进行拔模,在上文讲解的拔模操作中都选择了"无"选项。

➤ **沿相切面**:将拔模延伸到所有与所选面相切的面,面相交的地方会成为圆角,如图 4-65 所示。

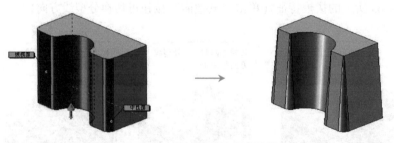

图 4-65 "沿相切面"方式拔模

➤ **所有面**:所有与中性面相邻的面以及从中性面拉伸的面都进行拔模,如图 4-66 所示。

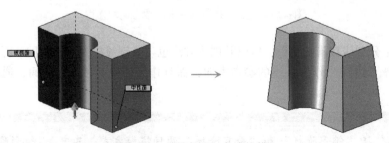

图 4-66 "所有面"方式拔模

➤ **内部的面**:令所有从中性面拉伸的内部面都进行拔模,如图 4-67 所示。

➤ **外部的面**:令所有与中性面相邻的外部面都进行拔模,如图 4-68 所示。

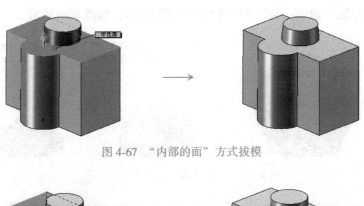

图 4-67　"内部的面"方式拔模

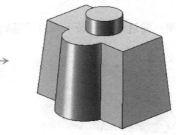

图 4-68　"外部的面"方式拔模

4.7　其他非常用附加特征

除了上文介绍的特征外，还有圆顶、自由形、变形、压凹、弯曲、包覆和加厚等非常用附加特征，这些特征可以更加灵活地对创建好的模型进行修改，从而创建一些更加复杂的模型，下面分别介绍。

4.7.1　"圆顶"特征

"圆顶"特征是指在零件的顶部面上创建类似于圆角类的特征，创建"圆顶"特征的顶面可以是平面或曲面，如图 4-69 所示。选择"插入"→"特征"→"圆顶"菜单命令，然后选择用于生成圆顶的基础面，再设置基础面到圆顶面顶部的距离，即可生成"圆顶"特征。

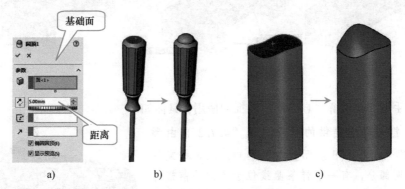

图 4-69　创建"圆顶"特征的两种方式

下面解释"圆顶"属性管理器中（如图 4-69a 所示）部分选项的作用。

> "约束点或草图"选项：通过草图或点来约束圆顶面，如图 4-70 所示。

图 4-70 "约束点或草图"选项的作用

> "方向"选项：通过选择一条不垂直于基础面的边界线来定义拉伸圆顶的方向，如图 4-71 所示。

图 4-71 "方向"选项的作用

> "椭圆圆顶"选项：选择此选项可生成椭圆形的"圆顶"特征。在选择不规则基础面时，如六边形基础平面此选项可显示为"连续圆顶"，将其选中后可向上倾斜生成"圆顶"特征，否则将垂直于多边形的边线向上生成"圆顶"特征。

4.7.2 "自由形"特征

"自由形"特征是指通过拖动网格上的控制点来任意改变实体曲面形状的方法，如图 4-72 所示。"自由形"特征比较适合创建形状多变的自由实体曲面。

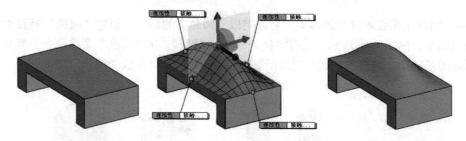

图 4-72 生成"自由形"特征

下面通过手柄实例讲解"自由形"特征的使用，具体如下。

步骤 1 打开本书提供的素材文件"4.7.2 自由形 (SC).SLDPRT"，如图 4-73 所示。由图可知，此素材文件被上下分割为两部分，有一条样条曲线位于竖向的前视基准面中。

步骤 2 选择"插入"→"特征"→"自由形"菜单命令，打开"自由形"属性管理器，如图 4-74a 所示，

图 4-73 打开的素材文件

选择上半部的面为"要变形的面",再选中"方向1对称"复选框,令"自由形"特征关于前视基准面对称,并在绘图区中显示出此面,如图 4-74b 所示。

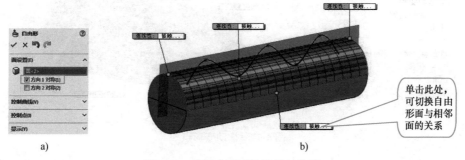

图 4-74　选择参照面并设置对称面

步骤 3　切换到"控制曲线"卷展栏,如图 4-75a 所示,选择"通过点"单选项,再单击"添加曲线"按钮,在对称面与上部平面的交线附近单击(对称面变色时单击),添加一黄线作为进行变换的控制曲线,如图 4-75b 所示。

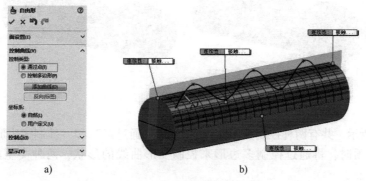

图 4-75　添加变形曲线

步骤 4　切换到"控制点"卷展栏,如图 4-76a 所示,单击"添加点"按钮(其他选项保持系统默认),在控制线上与样条曲线相关控制点对应的点位置连续单击添加 5 个变形点,如图 4-76b 所示。

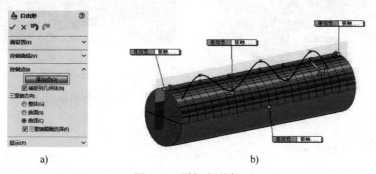

图 4-76　添加变形点

步骤 5　单击"添加点"按钮取消其选中状态,如图 4-77a 所示,并保持"捕捉到几何体"复选框的选中状态,拖动步骤 4 中添加的变形点,令其与样条曲线对应的控制点重合,如图 4-77b 所示。

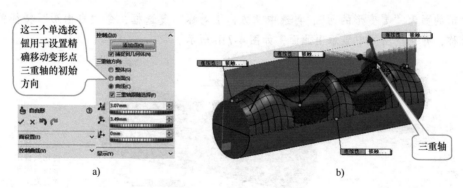

图 4-77 拖动变形点

步骤 6 单击"自由形"属性管理器中的"确定"按钮 ✔，完成"自由形"特征操作，效果如图 4-78a 所示。右键单击样条曲线，在弹出的快捷菜单中选择"隐藏"菜单项将其隐藏即可，最终的手柄效果如图 4-78b 所示。

图 4-78 隐藏样条曲线

如图 4-75a 所示，共有两种控制变形曲线的类型："通过点"和"控制多边形"。当选择"控制多边形"单选项时，将通过控制多边形来控制变形曲线的形状，两种类型的区别如图 4-79 所示。

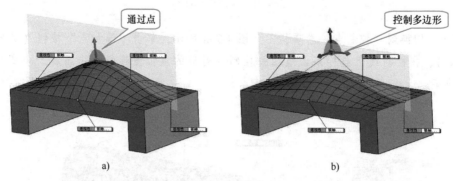

图 4-79 使用"通过点"和"控制多边形"选项操作曲面的方式

4.7.3 "变形"特征

"变形"特征是指根据选定的面、点或边线来改变零件的局部形状，共有三种变形方式："点""曲线到曲线"和"曲面推进"，如图 4-80~图 4-82 所示。

选择"插入"→"特征"→"变形"菜单命令，然后选择一种变形方式，并设置相应的选项，如设置"初始曲线"和"目标曲线"，如图 4-83 所示，单击"确定"按钮 ✔，即可生成

"变形"特征。

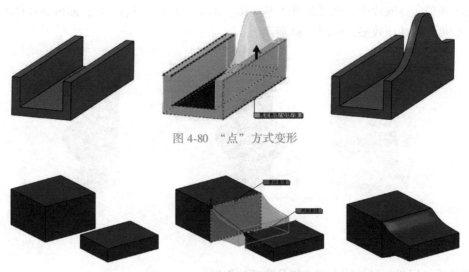

图 4-80 "点"方式变形

图 4-81 "曲线到曲线"方式变形

矩形

图 4-82 "曲面推进"方式变形

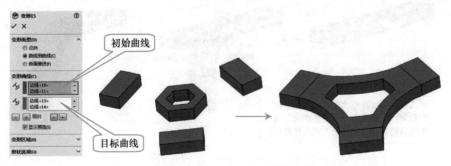

初始曲线

目标曲线

图 4-83 使用"变形"特征完成的模型设计操作

通过"变形区域"卷展栏可以设置固定不变的面或线（否则整个实体都将会跟随点、边线等发生变化）；"形状选项"卷展栏用于控制变形过程中变形形状的刚性，此处不做过多解释。

4.7.4 "压凹"特征

"压凹"特征是指使用一个实体去冲击另外一个实体或片体，就像将片体冲模一样，产生与工具实体类似形状的特征。

选择"插入"→"特征"→"压凹"菜单命令，打开"压凹"属性管理器，在绘图区选择进行目标冲压的实体或片体，然后选择工具实体，单击"确定"按钮 ✔ ，即可令片体冲压，将实体隐藏后可见到冲压效果，如图 4-84 所示。

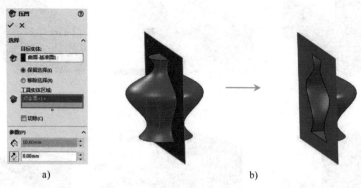

图 4-84 "压凹"特征操作

下面解释"压凹"属性管理器中部分选项的作用。

➢ **"保留选择"** 单选项：用于设置单击的工具实体部分为目标实体或片体被冲压出来的部分，"移除选择" 单选项正好与此相反。

➢ **"切除"** 复选框：选中后将用工具实体区域对目标实体进行切除。

➢ **"厚度"** 文本框：用于设置生成的"压凹"特征的厚度。

➢ **"间隙"** 文本框：用于设置工具实体到"压凹"特征的距离。

4.7.5 "弯曲"特征

"弯曲"特征是指通过直观的方式对复杂的模型进行变形操作，可以生成"折弯""扭曲""锥削"和"伸展"4 种类型的"弯曲"特征，如图 4-85~图 4-88 所示。

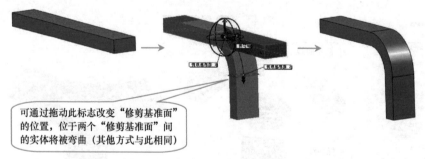

可通过拖动此标志改变"修剪基准面"的位置，位于两个"修剪基准面"间的实体将被弯曲（其他方式与此相同）

图 4-85 "折弯"方式"弯曲"特征

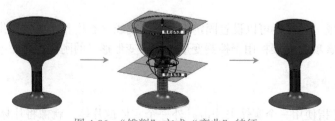

图 4-86 "锥削"方式"弯曲"特征

图 4-87 "扭曲"方式"弯曲"特征

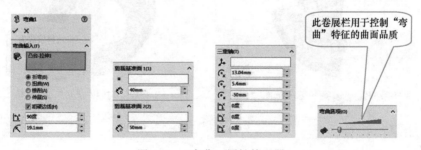

图 4-88 "伸展"方式"弯曲"特征

选择"插入"→"特征"→"弯曲"菜单命令,打开"弯曲"属性管理器,如图 4-89 所示。选择目标实体,再选择一种弯曲类型,并设置"三重轴"的位置和"裁剪基准面"的位置等参数,单击"确定"按钮 ✔,即可将实体弯曲。

图 4-89 "弯曲"属性管理器

4.7.6 "包覆"特征

"包覆"特征是指将草绘图形包覆在模型表面,以形成浮雕、蚀雕或刻画效果,主要用于印制公司商标以及零件型号等。选择"插入"→"特征"→"包覆"菜单命令,绘制一个草绘图形,并设置好"拔模方向"和"包覆类型",单击"确定"按钮 ✔,即可生成"包覆"特征,如图 4-90 所示。

下面解释"包覆"属性管理器中(如图 4-90a 所示)部分选项的作用。

➤ **"浮雕"**按钮 :用于在选中的面上生成一凸台拉伸特征。

➤ **"蚀雕"**按钮 :用于在选中的面上生成一拉伸切除特征。

➤ **"刻划"**按钮 :用于在选中的面上生成一草图轮廓的压印。

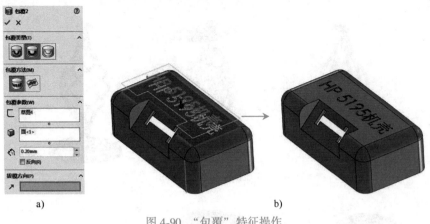

图 4-90 "包覆"特征操作

- ➤ **"分析"** 按钮：该按钮按下时，可以在圆柱、圆锥和拉伸的模型面上，执行"包覆"特征操作，前提是草图所在面应该与要包覆的面相切。
- ➤ **"样条曲线"** 按钮：该按钮按下时，可以在任意面上执行"包覆"特征操作，如图 4-91 所示。
- ➤ **"拔模方向"** 下拉列表：选择一条直线或线性边线作为拔模方向，可以设置包覆体的拉伸方向，如图 4-92 所示。

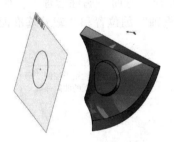

选择该线为"拔模方向"的参考线

图 4-91 "样条曲线"选项下在任意面"包覆"   图 4-92 "拔模方向"的作用

4.7.7 "加厚"特征

"加厚"特征是比较常用的特征，此特征主要用于将片体（曲面）加厚生成实体（当同时加厚多个曲面时，曲面必须缝合）。

选择"插入"→"凸台/基体"→"加厚"菜单命令，选择一个片体，并设置好加厚的方向和加厚厚度，单击"确定"按钮，即可将片体加厚，如图 4-93 所示。

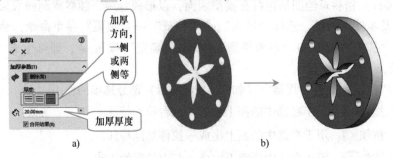

加厚方向，一侧或两侧等

加厚厚度

图 4-93 "加厚"特征操作

4.8 镜像与阵列

在创建零件模型时，有时需要按照一定的分布规律创建大量相同的特征或对称的特征，这就需要用到阵列或镜像特征，本节介绍这两种特征的操作。

4.8.1 线性阵列

线性阵列用于沿着一个或两个方向以固定的间距复制出多个新特征，如图 4-94 所示。要创建图 4-94 所示的线性阵列，可执行如下操作。

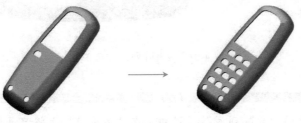

图 4-94　"线性阵列"特征

步骤 1　打开本书提供的素材文件"4.8.1 线性阵列（SC）.SLDPRT"，如图 4-95a 所示。在操作界面左侧模型树中选中要进行阵列的特征"切除-拉伸 2"，如图 4-95b 所示。

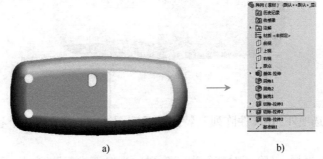

图 4-95　素材文件和选中的"切除-拉伸 2"特征

步骤 2　单击"特征"工具栏的"线性阵列"按钮，打开"线性阵列"属性管理器，如图 4-96a 所示。选择模型右侧的竖直边线作为线性阵列"方向 1"的参照，如图 4-96b 所示。在"线性阵列"属性管理器中设置在此方向上线性阵列的"间距"和"实例数"分别为 14mm 和 3，完成线性阵列在此方向上的设置。

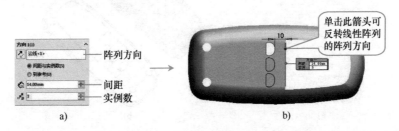

图 4-96　设置阵列"方向 1"

步骤3 展开"方向2"卷展栏，在"方向2"的"阵列方向"列表框中选择模型中的"基准轴1"作为方向参照，如图4-97a所示。同步骤2的操作，设置此方向上阵列的"间距" 🔧和"实例数" ⬚分别为15mm和4，单击"确定"按钮✔，完成线性阵列的创建，如图4-97b所示。

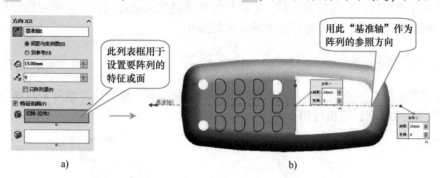

a)   b)

图4-97 设置阵列"方向2"

提示：

选中图4-97a所示的"只阵列源"复选框，在"方向2"上将只复制源特征，而不复制"方向1"上生成的阵列实例，如图4-98所示。

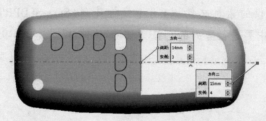

图4-98 选中"只阵列源"复选框作用

除了上文介绍的选项外，"线性阵列"特征还具有图4-99a所示的几个卷展栏，其作用介绍如下。

➤ **"特征和面"卷展栏：**（除了对特征进行阵列）当对面进行阵列时，需要选择特征的所有面，并且生成的阵列特征必须位于同一面或同一边界内。

➤ **"实体"卷展栏：** 对实体进行阵列操作，如图4-99b所示。

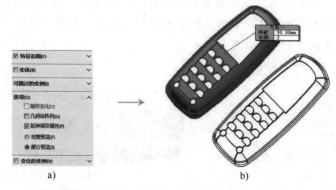

a)   b)

图4-99 "线性阵列"特征的"特征和面"卷展栏及"实体"卷展栏等作用

> ➤ **"可跳过的实例"** 卷展栏：可在此卷展栏中设置生成阵列时跳过图形区域中选择的阵列实例，如图 4-100a 所示。
> ➤ **"特征范围"** 卷展栏：仅在多实体零件中执行阵列操作时显示此卷展栏，用于设置阵列特征的应用范围，如图 4-100b 所示。

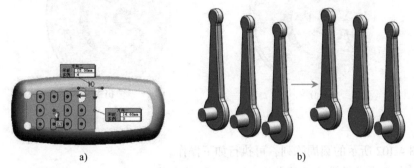

图 4-100 "可跳过的实例"和"特征范围"卷展栏的作用

> ➤ **"选项"** 卷展栏："随形变化"和"几何体阵列"复选框用于设置/取消阵列特征随"尺寸约束"改变（具体作用可参考其他资料）；"延伸视像属性"复选框用于设置将源特征的颜色、纹理和装饰螺纹数据延伸给阵列实例。
> ➤ **"变化的实例"** 卷展栏：可创建间距递增的阵列，如图 4-101 所示。

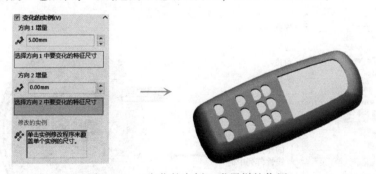

图 4-101 "变化的实例"卷展栏的作用

　　最后介绍一下"方向 1"和"方向 2"卷展栏中"到参考"单选项的作用。当选中该单选项时，可以设置一个参考点，或边线，或面（该边线或面需与参考方向垂直），然后以该参照为基准，在"方向 1"（或"方向 2"）方向上设置一个距离该参照的偏移距离，在基准点到所选特征之间，加上（或减少）偏移距离，以等距方式，或以设置阵列个数方式，来创建阵列特征（阵列的参考，可以是特征上的点、线、面，或重心）。

> **提示：**
>
> 　　使用"到参考"选项创建阵列特征时，主要是方式更加灵活了，但是使阵列特征变得复杂了，新用户可以先掌握好常用的"间距与实例数"方式再来学习该方式。

4.8.2 圆周阵列

　　圆周阵列是指绕一轴线生成指定特征的多个副本的操作。创建圆周阵列时必须有一个用来生成阵列的轴，该轴可以是实体边线、基准轴或临时轴等，如图 4-102 所示的特征就是通过圆周阵列生成的。

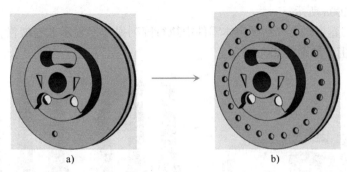

图 4-102　圆周阵列

要创建图 4-102 所示的圆周阵列，可执行如下操作。

步骤 1　打开本书提供的素材文件"4.8.2 圆周阵列(SC).SLDPRT"，如图 4-102a 所示，在操作界面左侧模型树中选中要进行阵列的特征"切除-拉伸 4"。

步骤 2　单击"特征"工具栏"线性阵列"右侧的下拉按钮，选择"圆周阵列" 列表项，打开"阵列（圆周）"属性管理器，如图 4-103a 所示。

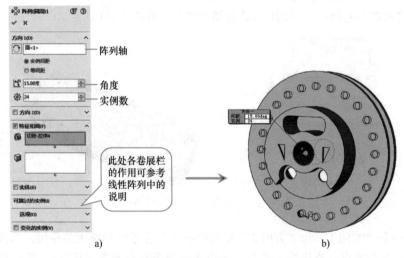

图 4-103　"阵列（圆周）"属性管理器和圆周阵列的预览状态

步骤 3　在"阵列轴" 下拉列表中选择阵列轴，再在绘图区选择模型中间的圆孔，以此孔的轴线作为圆周阵列的旋转轴，如图 4-103b 所示。然后在"阵列（圆周）"属性管理器中设置"角度" 和"实例数" ，单击"确定"按钮 完成圆周阵列的创建，效果如图 4-103b 所示。

4.8.3　镜像

"镜像"特征是指沿着某个平面镜像产生原始特征的副本，副本和原始特征关于该平面对称，且完全相同。"镜像"特征一般多用来生成对称的零部件，如图 4-104 所示特征即是使用此方法生成的。要创建图 4-104 所示"镜像"特征，可执行如下操作。

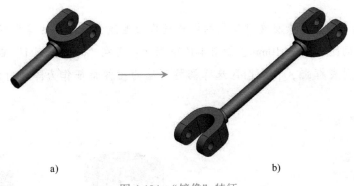

a)   b)

图 4-104　"镜像"特征

步骤 1　打开本书提供的素材文件"4.8.3 镜向（SC）.SLDPRT"，如图 4-104a 所示。单击"特征"工具栏"线性阵列"右侧的下拉按钮，选择"镜像" 列表项，打开"镜像"属性管理器，如图 4-105a 所示。

步骤 2　选择模型左侧的平面作为镜像面，如图 4-105b 所示，再选择整个素材作为要镜像的实体，单击"确定"按钮 完成"镜像"特征的创建，效果如图 4-105b 所示。

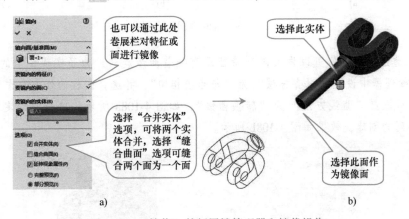

a)   b)

图 4-105　"镜像"特征属性管理器和镜像操作

4.8.4　曲线驱动的阵列

曲线驱动的阵列是指按照固定的成员间隔或成员数量沿着某条曲线来放置阵列成员，以此生成阵列，如图 4-106 所示。

要创建图 4-106 所示"曲线驱动的阵列"特征，可执行如下操作。

步骤 1　打开本书提供的素材文件"4.8.4 曲线驱动的阵列（SC）.SLDPRT"，如图 4-106a 所示。单击"特征"工具栏"线性阵列"右侧的下拉按钮，选择"曲线驱动的阵列" 列表项，打开"曲线阵列 1"属性管理器，如

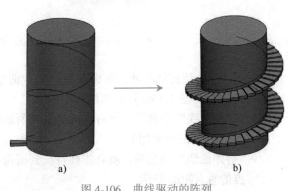

a)   b)

图 4-106　曲线驱动的阵列

145

图 4-107a 所示。

步骤 2 在绘图区选择素材文件提供的螺旋线作为曲线驱动阵列的阵列方向，并设置"实例数" ⌗ 为 80、"间距" ⌷ 为 10mm，如图 4-107a 所示；再在"曲线阵列 1"属性管理器中选中"要阵列的特征"列表框 █，在绘图区选择圆柱下端的拉伸特征作为阵列对象，如图 4-107b、图 4-107c 所示。

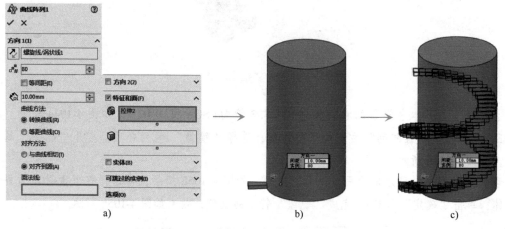

a)   b)   c)

图 4-107 选择阵列方向和阵列特征

步骤 3 通过上述操作可以发现阵列特征没有绕着曲线旋转，为了实现此目的，在"曲线阵列 1"属性管理器中设置"对齐方法"为"与曲线相切"，并选择圆柱的外表面作为 3D 曲线所位于的面，然后设置"曲线方法"为"转换曲线"，如图 4-108a 所示，单击"确定"按钮 ✔ 完成曲线驱动阵列的创建，效果如图 4-108b 所示。

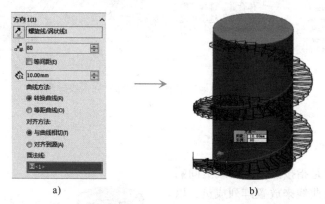

a)   b)

图 4-108 设置"曲线驱动的阵列"对象与方向曲线相切

除了上文介绍的选项外，下面着重介绍"曲线驱动的阵列"特征中"曲线方法"和"对齐方法"选项组（图 4-108a）的作用。

➢ "转换曲线"单选项：所有阵列特征到所选曲线原点的距离均与源特征到所选曲线原点的 ΔX 和 ΔY 的距离相等。

➢ "等距曲线"单选项：所有阵列特征到所选曲线原点的垂直距离均与源特征到所选曲线原点的垂直距离相等。

➢ "与曲线相切" 单选项：在源特征与所选曲线的位置基础上，令所有阵列特征与所选曲线相切，如图 4-109 所示。

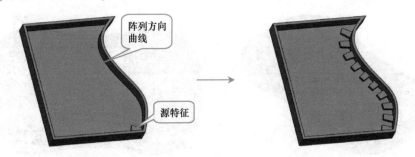

图 4-109　用 "与曲线相切" 对齐方法创建曲线阵列特征

➢ "对齐到源" 单选项：令每个实例与源特征对齐，即保持所有特征的方向不变，如图 4-110a 所示。

➢ "面法线" 下拉列表：此下拉列表仅在阵列方向曲线为 3D 曲线时起作用，用于选取 3D 曲线所处的面来生成曲线驱动的阵列，如图 4-110b 所示（在 2D 曲线时，此项不起作用）。

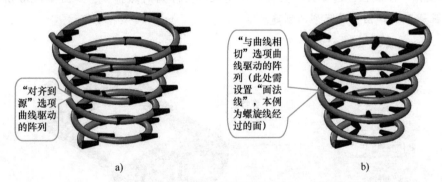

图 4-110　用 "对齐到源" 创建曲线阵列特征和 "面法线" 的作用

4.8.5　草图驱动的阵列

草图驱动的阵列是指使用草图中的草图点定义特征阵列，使源特征产生多个副本，如图 4-111 所示。

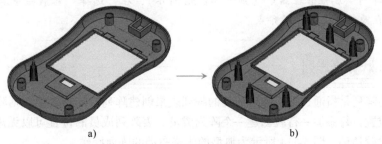

图 4-111　草图驱动的阵列

要创建图 4-111 所示的 "草图驱动的阵列" 特征，可执行如下操作。

步骤1　打开本书提供的素材文件 "4.8.5 草图驱动的阵列（SC）.SLDPRT"，如图 4-112a 所示。然后选中模型内部上表面并单击"草图绘制"按钮 ，进入草图模式，绘制图4-112b所示的草图，退出草绘模式。

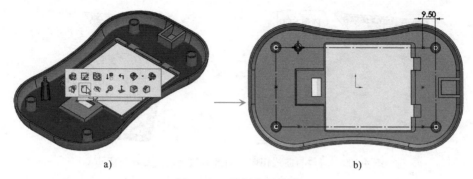

图4-112 绘制草图操作

步骤2 单击"特征"工具栏"线性阵列"右侧的下拉按钮，选择"草图驱动的阵列" 列表项，打开"草图阵列"属性管理器，如图4-113a所示。在绘图区选中步骤1中绘制的草图，然后打开"实体"卷展栏，选择素材文件中的支柱作为阵列的源特征，如图4-113b所示，单击"确定"按钮 完成草图驱动阵列的创建。

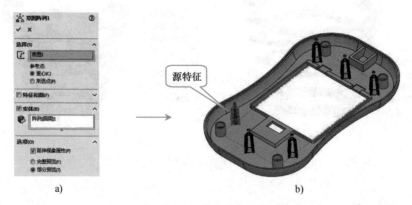

图4-113 执行"草图阵列"命令操作

知识库：

在"草图阵列"属性管理器中（如图4-113a所示），在"选择"卷展栏中选择"所选点"单选项，可以在源特征上选择对齐点。

4.8.6 表格驱动的阵列

表格驱动的阵列是指通过编写阵列成员的阵列表来创建阵列。阵列表中包括阵列特征相对于特定坐标系的位置，每添加一行就创建一个阵列成员。表阵列成员的位置可以无规律变化，但需要逐个输入，比较烦琐。图4-114所示为典型的表格驱动的阵列操作。

要创建如图4-114所示"表格驱动的阵列"特征，可执行如下操作。

步骤1 打开本书提供的素材文件"4.8.6 表格驱动的阵列（SC）.SLDPRT"，如图4-114a所示，选择"插入"→"参考几何体"→"点"菜单命令，在圆孔下端边界的中心点处创建一个参考点，如图 4-115a 所示。再选择"插入"→"参考几何体"→"坐标系"菜单命令，在刚才创建的点位置创建一个坐标系，注意调整坐标系的位置，如图 4-115b 所示。

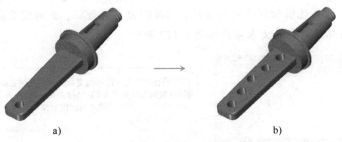

a)   b)

图 4-114   典型的表格驱动的阵列操作

a)   b)

图 4-115   创建点和坐标系

步骤 2   单击"特征"工具栏"线性阵列"右侧的下拉按钮，选择"由表格驱动的阵列" 列表项，打开"由表格驱动的阵列"对话框，如图 4-116a 所示。

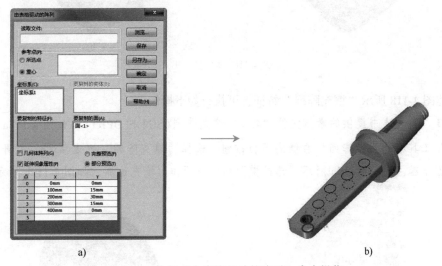

a)   b)

图 4-116   执行"由表格驱动的阵列"命令操作

步骤 3   切换到"坐标系"列表框，选择步骤 1 中创建的坐标系作为参考坐标系，再切换到"要复制的面"列表框，选择模型中的孔面作为要复制的面，如图 4-116b 所示。然后在对话框下部列表中输入图 4-116a 所示的数据，单击"确定"按钮 完成表格驱动阵列的创建，效果如图 4-116b 所示。

在执行"由表格驱动的阵列"命令操作时，也可以在"由表格驱动的阵列"对话框中单击"浏览"按钮，选择已编辑好的文本书件作为阵列偏移的数据，此时需要提前编辑好文本书件。与表格驱动的阵列对应的文本书件如图 4-117 所示。

表格驱动的阵列所使用的文本文件由两排数据构成，第1排数据为阵列模型的x坐标，第2排数据为阵列模型的y坐标，两排数据之间应由空格、逗号或制表符等分隔符分开

图 4-117　可导入的文本书件

4.8.7　填充阵列

填充阵列是指用某个原始特征填充到指定区域，以此生成阵列。可以选择平面或平面上的草图作为填充的区域。另外，可以指定填充阵列的阵列成员间隔、阵列到草绘边界的距离、原始特征的位置等，如图 4-118 所示。

a)　　　　　　　　　　　　　　　b)

图 4-118　填充阵列

要创建图 4-118 所示"填充阵列"特征，可执行如下操作。

步骤 1　打开本书提供的素材文件"4.8.7 填充阵列（SC）.SLDPRT"，如图 4-118a 所示，单击"特征"工具栏"线性阵列"右侧的下拉按钮，选择"填充阵列"列表项，打开"填充阵列"属性管理器，如图 4-119a 所示，选择模型的内底面作为填充边界，如图 4-119b 所示。

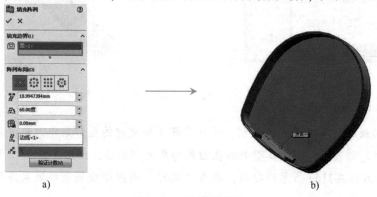

a)　　　　　　　　　　　　　　　b)

图 4-119　选择阵列面

步骤 2 在"填充阵列"属性管理器中单击"圆周"按钮 ，然后按照图 4-120 所示设置"环间距" 、"实例间距" 和"边距" ，完成"阵列布局"选项的设置。

步骤 3 在"填充阵列"属性管理器的"特征和面"卷展栏中选择"生成源切"单选项，如图 4-121a 所示。然后选择"圆" ，并设置其直径 为 4mm（此时的预览效果如图 4-121b 所示），单击"确定"按钮 完成填充阵列的创建。

图 4-120 设置阵列布局

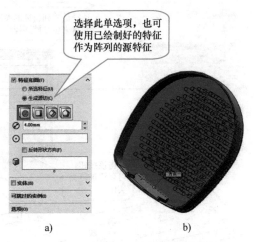

图 4-121 设置要阵列的特征

提示：

如图 4-120 所示的"阵列方向"选择项 ，用于定义填充的起始方向。当所选择的草图边界或面边界无直线时，需要选择参照以定义此方向。

知识库：

SOLIDWORKS 的阵列特征提供了多种阵列布局（如图 4-120 所示），不同布局类型，需要对不同的选项进行设置，此处不再一一讲解。图 4-122a、图 4-122b 所示为"方形" 和"多边形" 阵列效果。

如果设置了源特征的"顶点和草图点" 位置（在图 4-122a 所示的界面中选择此项，然后在绘图区中选择定位点可对其进行设置），在填充区域中将呈现不完整的阵列布局，如图 4-122c 所示，否则源特征将位于填充边界的中心。

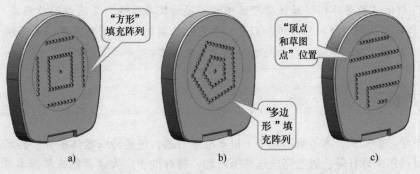

图 4-122 阵列布局的类型和选择"顶点和草图点"选项的作用

4.8.8 变量阵列

变量阵列是指以某个特征的尺寸为变量，以类似于表格驱动的方式，通过设置一个或多个尺寸变量，对所选特征进行阵列，如图 4-123 所示。

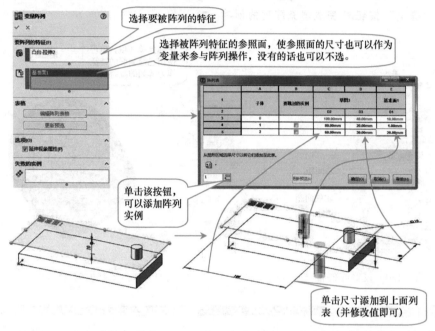

图 4-123 变量阵列操作

知识库：

需要注意的是，阵列后不能因为阵列而生成新的实体，否则阵列无法执行。

如图 4-123 所示，进行变量阵列操作时，先选中要执行变量阵列的特征，再单击"编辑阵列表格"按钮（参照面可以不选，见图中说明），打开"阵列表"对话框，然后在绘图区中，通过单击添加要参与到阵列中的尺寸，最后单击对话框底部的"添加实例"按钮 （要阵列多少个，就添加多少个），再修改每个实例的尺寸值即可。

提示：

图 4-123 所示"变量阵列"属性管理器中的"延伸现象属性"复选框的作用是：选中后可以令阵列后的特征使用源特征的外观和颜色；"失败的实例" 下拉列表，由系统自动控制，当某些实例无法生成时，系统将在此处自动列出失败的实例。

4.9 实战练习

针对本章学习的知识，本节给出几个上机实战练习题，包括特殊盘体抽壳、传动轴拔模、设计机罩、设计高尔夫球杆等；思考完成这些练习题，将有助于广大读者熟练掌握本章内容，并可进行适当拓展。

4.9.1 特殊盘体抽壳

打开本书提供的素材文件"4.9.1 盘体抽壳（SC）.SLDPRT"，并按照图 4-124 所示执行抽壳操作。

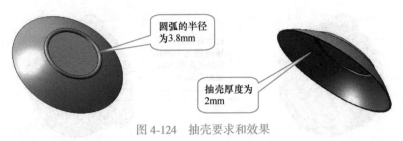

图 4-124 抽壳要求和效果

> **提示：**
>
> 本练习的难点是当"抽壳"特征厚度等于 2mm 时，如图 4-125 所示，抽壳界面将产生自相交现象，因此无法完成抽壳操作，所以应使用创建辅助特征的方法，进行抽壳。

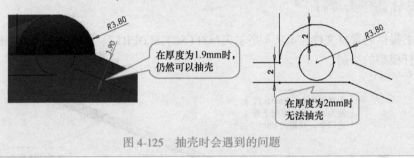

图 4-125 抽壳时会遇到的问题

4.9.2 传动轴拔模

打开本书提供的素材文件"4.9.2 传动轴拔模（SC）.SLDPRT"，如图 4-126a 所示，并按照图 4-126b 所示要求执行拔模操作。

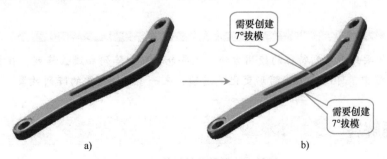

图 4-126 传动轴拔模模型和效果

> **提示：**
>
> 本练习操作的关键是需要先拔模再圆角，另外应注意拔模参考面（因为拔模参考面只能是平面）和分型线的选择方法。

4.9.3 设计机罩

打开本书提供的素材文件"4.9.3 机罩（SC）.SLDPRT"，如图 4-127a 所示，并按照图 4-127b 所示要求执行填充阵列操作。

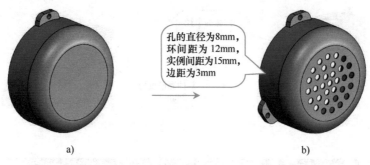

孔的直径为8mm，
环间距为 12mm，
实例间距为15mm，
边距为3mm

a)   b)

图 4-127　机罩模型

4.9.4 设计高尔夫球杆

打开本书提供的素材文件"4.9.4 高尔夫球杆（SC）.SLDPRT"，并按照图 4-128 所示要求，完成高尔夫球杆模型的绘制。

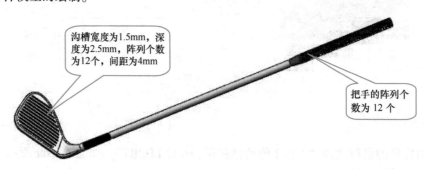

沟槽宽度为1.5mm，深
度为2.5mm，阵列个数
为12个，间距为4mm

把手的阵列个
数为 12 个

图 4-128　完成的高尔夫球杆模型

> **提示：**
>
> 本练习题主要练习阵列特征的使用方法，主要包括环形阵列和线性阵列，在执行"线性阵列"特征的过程中，可以使用"随形变化"选项，来一步实现需要的阵列效果。

4.10　习题解答

针对 4.9 节的实战练习，本书给出了视频讲解，包括相关实例等，读者可以扫码观看。

如果仍无法独立完成 4.9 节要求的这些操作，那么就一步一步跟随视频讲解，操作一遍吧！

4.11　课后作业

学完本章内容后，读者应重点掌握基本参考几何体中基准面的创建，灵活创建基准面是完成模型创建的重要保证；另外镜像与阵列也是本章的重点，掌握这些特征，在创建模型时将大大缩减工作量。

为了更好地掌握本章内容，可以尝试完成如下课后作业。

一、填空题

1）在建模的过程中经常会用到_____、_____以及_____等参考几何体（也被称为基准特征），通过这些参考几何体可以确定实体的_____和_____。

2）_____是创建其他特征的参照线，主要用于创建孔特征、旋转特征，以及作为阵列复制与旋转复制的旋转轴。

3）在 SOLIDWORKS 中，用户创建的坐标系，也被称为基准坐标，主要在_____和_____模型时使用。

4）在 SOLIDWORKS 中，基准点主要用于创建优秀的_____，_____是创建曲面的基础。

5）当模型非常大时，为了节约创建、对象选择、编辑和显示的时间，或者为了分析工作和在冲突几何体的位置创建特征，可_____模型中的一些非关键特征，将它们从模型和显示中移除。

6）可以通过编辑特征的参数来_____特征，主要包括_____和_____等方式。

7）单击"特征"工具栏中的_____按钮，可以通过拖动控标或标尺来动态修改模型特征。

8）_____用于沿着一个或两个方向以固定的间距复制出多个新特征。

9）_____是指沿着某个平面镜像生产原始特征的副本，副本和原始特征关于这个平面对称，且完全相同。

10）利用异型孔向导，可在模型上生成_____、_____、_____等类型的孔。

11）当产品周围的棱角过于尖锐时，为避免割伤使用者，可以使用_____或_____特征令其变得圆滑。

12）圆角操作时，选择_____复选框，圆角边线将调整为连续和平滑，而模型边线被更改，以与圆角边线相匹配。

13）拔模特征中，_____决定了拔模方向，_____的 Z 轴方向为零件从模具中取出的方向。

二、问答题

1）系统提供了几种创建基准面的方式？简述其操作方法。

2）"线性阵列"特征中"随形变化"复选框有何作用？

3）曲线驱动的阵列中"面法线"选项的作用是什么？通常在什么状态下使用？

4）表格驱动的阵列中表格的形式是什么样子的？

5）孔特征包括哪些类型，其不同点是什么？

6）在创建倒角时，"保持特征"选项的作用是什么？

7）有哪几种圆角类型？简述其不同点。

8）创建拔模特征的目的是什么？

9）简述创建拔模特征的一般步骤。

10）如果模型中包括圆角、壳和拔模特征，三者的创建顺序是什么？

三、操作题

1）试创建图 4-129 所示的圆角。

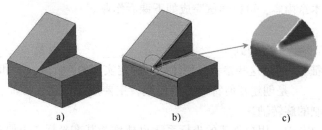

a)　　　　　　　　b)　　　　　　　　c)

图 4-129　需创建的圆角

提示：可使用"删除面"方式进行创建。

2）打开本书提供的素材文件"4.11 操作题 02（SC）.SLDPRT"，如图 4-130a 所示，按照工程图（如图 4-131 所示）创建一个泵盖模型，结果如图 4-130b 所示，以熟悉使用"异型孔向导"特征等创建孔的操作过程。

a)　　　　　　　　　　　　b)

图 4-130　需在泵盖上绘制的孔

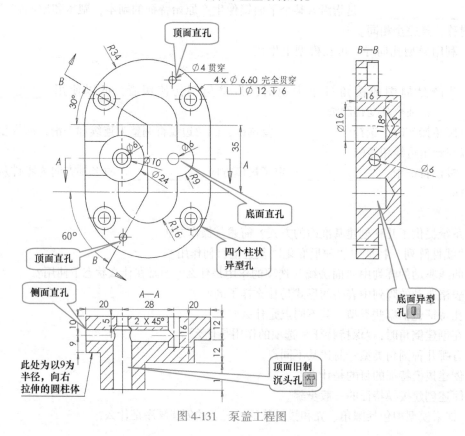

图 4-131　泵盖工程图

3）打开本书提供的素材文件"4.11 操作题 03(SC).SLDPRT"，如图 4-132a 所示，执行相关操作，创建一个螺旋桨模型，结果如图 4-132c 所示，以熟悉使用"弯曲"和"圆顶"等选项的操作方法。

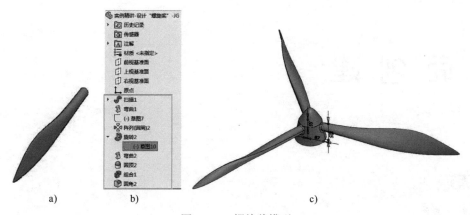

a)　　　　b)　　　　　c)

图 4-132　螺旋桨模型

4）打开本书提供的素材文件"4.11 操作题 04(SC).SLDPRT"，使用"圆周阵列"特征创建图 4-133 所示的模型。

5）打开本书提供的素材文件"4.11 操作题 05(SC).SLDPRT"，使用"线性阵列"特征创建图 4-134 所示的模型。

图 4-133　需完成的操作题文件一　　　　图 4-134　需完成的操作题文件二

第 **5** 章

曲面创建

本章要点

- ☐ 创建曲线
- ☐ 创建曲面
- ☐ 编辑曲面

学习目标

　　使用曲面特征可以进行高复杂度的造型设计，并可将多个单一曲面组合成完整且没有间隙的曲面模型，进而将曲面填充为实体。构造曲面时会用到三维曲线，因此本章将主要介绍创建三维曲线和曲面的方法。

5.1 创建曲线

　　构建曲面之前，首先需要构建曲线，除了可以使用草绘曲线构建曲面外，还可以在建模模式下直接创建曲线。在建模模式下创建的曲线与在草绘模式下创建的曲线有所不同，前者可以构建一些特殊的复杂曲线，如螺旋线、通过 *XYZ* 点的曲线等，如图 5-1a 所示。本节介绍使用"曲线"工具栏（如图 5-1b 所示）中的按钮创建曲线的方法。

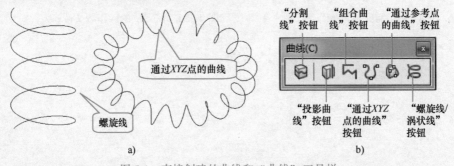

图 5-1　直接创建的曲线和"曲线"工具栏

5.1.1　投影曲线

　　单击"曲线"工具栏中的"投影曲线"按钮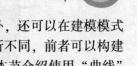，可使用两种方法创建 3D 曲线：一种方法是

将基准面中绘制的草图曲线投影到某一面上从而生成一条 3D 曲线，如图 5-2a 所示；另外一种方法是在两个相交的基准面上分别绘制草图，两个草图各自沿着所在平面的垂直方向进行投影得到两个曲面，两个曲面的交线即为 3D 曲线，如图 5-2b、图 5-2c 所示。

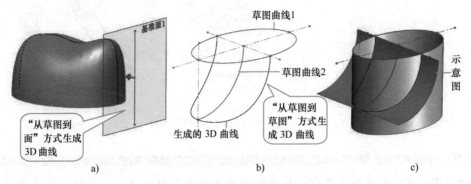

图 5-2　创建投影曲线的两种方式

下面是一个以"从草图到草图"方式创建投影曲线的实例，并讲述使用生成的曲线绘制实体的方法，具体操作步骤如下。

步骤 1　新建一个零件文件，进入上视基准面的草绘模式，绘制图 5-3a 所示的草绘图形，再进入前视基准面的草绘模式，绘制图 5-3b 所示的草绘图形，退出草绘模式。

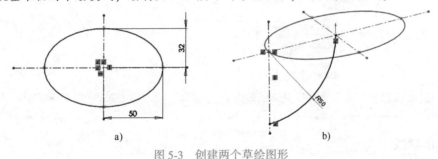

图 5-3　创建两个草绘图形

步骤 2　单击"曲线"工具栏中的"投影曲线"按钮 🗊，打开"投影曲线"属性管理器，如图 5-4a 所示，在"选择"卷展栏中选择"草图上草图"单选项，然后分别选择步骤 1 中绘制的两个草绘图形，单击"确定"按钮 ✔，生成投影曲线，如图 5-4b 所示。

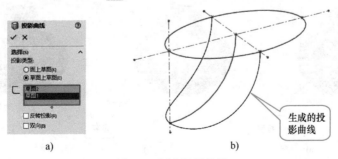

图 5-4　创建投影曲线

步骤 3　在上视基准面的草绘模式中绘制图 5-5a 所示的圆（圆的直径为 12mm），单击"特征"工具栏中的"扫描"按钮 𝒮，分别选择圆和投影曲线，单击"确定"按钮 ✔ 创建扫描实体，如图 5-5b、图 5-5c 所示。

图 5-5　使用投影曲线创建扫描实体

> **提示：**
>
> 　　在"投影曲线"属性管理器中，如选择"面上草图"单选项，再分别选择"草绘图形"和"投影面"，也可生成投影曲线，其操作较简单，此处不再详细叙述。
>
> 　　在"投影曲线"属性管理器中，选中"反转投影"复选框，将反转投影曲线的方向，如图 5-6 所示；选中"双向"复选框，将在两侧都生成投影曲线，如图 5-7 所示。
>
>
>
> 图 5-6　"反转投影"复选框的作用　　　　　图 5-7　"双向"复选框的作用

5.1.2　分割线

　　分割线是将草图投影到模型面上所生成的曲线，分割线可以将所选的面分割为多个分离的面，进而可以单独选取每一个面。共有三种创建分割线的方式，具体介绍如下。

　　➤ 投影：将草图投影到曲面上，并将所选的面分割，如图 5-8a 所示。

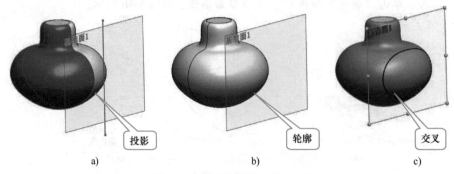

图 5-8　创建分割线的三种方式

　　➤ 轮廓：在一个圆柱形零件上生成一条分割线（即生成分模方向上的最大轮廓曲线），并将所选的面分割，如图 5-8b 所示。

➤ 交叉：生成两个面的交叉线，并以此交叉线来分割曲面，如图 5-8c 所示。

实际上分割线主要用于在进行面操作时将面切割，并将多余的面删除，或者在进行放样曲面操作时令放样的边能够相互对应，如图 5-9 所示。

图 5-9　分割线的主要用途

下面是一个使用分割线辅助创建汽车遥控器的实例，具体操作步骤如下。

步骤 1　打开本书提供的素材文件"5.1.2 分割线(SC).SLDPRT"，如图 5-10a 所示，在其底面创建图 5-10b 所示的样条曲线，单击"曲线"工具栏中的"分割线"按钮，打开"分割线"属性管理器，分别选择草图和模型上表面生成分割线，如图 5-10c、图 5-10d 所示。

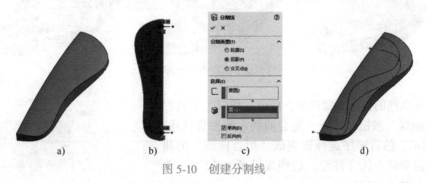

图 5-10　创建分割线

步骤 2　单击"特征"工具栏中的"圆角"按钮，打开"圆角"属性管理器，如图 5-11a 所示，在"圆角类型"卷展栏中选择"面圆角"单选项，再分别选择图 5-11b 所示的两个面作为圆角面，然后选择步骤 1 中生成的分割线以及底面边线作为控制线，并选择"曲率连续"列表项，单击"确定"按钮生成如图 5-11c 所示的圆角。

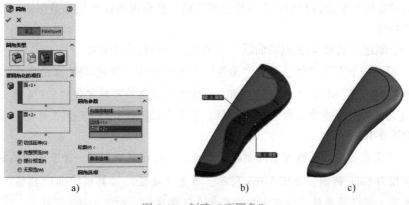

图 5-11　创建"面圆角"

步骤3 单击"镜像"按钮 ┣┃┫，以模型的平面为镜像面，以"镜像实体"方式进行两次镜像操作，完成汽车遥控器的创建，如图 5-12 所示。

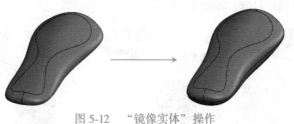

图 5-12 "镜像实体"操作

5.1.3 组合曲线

组合曲线是指将所绘制的曲线、模型边线或者草图曲线等进行组合，使之成为单一的曲线。组合曲线可以作为放样或扫描的引导线，如图 5-13 所示。

生成组 进行"扫描切
合曲线 除"特征操作

图 5-13 组合曲线的作用

生成组合曲线的操作非常简单，单击"曲线"工具栏中的"组合曲线"按钮，打开"组合曲线"属性管理器，如图 5-14 所示。然后顺序选择要生成"组合曲线"的曲线、直线或模型的边线（注意，这些线段必须连续），单击"确定"按钮 ✔ 即可。

图 5-14 "组合曲线"属性管理器

5.1.4 通过 XYZ 点的曲线

通过 XYZ 点的曲线是指通过输入 XYZ 的坐标值建立点后，再将这些点使用样条曲线连接成的曲线。在实际工作中，此方法通常应用在逆向工程的曲线生成上，用三维测量床 CMM 或激光扫描仪等工具对实体模型进行扫描取得三维点的资料，然后再将这些扫描数据输入软件中，从而创建出需要的曲线。

下面看一个创建"通过 XYZ 点的曲线"的实例，具体操作步骤如下。

步骤1 新建一个零件文件，单击"曲线"工具栏中的"通过 XYZ 点的曲线"按钮 ，打开"曲线文件"对话框，单击"浏览"按钮，选择本书提供的素材文件"5.1.4 通过 XYZ 点的曲线(SC).txt"（此文件包含多个三维点的坐标值，如图 5-15b 所示），单击"确定"按钮即可生成三维曲线，如图 5-16a 所示。

步骤2 首先在生成的曲线交点处创建一个点，再在此点处创建一垂直于曲线的面，然后在面中创建一直径为 6mm 的圆，如图 5-16a 所示，单击"特征"工具栏中的"扫描"按钮 ，分别选择圆和步骤 1 创建的曲线，即可生成需要的曲线螺旋体，如图 5-16b 所示。

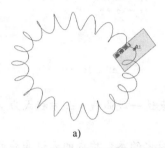 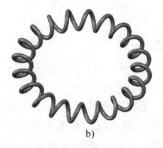

图 5-15 "曲线文件"对话框和所选择的曲线文件

图 5-16 生成的曲线文件和创建的扫描实体

知识库：

上文创建的"曲线螺旋线"实际上是由如下方程式产生的点所连成的曲线。

主方程：

$x = x_0 + r\cos(r_0)\cos(t)$；　//r 是直线的长度，t 是旋转角度

$y = y_0 + r\cos(r_0)\sin(t)$；

$z = r\sin(r_0)$；　　　　//x、y、z 是螺旋线上点坐标

辅助方程：

$x_0 = Rx\cos(t)$；　　//Rx 是圆（母线）半径

$y_0 = Rx\sin(t)$；　　//x_0、y_0 是穿透点坐标

$r_0 = kt$；　　　　　//r_0 是旋转角，k 用来控制直线旋转速度，值越大生成的螺旋线越密

可参照图 5-17 来理解此方程。一端穿透于母线的直线沿该母线前进，同时直线绕穿透点旋转，该直线的另一端点的轨迹即为要绘制的曲线。

此外，可在草图模式（或 3D 草绘模式）下，单击"样条曲线"选项下的"方程式驱动的曲线"按钮，直接使用方程式创建曲线，如图 5-18、图 5-19 和图 5-20 所示。

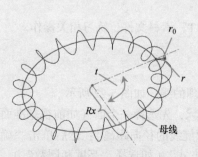

图 5-17 创建曲线螺旋线的原理

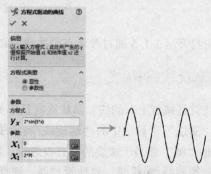

图 5-18 通过"显性"方程创建曲线

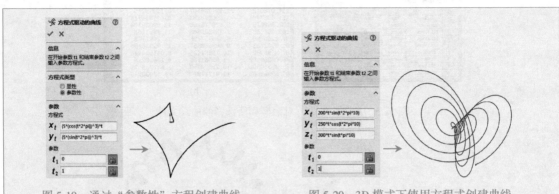

图 5-19　通过"参数性"方程创建曲线　　　　　图 5-20　3D 模式下使用方程式创建曲线

其中，"显性"选项是指只用单个方程式来表达一段曲线，如方程式为 $y = 2\sin(3x)$，x 的变化范围为 $0\sim2\pi$ 的正弦曲线，如图 5-18 所示。

"参数性"选项：是指由两个方程式和一个变化的参数构成的表达曲线的方程式。如钩形曲线的表达方式为：$X = \{5[\cos(t2\pi)]\}^3 t$，$Y = \{5[\sin(t2\pi)]\}^3 t$，$t = 0\sim1$，如图 5-19 所示。

在 3D 草绘模式下，可以使用三个表达式和一个变化的参数来表达曲线。如蝴蝶结曲线：$x = 200t\sin(t2\pi10)$，$y = 250t\cos(t2\pi10)$，$z = 300t\sin(t\pi10)$，$t = 0\sim1$，如图 5-20 所示。

5.1.5　通过参考点的曲线

通过参考点的曲线是指利用定义点或已存在的端点作为曲线通过点而生成的样条曲线。

如图 5-21 所示，单击"曲线"工具栏中的"通过参考点的曲线"按钮，打开"通过参考点的曲线"属性管理器，依次选择绘图区中要连接的点，再选中"闭环曲线"复选框，单击"确定"按钮，即可创建通过参考点的曲线。

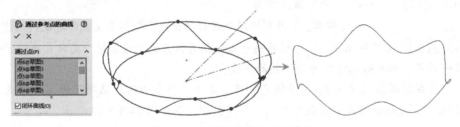

图 5-21　创建通过参考点的曲线

读者可打开"5.1.5 通过参考点的曲线(SC).SLDPRT"素材文件，练习相关操作。

5.1.6　螺旋线/涡状线

螺旋线就是螺旋上升的线，涡状线就是形如蜗牛纹理的线，如图 5-22 所示。

单击"曲线"工具栏中的"螺旋线/涡状线"按钮，先选择一个面（如前视基准面）绘制一个圆（此"圆"相当于螺旋的竖直投影线，决定了螺旋线的径向距离）；然后单击"确定"按钮，打开"螺旋线/涡状线"属性管理器。选择"定义方式"（如选择"高度和圈数"），再输入"高度"和"圈数"（"高度"是指螺旋线的总高，"圈数"是指螺旋有几圈），并设置螺旋的

"起始角度"（螺旋线起点与底圆圆心的连线与底圆草图 *X* 轴的夹角），单击"确定"按钮 ✔，
即可生成螺旋线，如图 5-23 所示。

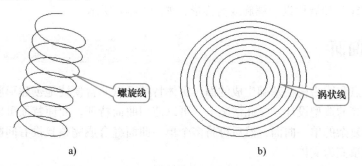

a) b)

图 5-22 螺旋线和涡状线

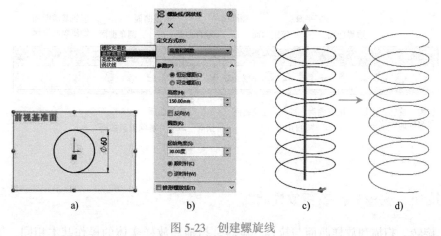

a) b) c) d)

图 5-23 创建螺旋线

除了通过"高度和圈数"方式创建螺旋线外，还可以通过"螺距和圈数""高度和螺距"方
式创建螺旋线，这两种方式在"参数"为"恒定螺距"时，所创建的螺旋线与"高度和圈数"
方式基本相同（只是选项不同），其不同点在于可以创建可变螺距的螺旋线，如图 5-24a、
图 5-24b 所示。

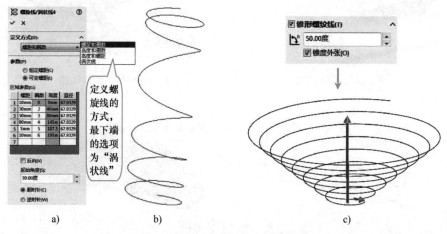

a) b) c)

图 5-24 可变螺距螺旋线和锥形螺旋线

如在"定义方式"下拉列表中选择"涡状线"列表项，则可以创建涡状线（设置"螺距"和"圈数"即可，此处不再详细叙述）。此外，在使用"高度和圈数"方式创建螺旋线时，可以通过"锥形螺纹线"卷展栏设置螺旋线为锥形，如图 5-24c 所示。

5.2 创建曲面

曲面是指以点和线为构型基础生成的面。实体特征可以非常便捷地创建形状规则的模型，但无法进行复杂度高的造型设计，在此情况下，可以使用曲面特征。曲面特征可以使用多种比较弹性化的方式创建复杂的单一曲面，然后可将多个单一曲面缝合成完整且没有间隙的曲面模型，进而可将曲面模型填充为实体。

在 SOLIDWORKS 中，主要使用"曲面"工具栏（如图 5-25 所示）中的工具来创建曲面并编辑曲面，本节主要介绍创建曲面工具的使用。

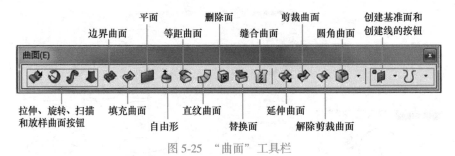

图 5-25 "曲面"工具栏

5.2.1 拉伸、旋转、扫描和放样曲面

拉伸、旋转、扫描和放样曲面与拉伸、旋转、扫描和放样实体的操作基本相同，如图 5-26、图 5-27、图 5-28、图 5-29 所示，详细操作方法可参考第 3 章，此处不再赘述。

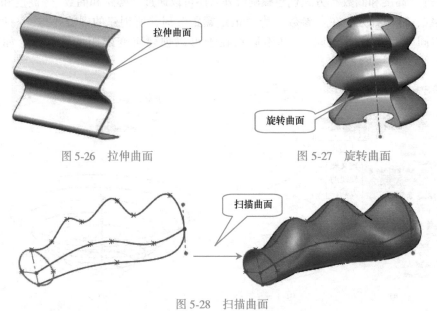

图 5-26 拉伸曲面　　图 5-27 旋转曲面

图 5-28 扫描曲面

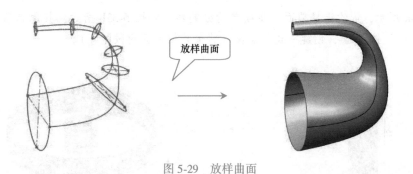

图 5-29　放样曲面

5.2.2　边界曲面

"边界曲面"命令可用于生成在两个方向（可理解为横向和纵向）上与相邻边相切或曲率连续的曲面，如图 5-30 所示。

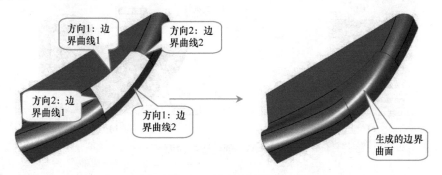

图 5-30　创建边界曲面

下面是一个使用"边界曲面"命令创建风扇叶轮的实例，操作步骤如下。

步骤 1　打开本书提供的素材文件"5.2.2 边界曲面（SC）.SLDPRT"，如图 5-31a 所示，在基准面 1 中绘制图 5-31b 所示的草绘图形，再单击"分割线"按钮🗇，在素材外侧的面上创建一分割线，如图 5-31c 所示。

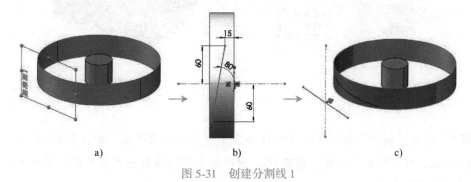

图 5-31　创建分割线 1

步骤 2　在基准面 1 中再创建图 5-32a 所示的草绘图形，并同样单击"分割线"按钮在素材内部的圆柱上创建一条分割线，如图 5-32b 所示。

步骤 3　单击"曲面"工具栏中的"边界曲面"按钮🔷，打开"边界-曲面 3"属性管理

167

器，如图 5-33a 所示，依次选择前面两步绘制的分割线，如图 5-33b 所示，其他选项保持系统默认，单击"确定"按钮✔，创建一边界曲面（将最外侧曲面隐藏即可）。

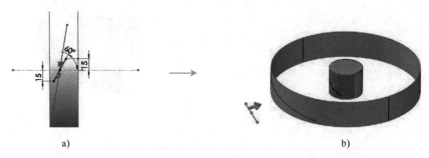

图 5-32　创建分割线 2

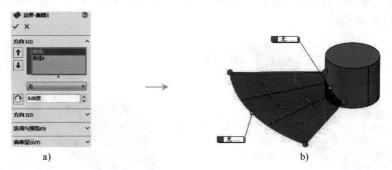

图 5-33　创建边界曲面

步骤 4　选择"插入"→"凸台/基体"→"加厚"菜单命令，打开"加厚"属性管理器，如图 5-34a 所示，选择步骤 3 绘制的边界曲面，设置加厚厚度为 5mm，并正确设置加厚的方向，单击"确定"按钮✔对曲面执行加厚操作（此时曲面转化为实体）。

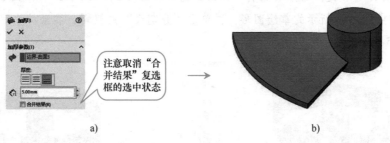

图 5-34　加厚边界曲面

步骤 5　单击"圆角"按钮，对叶轮的两个角进行圆角处理，如图 5-35a 所示，圆角大小设置为 15mm，再次单击"圆角"按钮，对叶轮上下边角进行圆角处理，圆角大小设置为 1.5mm，如图 5-35b 所示。

步骤 6　单击"圆周阵列"按钮，打开"阵列（圆周）3"属性管理器，如图 5-36a 所示。选择中间圆周面，以其轴线作为阵列轴，选择叶轮作为要阵列的实体，"阵列个数"设置为 3，单击"确定"按钮✔，完成叶轮的阵列。

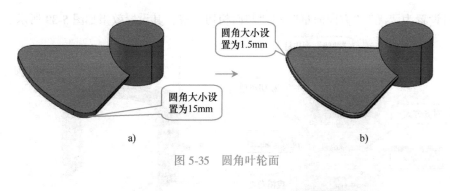

图 5-35 圆角叶轮面

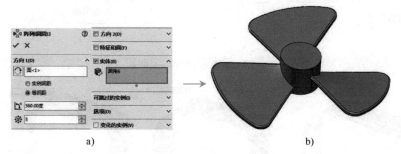

图 5-36 阵列叶轮

步骤 7 在圆柱的上表面绘制图 5-37 所示的圆，然后单击"拉伸/凸台基体"按钮，对圆进行拉伸，拉伸"深度" 设置为 40mm，并选中"合并结果"复选框，如图 5-37b 所示，单击"确定"按钮 ，完成风扇叶轮的创建，如图 5-37c 所示。

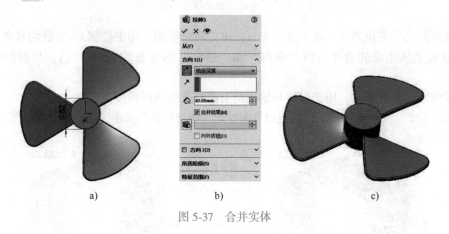

图 5-37 合并实体

上文实例所创建的边界曲面较简单，如果使用曲面边线创建边界曲面，则需要对更多的选项进行设置，从而生成更加复杂的曲面，如图 5-38 所示。

图 5-38a 所示为设置一个方向上的边线时，"边界-曲面 1"属性管理器的主要参数，下面分别解释各参数的含义。

➤ "曲线"列表框：用于确定此方向生成边界曲面的曲线。可以选择草绘曲线、面或边线作为边界曲线（如果边界曲线的方向有错误，可以在绘图区中单击鼠标右键，从弹出的快捷菜单中选择"反转接头"菜单项）。

➤ "相切类型"下拉列表：用于设置所生成的边界曲面在某个边界处与边界面的相切类型，

如可设置为"无""方向向量"和"与面相切"等，其设置效果如图 5-39 所示。

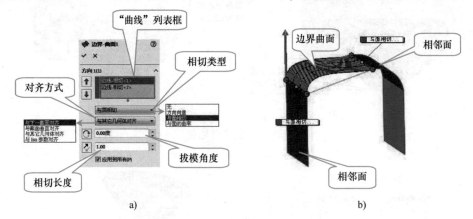

图 5-38　有相邻面的边界曲面

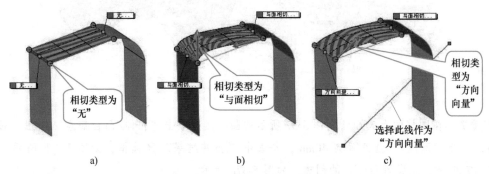

图 5-39　不同相切类型所生成的曲面

➤ "对齐方式"下拉列表：此下拉列表只在单方向时可用，用于控制 iso 参数的对齐方式（相当于控制所生成的边界曲面"横向"和"纵向"的参数曲线的方向），从而控制曲面的流动。

➤ "拔模角度"文本框：用于设置开始或结束曲线处的拔模角度。

➤ "相切长度"文本框：用于设置在边界曲线处，相切幅值的大小，其设置效果如图 5-40 所示。

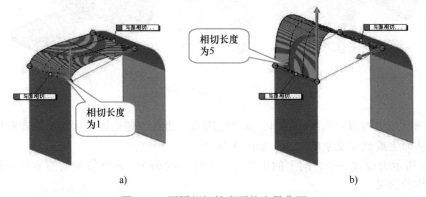

图 5-40　不同相切长度下的边界曲面

当在两个方向上设置边线时，可以设置曲线的感应类型，如图 5-41a 所示，各感应类型的含义如下（可参考图 5-41 进行理解）。

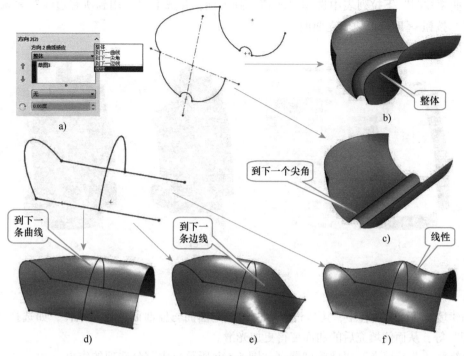

图 5-41　各感应类型的含义

- ➤ **整体**：将曲线影响延伸至整个边界曲面。
- ➤ **到下一尖角**：将曲线影响延伸至下一个尖角，超过尖角的区域将不被影响（两个不相切的面形成的边角即为尖角）。
- ➤ **到下一曲线**：只将曲线影响延伸至下一条曲线。
- ➤ **到下一边线**：只将曲线影响延伸至下一条边线。
- ➤ **线性**：将曲线的感应线性地延伸至整个边界曲面上。

此外，"边界曲面"属性管理器中还有图 5-42a 所示两个卷展栏，在"选项与预览"卷展栏中选择"按照方向 X 裁剪"复选框，当曲线不形成闭合的边界时，可以设置按方向剪裁曲面，如图 5-42b 所示；"曲率显示"卷展栏主要用于设置创建边界曲面时曲面的预览效果，此处不对其做详细叙述。

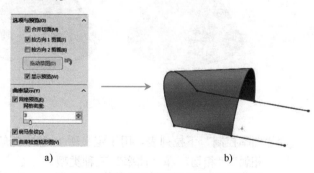

图 5-42　其他卷展栏和按方向裁剪的作用

5.2.3　填充曲面

使用"填充曲面"命令可以沿着模型边线、草图或曲线定义的边界对曲面的缝隙（或空洞等）进行修补，从而生成符合要求的曲面区域。

如图 5-43 所示，打开本书提供的素材文件"5.2.3 填充曲面(SC).SLDPRT"，单击"曲面"工具栏中的"填充曲面"按钮 ，打开"曲面填充"属性管理器，选中素材内部缺口的所有边线，在"曲率控制"下拉列表中选择"相切"列表项，并选中"应用到所有边线"复选框，单击"确定"按钮 ✔ 即可创建填充曲面。

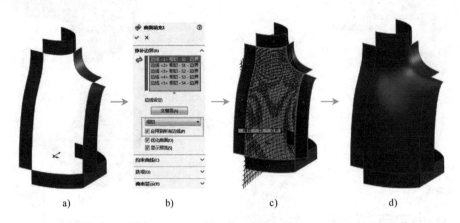

图 5-43   创建填充曲面操作

在创建填充曲面的过程中，可以设置生成的填充曲面与原曲面的连接条件，如选择"曲率"或"相切"等，从而使填充后的曲面变得更加光滑。

下面解释"曲面填充"属性管理器（如图 5-43b 所示）中部分选项的作用。

➤ "交替面"按钮：当在实体模型上生成填充曲面时此按钮有效，如图 5-44 所示，单击此按钮可为填充曲面反转边界面。

图 5-44   "交替面"按钮的作用

➤ "曲率控制"下拉列表：用于定义所生成的填充曲面与邻近面之间的连接关系，可以选择"相触""相切"和"曲率"三种类型。

➤ "优化曲面"复选框：选中该复选框可以令填充曲面的重建时间加快，并可增强填充曲面的稳定性。

➤ "反转曲面"按钮：当所有边界曲线共面时，将显示此按钮，用于改变曲面修补的方向，如图 5-45 所示。

➤ "选项"卷展栏中的"修复边界"复选框：选中此复选框后将自动修补边界缺口，从而生成填充曲面，如图 5-46 所示。

➤ "约束曲线"卷展栏：用于给修补曲面添加约束线控制，可以使用草绘点或样条曲线作为约束曲线控制填充曲面的形状，如图 5-47 所示。

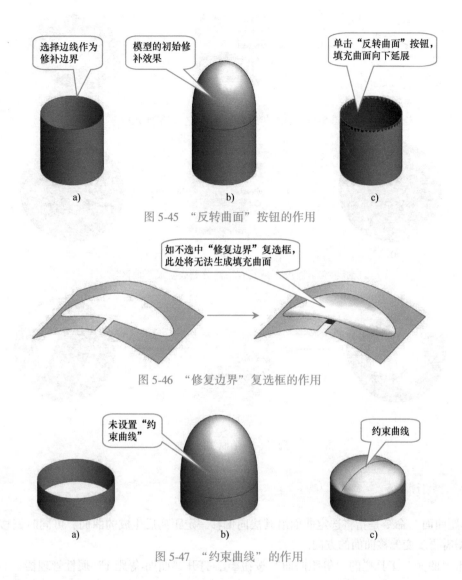

图 5-45 "反转曲面"按钮的作用

图 5-46 "修复边界"复选框的作用

图 5-47 "约束曲线"的作用

5.2.4 平面

使用"平面"命令![按钮]可以通过处于一个平面内的曲线来生成平面。在如下情况时可以使用此命令：一组闭合边线、非相交闭合草图、多条共有平面分型线、一对平面实体，如图 5-48 ~ 图 5-51 所示（执行此命令后选择边线或草图即可）。

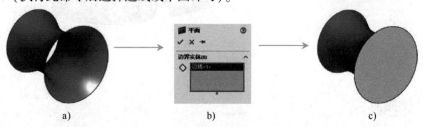

图 5-48 通过一组闭合边线生成平面区域

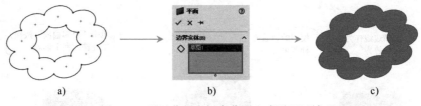

图 5-49　通过非相交闭合草图生成平面区域

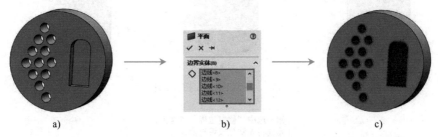

图 5-50　通过多条共有平面分型线生成平面区域

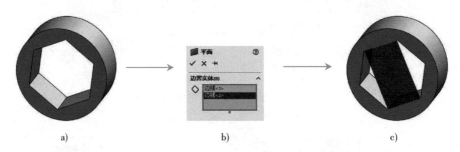

图 5-51　通过一对平面实体生成平面区域

5.2.5　等距曲面

"等距曲面"命令是指将选定曲面沿其法向偏移一定距离后生成的曲面,可同时偏移多个面,并可根据需要改变偏移曲面的方向。

单击"曲面"工具栏的"等距曲面"按钮,打开"曲面-等距1"属性管理器,如图 5-52a 所示。在绘图区中选中要等距的曲面,设置等距距离,单击"确定"按钮 即可创建等距曲面,如图 5-52b 所示。

图 5-52　等距曲面

5.2.6　直纹曲面

"直纹曲面"命令是指将曲面或实体的边界按照某个规则进行拉伸而得到的曲面,通常在模具设计中用于创建分模面。

　　直纹曲面有"相切于曲面""正交于曲面""锥削到向量""垂直于向量"和"扫描"五种创建类型,下面结合图例介绍每种类型的作用。

➤ 相切于曲面:此类型生成的直纹曲面与共享一条边线的曲面相切,如图 5-53 所示(通过"直纹曲面"属性管理器中的文本框可以设置直纹曲面延伸的长度)。

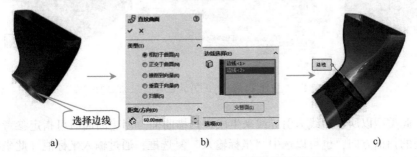

图 5-53　以"相切于曲面"的方式创建直纹曲面的操作

➤ 正交于曲面:此类型创建的直纹曲面与共享一边线的曲面垂直,如图 5-54 所示,创建曲面时可调整直纹曲面的方向与距离值。

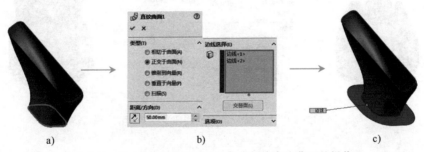

图 5-54　以"正交于曲面"的方式创建直纹曲面的操作

➤ 锥削到向量:此类型用于在"向量参照"指定的方向上创建直纹曲面。创建曲面时需指定参考向量,创建的直纹曲面与参考向量间有一个锥削角度值,创建过程中可对这个值进行修改,也可更改直纹曲面的延伸长度,如图 5-55 所示。

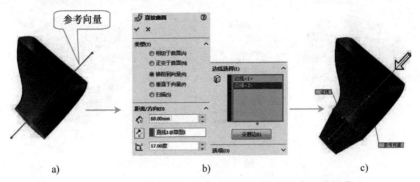

图 5-55　以"锥削到向量"的方式创建直纹曲面的操作

➤ 垂直于向量:此类型创建的直纹曲面与所指定的参考向量垂直,创建曲面时需指定参考向量,如图 5-56 所示。

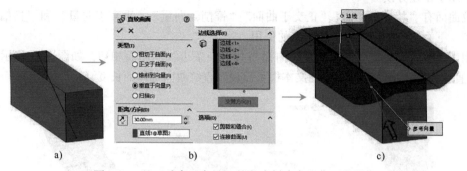

图 5-56 以"垂直于向量"的方式创建直纹曲面的操作

➤ 扫描：此类型以所选边线为引导线来生成一扫描曲面。创建曲面时可指定参考向量作为扫描曲面的扫描方向，也可以选中"坐标输入"复选框，通过输入坐标值（此坐标值与原点间连线的方向即为扫描方向）指定扫描方向，如图 5-57 所示。

图 5-57 以"扫描"的方式创建直纹曲面的操作

提示：

当选择两条以上边线生成直纹曲面时，"直纹曲面"属性管理器"选项"卷展栏中的复选框可用。此时选中"连接曲面"复选框可将生成的直纹曲面自动连接起来，如图 5-58 所示。

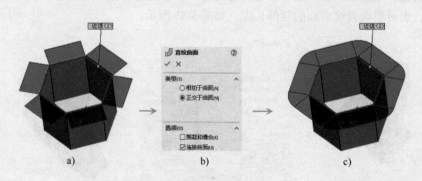

图 5-58 "连接曲面"复选框的作用

当选择两条以上边线生成直纹曲面时，此时选中"剪裁和缝合"复选框，则可以自动修剪曲面生成的直纹曲面，并对其进行缝合，如图 5-59 所示。

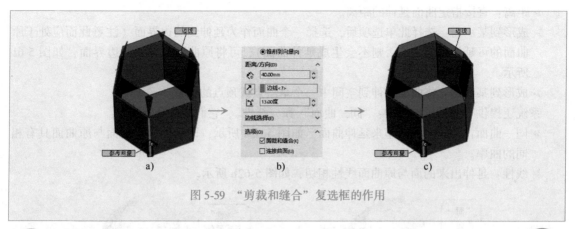

图 5-59 "剪裁和缝合"复选框的作用

5.3 编辑曲面

曲面创建完成后，会存在很多缺陷，此时可以使用编辑曲面功能（如延伸曲面、圆角曲面、缝合曲面等）对曲面进行编辑，从而得到符合要求的曲面图形。本节讲述各编辑曲面按钮的功能和使用方法。

5.3.1 延伸曲面

使用"延伸曲面"命令可以以直线或随曲面的弧度将曲面进行延伸，可以选取曲面的一条边线、多条边线或整个曲面来创建延伸曲面，如图 5-60 所示。

图 5-60 选择"面"延伸曲面

图 5-61 所示为以"距离"方式对整个面进行延伸。实际上系统共提供了三种曲面延伸的终止条件："距离""成形到某一面"和"成形到某一点"，如图 5-60a 所示。这三种终止条件的含义如下。

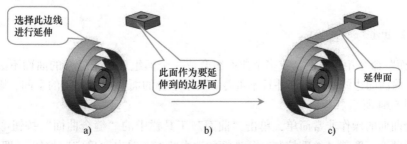

图 5-61 "成形到某一面"选项以"线性"方式延伸曲面

➤ 距离：直接指定曲面延伸的距离。

➤ 成形到某一面：选择此单选项后，选择一个曲面作为延伸到的边界面（注意此面应处于原曲面的可延伸范围内，否则不会生成延伸曲面），可将原曲面延伸到此边界面，如图 5-61 所示。

➤ 成形到某一点：将曲面延伸到空间中一个草绘点或顶点的位置。

系统还提供了两种延伸类型："同一曲面"和"线性"，它们的含义分别为：

➤ 同一曲面：沿曲面的曲率来延伸曲面，如图 5-62a 所示，即延伸出来的面与原曲面具有相同的曲率。

➤ 线性：延伸出来的面与原曲面线性相切，如图 5-62b 所示。

a)　　　　　　　　　　　　　b)

图 5-62　"同一曲面"方式和"线性"方式延伸曲面

5.3.2　圆角曲面

"曲面"工具栏中的"圆角"按钮与"特征"工具条中的"圆角"按钮为同一按钮，功能完全相同，因为在前面 4.4 节中已对此按钮做了较为详细的解释，所以此处不再赘述。只是提醒一下，在使用"圆角"按钮对面进行圆角处理时，如果无法生成圆角，仍然可以通过添加辅助面的方式来获得圆角，如图 5-63 所示（这是一种非常重要的圆角处理方式，希望广大读者能够熟练掌握）。

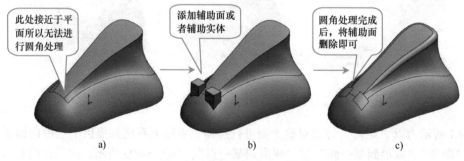

a)　　　　　　　　　　　　　b)　　　　　　　　　　　　　c)

图 5-63　特殊的圆角曲面操作

5.3.3　缝合曲面

"缝合曲面"命令用于将两个或多个曲面组合成一个面组。用于缝合的曲面不必位于同一基准面上，但是曲面的边线必须相邻并且不重叠。如果组合的面组形成封闭的空间，则可以尝试生成实体，如图 5-64 所示。

执行缝合曲面的操作非常简单，单击"曲面"工具栏中的"缝合曲面"按钮 ，然后选择所有要缝合的曲面，取消"缝隙控制"复选框的选中状态，单击"确定"按钮 即可。

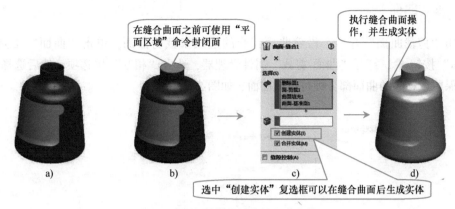

图 5-64　缝合曲面并尝试生成实体

曲面缝合后，所有被缝合的曲面将在特征管理器设计树中以"曲面-缝合"的名称显示，且曲面缝合后，面和曲面的外观基本上没有变化。

在缝合曲面时，"曲面-缝合"属性管理器中还有如下几个选项需要注意。

➤ 选中"合并实体"复选框，可以在合并曲面时将冗余的面、线或边线合并（其作用与实体操作时的"合并结果"复选框基本相同，只是此处合并的为曲面，而实体操作中合并的为实体），如图 5-65 所示。

➤ 选中"缝隙控制"复选框，可以查看引发缝隙问题的边线对组，并可根据需要查看或编辑缝合公差和缝隙范围，如图 5-66 所示。

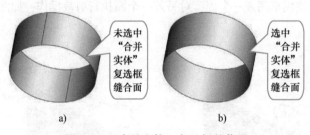

图 5-65　"合并实体"复选框的作用

图 5-66　"缝隙控制"卷展栏

当选择的一个面为延展曲面时，在缝合曲面时将显示"源面"下拉列表 🧊，如图 5-67 所示。"源面"可令用户一次性选择模型一侧的所有面（此功能多用在分模过程中，如延展曲面一侧有上百个面，使用此功能选取一个面即可）。

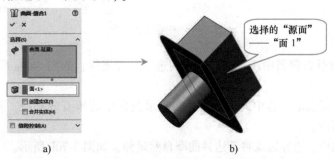

图 5-67　"源面"的作用

5.3.4　剪裁曲面

可使用"剪裁曲面"命令，沿着曲面相交的边线来裁剪曲面。单击"曲面"工具栏中的"剪裁曲面"按钮 ✂，打开"曲面-剪裁"属性管理器，选中"相互"单选项，然后选择所有面，再选择要保留或移除的曲面部分即可剪裁曲面，如图 5-68 所示。

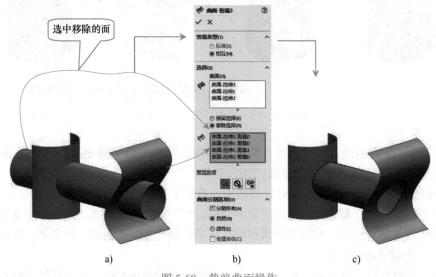

图 5-68　裁剪曲面操作

也可以选中"标准"单选项，然后使用草图或一个面，对另外一个面执行剪裁操作，如图 5-69 所示。

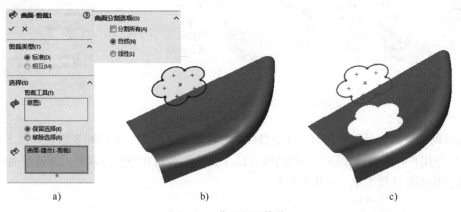

图 5-69　曲面相互修剪

"曲面-剪裁"属性管理器中还有"曲面分割选项"卷展栏，如图 5-69a 所示，此卷展栏中各选项的作用如下。

➢ "分割所有"复选框：选中此复选框，将显示曲面中的所有分割线，并可选择分割的面，如图 5-70a 所示。

➢ "自然"单选项：边界边线将随边界曲率自然延伸，如图 5-70b 所示。

➢ "线性"单选项：边界边线将线性延伸，如图 5-70c 所示。

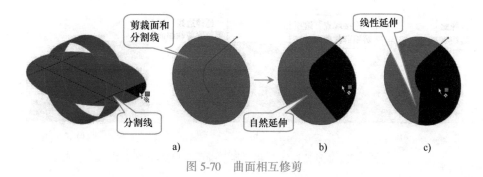

图 5-70　曲面相互修剪

5.3.5　解除剪裁曲面

"解除剪裁曲面"命令不是"剪裁曲面"命令的逆过程，而是沿着曲面边界延伸现有曲面，用于修补曲面上的洞，或令现有曲面沿着其边界自然延伸。

如图 5-71 所示，如果对剪裁的曲面进行"解除剪裁曲面"命令操作，对漏洞进行修补得到的曲面与原曲面是有区别的。

图 5-71　解除剪裁曲面后当前曲面与原曲面之间的区别

在"曲线"工具栏中单击"解除剪裁曲面"按钮，打开"曲面-解除剪裁"属性管理器，如图 5-72a 所示，然后选中要解除裁剪的曲面边线，单击"确定"按钮，即可完成解除裁剪曲面操作，如图 5-72b、图 5-72c、图 5-72d 所示。

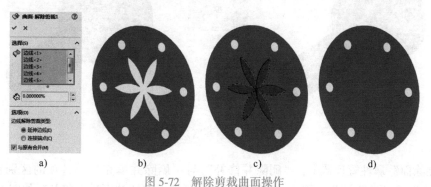

图 5-72　解除剪裁曲面操作

在"曲面-解除剪裁"属性管理器中，"百分比"文本框用于设置在此曲线上曲面延伸的百分比，"延伸边线"和"连接端点"单选项的作用如图 5-73 所示。

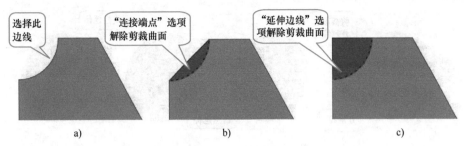

图 5-73 "延伸边线"和"连接端点"单选项的作用

5.3.6 删除面

使用"删除面"命令可以从实体上删除面，并将实体转变为曲面。如图 5-74 所示，单击"曲面"工具栏中的"删除面"按钮，弹出"删除面"属性管理器，选中要删除的面，并选中"删除"单选项，单击"确定"按钮，即可将模型实体被转化为曲面。

图 5-74 实体删除面后实体转变为曲面

此外，也可用该命令删除曲面中无用的面，或在删除面后对原来的面进行自动填充，相当于合并实体上的几个面，如图 5-75 所示。

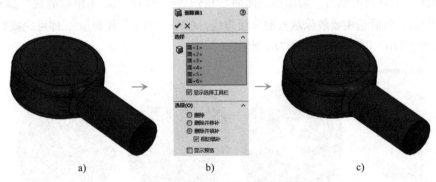

图 5-75 删除并填充面操作

在"删除面"属性管理器中，"删除并修补"与"删除并填充"单选项的区别在于：选择"删除并修补"后原曲面消失，周边的曲面通过自然延伸对空缺的面进行修补，如图 5-76b 所示；而选择"删除并填充"后原曲面区域仍然存在，只是使用周围的边线对其进行填充，并形成新的曲面，如图 5-76c 所示。

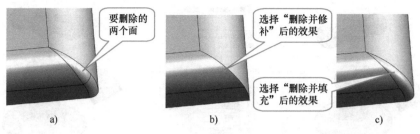

图 5-76　删除面并形成曲面操作

5.3.7　替换面

使用"替换面"命令可以用新的曲面替换原有曲面或者实体上的面，用来替换的曲面实体不必与原有面具有相同的边界。曲面被替换后，原有曲面的相连面将自动延伸，并裁剪到替换面，如图 5-77 所示。

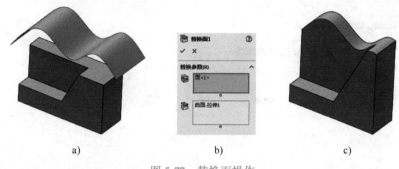

图 5-77　替换面操作

单击"曲线"工具栏中的"替换面"按钮，打开"替换面"属性管理器，如图 5-77b 所示，然后分别选择"替换曲面"和"替换的目标面"，单击"确定"按钮，即可执行曲面替换操作。

> **提示：**
> 用于替换的曲面通常比被替换的曲面要宽和长，如果被替换的曲面小于替换面，在某些情况下被替换的曲面将会自动延伸。另外，替换的曲面可以是多个，这些面必须相连，但是不必相切。

5.3.8　移动/复制曲面

使用"移动/复制"命令可以移动、旋转或复制曲面（或实体）。移动曲面时原曲面将不存在，只是改变了原曲面的位置，如图 5-78 所示；复制曲面时原曲面位置不变，可将原曲面复制一个或多个到相应的位置，如图 5-79 所示。

选择"插入"→"曲面"→"移动/复制"菜单命令，打开"实体-移动/复制"属性管理器，如图 5-79b 所示（单击"平移/旋转"按钮，切换到平移/旋转操作界面），选中"复制"复选框可以设置复制曲面的个数从而复制曲面，否则只能移动曲面；"平移"卷展栏用于设置曲面平移的参数；"旋转"卷展栏用于设置曲面旋转的参数。

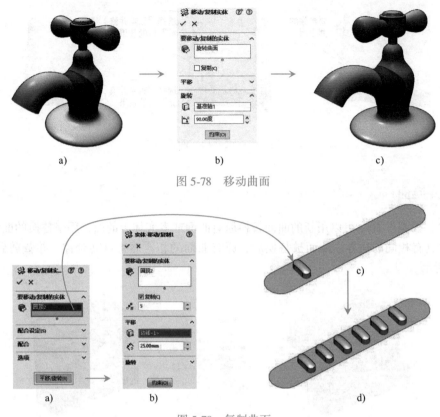

图 5-78　移动曲面

图 5-79　复制曲面

提示：

　　单击"约束"按钮，可以回到默认操作界面，此时可设置各种约束来移动曲面（其功能类似于第 6 章将要介绍的装配，此处不做详细讲解）

5.4　实战练习

　　针对本章学习的知识，下面给出几个上机实战练习题，包括设计绞龙、设计双曲面搅拌机和设计电吹风等；思考完成这些练习题，将有助于广大读者熟练掌握本章内容，并可进行适当拓展。

5.4.1　设计绞龙

　　以图 5-80 所示工程图为参照，结合本章所学的知识（主要用到螺旋线、扫描和加厚特征），用 SOLIDWORKS 完成螺旋输送机上绞龙的绘制，效果如图 5-81b 所示。

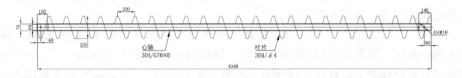

图 5-80　绞龙图样

a)   b)

图 5-81 螺旋输送机和本实例要设计的绞龙零件

5.4.2 设计双曲面搅拌机

打开本书提供的素材文件"5.4.2 双曲面搅拌机(SC).SLDPRT",如图 5-82a 所示,结合本章所学内容,尝试完成双曲面搅拌机的关键零件叶轮的创建,效果如图 5-82c 所示。

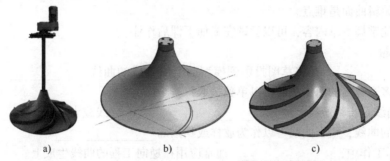

a)   b)   c)

图 5-82 双曲面搅拌机和本实例要设计的叶轮零件

提示:

在设计的过程中主要用到 SOLIDWORKS 的投影曲线、扫描和阵列特征。

5.4.3 设计电吹风

打开本书提供的素材文件"5.4.3 电吹风(SC).SLDPRT",如图 5-83a 所示,使用本章所学知识,尝试完成电吹风模型的创建,效果如图 5-83b 所示。

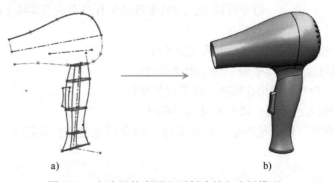

a)   b)

图 5-83 电吹风轮廓图和要创建的电吹风模型

提示：

本练习题主要用到各种曲面特征，如旋转曲面、放样曲面、延伸曲面、剪裁曲面和圆角曲面等，最后对面执行加厚和压凹等处理即可。

5.5 习题解答

针对 5.4 节的实战练习，本书给出了视频讲解，包括相关实例等，读者可以扫码观看。
如果仍无法独立完成 5.4 节要求的这些操作，那么就一步一步跟随视频讲解，操作一遍吧！

5.6 课后作业

本章主要讲述了创建三维曲线、创建和处理曲面方面的知识，本章是整本书的重点也是难点。曲面是对模型进行精细加工的基础，可以更加弹性化地来构造模型，因此需要重点掌握。针对本章而言，编辑曲面是难点。

为了更好地掌握本章内容，可以尝试完成如下课后作业。

一、填空题

1）_____是将草图投影到模型面上所生成的曲线，_____可以将所选的面分割为多个分离的面，从而可以单独选取每一个面。

2）组合曲线是指将所绘制的_____、_____线或者_____等进行组合，使之成为单一的曲线，组合曲线可以作为放样或扫描的_____。

3）在实际工作中，_____通常应用在逆向工程的曲线生成上。

4）在零件中绘制的螺旋线或涡状线可以作为扫描特征的_____，或放样特征的_____。

5）_____可用于生成在两个方向（可理解为横向和纵向）上与相邻边相切或曲率连续的曲面。

6）使用"延伸曲面"命令可以选取曲面的_____、_____或_____来创建延伸曲面。

7）用于缝合的曲面不必位于同一基准面上，但是曲面的边线必须_____。

8）使用_____命令可以沿着模型边线、草图或曲线定义的边界对曲面的缝隙（或空洞等）进行修补从而生成符合要求的曲面区域。

9）使用_____命令可以用新的曲面替换原有曲面或者实体上的面。

二、问答题

1）有哪几种创建分割线的方式？并简述其操作。

2）在哪些情况可以使用"平面"命令创建曲面？

3）"延伸曲面"命令通常用在哪里？并简述其操作。

4）有几种延伸曲面的类型？试举例说明其不同。

5）"解除裁剪曲面"命令是不是"剪裁曲面"命令的逆过程？并简述"解除裁剪曲面"命令的主要用途。

三、操作题

1）打开本书提供的素材文件"5.6 操作题 01（SC）.SLDPRT"，使用本章所学的知识创建

图 5-84 所示的水龙头模型。

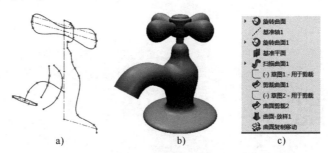

图 5-84　需创建的模型文件和其设计树

提示：本练习素材中已提供了用于创建曲面的曲线，因此只需简单执行旋转、扫描、剪裁等曲面操作即可（图 5-84c 所示为本练习的设计树，可供参考）。

2）打开本书提供的素材文件"5.6 操作题 02（SC）.SLDPRT"，使用本章所学的曲面和曲线方面的知识创建图 5-85 所示的方向盘模型。

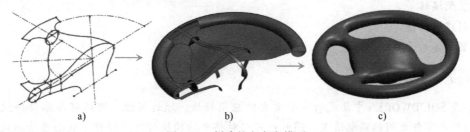

图 5-85　创建的方向盘模型

提示：本练习的创作思路非常简单，重点是：首先旋转出基体，然后拉伸出边界曲面，并对曲面进行适当切割，然后使用"填充曲面"命令不断填充，得到方向盘中间的曲面，最后进行缝合和镜像操作即可。

3）打开本书提供的素材文件"5.6 操作题 03（SC）.SLDPRT"，结合本章所学的知识创建图 5-86 所示的喷嘴模型。

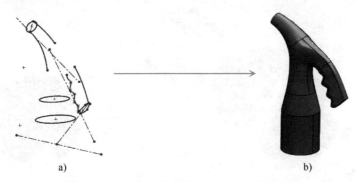

图 5-86　喷嘴的架构曲线和需创建的喷嘴模型

提示：本练习主要使用"放样曲面""扫描曲面"命令创建出喷嘴的主体造型，然后使用"放样曲面"等命令连接喷嘴的各组成部分，再对曲面进行延展并创建平面区域，最后通过"缝合曲面"命令形成实体，再进行抽壳操作即可得到喷嘴模型。

第 **6** 章

装配

本章要点

☐ 装配入门
☐ 装配编辑
☐ 创建爆炸图
☐ 装配体的干涉检查

学习目标

　　装配是 SOLIDWORKS 中集成的一个重要的应用模块。通过装配，可以将各零部件组合在一起，以检验各零件之间的匹配情况。同时也可以对整个结构执行爆炸操作，从而能清晰地查看产品的内部结构和装配顺序。

6.1 装配入门

　　所谓"装配"，就是将产品所需的所有零部件按一定的顺序和连接关系组合在一起，形成产品完整结构的过程，如图 6-1 所示。

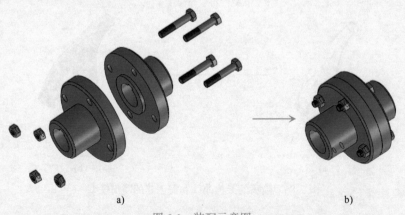

a)   b)

图 6-1　装配示意图

　　通过装配，可以查看零件设计是否合理、各零件之间的位置关系是否得当。一旦发现问题，可以立即对零件进行修改，从而避免对生产造成损失。

6.1.1 导入零部件

SOLIDWORKS 提供有专用的装配环境，所谓"导入零部件"是指将设计好的零件模型导入到装配环境中，下面是一个导入零部件的实例，操作步骤如下。

步骤1 启动 SOLIDWORKS 软件后，选择"文件"→"新建"菜单命令，打开"新建 SOLIDWORKS 文件"对话框，如图 6-2 所示，单击"装配体"按钮 🗐，再单击 确定 按钮，即可进入 SOLIDWORKS 的装配环境。

步骤2 进入装配环境后系统将自动打开"开始装配体"属性管理器，单击"浏览"按钮，在弹出的对话框中选择用于装配的零部件（本实例选择本书提供的素材文件"凹.SLDPRT"），再在绘图区的适当位置单击放置此零部件，如图 6-3b 所示。

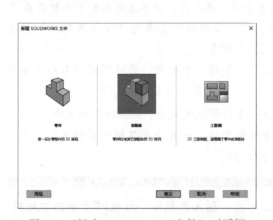

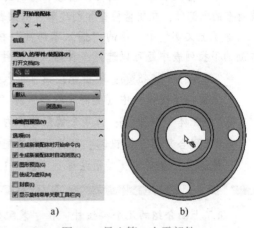

图 6-2 "新建 SOLIDWORKS 文件"对话框　　　　图 6-3 导入第一个零部件

提示：

注意，第一个被导入的零部件，其位置默认固定不变，所以通常为零件的主体件（当然也可右键单击零部件，在弹出的快捷菜单中选择"浮动"菜单项，将固定零部件更改为可移动位置状态）。

在"开始装配体"属性管理器中选中"使成为虚拟"复选框，可使插入的零部件与源文件断开连接，而在装配体文件内存储零部件定义（否则在装配体文件中仅存储文件的链接）。

选中"封套"复选框，将使正在插入的零部件成为封套零部件，封套零部件与原零部件仍然保持链接关系。

封套零部件与一般零部件的不同是：很多性能参数都不会被导入，出工程图时也会自动被隐藏，所以可作为装配其他零部件的参照（可以提高计算机的运行速度）。

封套零部件的另一个作用是，可以用封套零部件作为选择工具（边界）。右键单击导入的封套零部件，选择"封套"→"使用封套进行选择"菜单命令，然后在打开的对话框中（根据需要做一些选择），单击"确定"按钮，可以查看哪些零件在封套零部件内。

步骤3 单击"装配体"工具栏中的"插入零部件"按钮 🗐，打开"插入零部件"属性管理器，如图 6-4a 所示。单击"浏览"按钮插入素材文件"凸.SLDPRT"，通过相同操作插入螺栓和螺母，如图 6-4c 所示，完成零部件的导入。

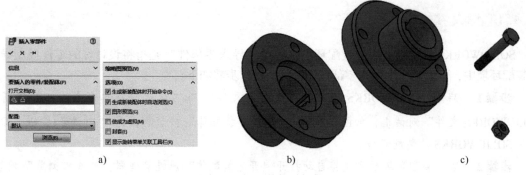

图 6-4 插入其他零部件

选中"插入零部件"属性管理器中的"封套"复选框，可设置导入的一个零部件为"封套"，被封套的零部件，在质量检查和创建零件明细表时，不会被计算在内，且出工程图时也会被隐藏。

除了上文实例中介绍的"插入零部件"按钮外，在"装配体"工具栏"插入零部件"按钮右侧的下拉列表中还可以选择多种插入零部件的方式，介绍如下。

➤ "新零件"按钮 ：单击此按钮可进入建模模式，新建一个零件，并将创建的零件直接导入零件装配模式中（实际上这是一种"自上而下"的装配模式）。

➤ "装配体"按钮 ：将某个装配体作为整体导入零件装配模式中，以参与新的装配。

➤ "随配合复制"按钮 ：相当于在装配模式中复制零件，只是此处复制的零件是参照零件配合进行复制的（其用法详见下面 6.1.2 节中的实例）。

> **提示：**
>
> 除了上面介绍的几个按钮外，在"装配体"工具栏"插入零部件"按钮 右侧的下拉列表中，还有一个"从 PartSupply 插入"按钮 ，该按钮用于从 3DEXPERIENCE 云平台中直接添加合格可采购的 3D 零部件（前提是需要启用 3DEXPERIENCE 插件，并注册有 3DEXPERIENCE 可登录的账号）。

6.1.2 零件配合

在 SOLIDWORKS 的装配模式中，可以通过添加配合来确定各零部件之间的相对位置关系，进而完成零件的装配，下面是一个实例。

步骤 1 接着 6.1.1 节中的实例进行操作，单击"装配体"工具栏中的"配合"按钮 ，打开"配合"属性管理器（注：一开始是"配合"属性管理器，后来变成"同心"属性管理器），如图 6-5a 所示，顺序单击联轴器凸部分和凹部分的内径，单击"确定"按钮 ，执行"同心"配合约束，如图 6-5b、图 6-5c 所示。

步骤 2 顺序单击联轴器凸部分的底部平面和凹部分的对应平面，如图 6-6a 所示，单击"确定"按钮 ，执行"重合"配合约束，效果如图 6-6b 所示。

步骤 3 顺序单击联轴器凸部分和凹部分的销部顶平面，如图 6-7a 所示，单击"确定"按钮 ，执行"重合"配合约束，效果如图 6-7b 所示。

步骤 4 顺序单击螺栓的杆部圆柱面和联轴器凸部分孔的内表面，如图 6-8a 所示，单击"确定"按钮 ，执行"同心"配合约束，效果如图 6-8b 所示。

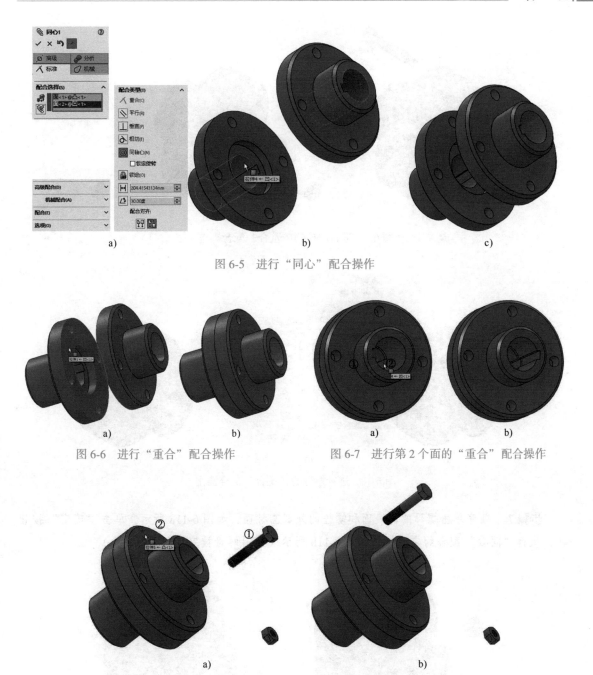

图 6-5　进行"同心"配合操作

图 6-6　进行"重合"配合操作　　　　　　图 6-7　进行第 2 个面的"重合"配合操作

图 6-8　进行螺栓的"同心"配合操作

步骤 5　顺序单击螺栓头部的底部平面和联轴器凸部分的外表面，如图 6-9a 所示，单击"确定"按钮 ✔，执行"重合"配合约束，此时即可将螺栓插入到联轴器中，效果如图 6-9b 所示。

步骤 6　顺序单击螺母的底部平面和联轴器凹部分的外表面，如图 6-10a 所示，再在"重合"属性管理器中单击"反向对齐"按钮 🔁 以反转螺母的方向，单击"确定"按钮 ✔，执行"重合"配合约束，效果如图 6-10c 所示。

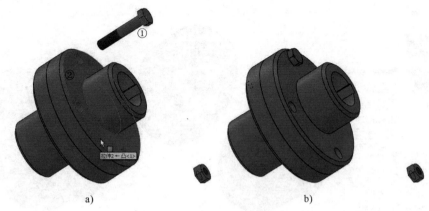

图 6-9 进行螺栓的"重合"配合操作

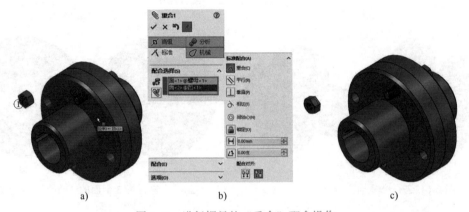

图 6-10 进行螺母的"重合"配合操作

步骤 7 顺序单击螺母的内表面和螺栓的外部圆柱面，如图 6-11a 所示，单击"确定"按钮 ，执行"同心"配合约束，效果如图 6-11b 所示（此时螺母被安装到了螺栓上）。

图 6-11 进行螺母的"同心"配合操作

步骤 8 单击"装配体"工具栏中的"随配合复制"按钮 ，打开"随配合复制"属性管理器，如图 6-12a 所示，选择螺栓，然后单击"下一步"按钮 。

步骤 9 在"随配合复制"属性管理器中单击最后一个"同心"按钮 （即不使用此配

合），分别设置上面的"同心"配合为联轴器的另外一个孔，"重合"配合为凸部分的上表面，单击"确定"按钮 ✔，复制出一个螺栓，如图 6-12b 所示。

步骤 10 通过相同操作复制其他螺栓，效果如图 6-13 所示。

图 6-12　进行"随配合复制"命令操作　　　　图 6-13　复制其他螺栓效果

步骤 11 通过与步骤 8~10 几乎相同的操作，对螺母执行"随配合复制"命令操作，完成对凸缘联轴器的装配。

通过配合属性管理器的各个选项卡可以为零部件间设置"标准"配合 ⌐、"高级"配合 ▣ 和"机械"配合 ⬭，如图 6-14 所示。其中"标准"配合 ⌐ 和"高级"配合 ▣ 与前文第 2 章讲述的标注尺寸和添加几何关系操作有些相似（都是通过同心、平行、相切或设置距离等来定义零件的位置），其含义也基本相同，所以此处不做过多叙述。

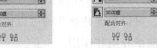

a) "标准" 配合　　b) "高级" 配合　　c) "机械" 配合

图 6-14　可以添加的"配合类型"

"机械"配合用于设置两个零件间机械连接的配合关系。例如，"凸轮"配合用于设置凸轮推杆与凸轮间的配合关系，"齿轮"配合用于设置两个齿轮间的配合关系，"齿条小齿轮"配合用于设置齿条随着齿轮的转动而移动，"螺旋"配合与"齿条小齿轮"配合相似，只是此时相当于齿条转动而小齿轮移动（此处可参考其他专业书籍）。

除了上面介绍的几个卷展栏外，配合属性管理器还有图 6-15a 所示的"配合"卷展栏、"选项"卷展栏和"分析"选项卡。下面解释其中几个选项的作用。

➤ "配合"卷展栏：用于显示模型中添加的所有配合关系。选中某个配合后可以对其进行编辑，右键单击后可以在弹出的快捷菜单中选择相应菜单项将其删除。

➤ "选项"卷展栏中的"添加到新文件夹"复选框：选中后将以文件夹的形式在模型树中存放一次配合过程所添加的配合，否则将在模型树的"配合"项目中集中存放多次添加的配合。

➤ "选项"卷展栏中的"显示弹出对话"复选框：选中后将在创建配合时自动弹出图 6-15b 所示的工具栏，用于设置或选择配合关系。

➤ "选项"卷展栏中的"只用于定位"复选框：选中后将不在零件间添加配合特征，而只是移动模型的位置。

➤ "分析"选项卡（如图 6-5c 所示）：在"配合"卷展栏中选中某个配合关系，再转到此选项卡，可以设置此配合关系为在运动算例（其含义详见 11 章）中使用的配合关系，即在创建运动算例时考虑此配合的承载面和摩擦力等物理属性。

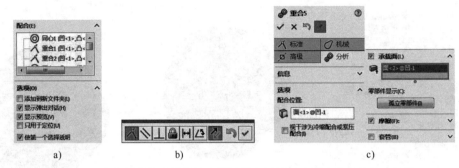

a)   b)   c)

图 6-15　配合属性管理器的几个卷展栏以及用于选择配合关系的工具栏

6.2 装配编辑

为了更好地实现所需的装配效果，可对添加到装配体中的各零部件进行各种编辑操作。例如，阵列零部件、移动零部件、显示和隐藏零部件等，下面分别进行介绍。

6.2.1 阵列零部件

使用"装配体"工具栏中的阵列工具可以进行阵列装配。单击"线性零部件阵列"按钮 右侧的下拉按钮，可以发现共有 7 种可以使用的阵列装配方法，其操作与前文讲述的阵列特征基本相同，下面只简单介绍其作用。

● **1. 线性零部件阵列**

该阵列方式，可以生成一个或两个方向的零部件阵列，如图 6-16 所示。在图示的属性管理器中可以设置在哪个方向或哪两个方向上进行零部件阵列操作，并可设置阵列的间距和个数（可参考零件图模式下的线性阵列）。

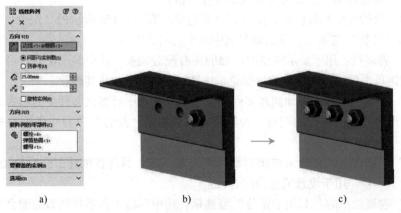

a)   b)   c)

图 6-16　典型的线性零部件阵列

2. 圆周零部件阵列 ⊞

该阵列方式，顾名思义可以对某个零部件进行圆周阵列操作，如图 6-17 所示。在图示的属性管理器中通过选择阵列轴和阵列零部件，并设置旋转的角度和阵列零部件的个数即可执行此阵列操作（可参考零件图模式下的圆周阵列）。

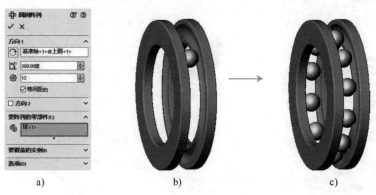

图 6-17　典型的圆周零部件阵列

3. 阵列驱动零部件阵列 ⊞

该阵列方式，以零部件原有的阵列特征为驱动创建零部件阵列，即令零部件沿所在的阵列特征进行阵列，从而实现快速装配，如图 6-18 所示（使用此方式创建的零部件阵列与所依赖的阵列特征相关联）。

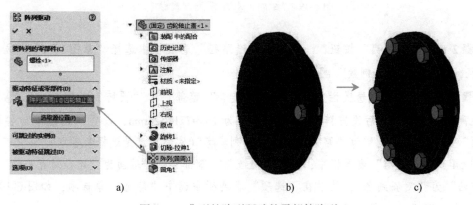

图 6-18　典型的阵列驱动的零部件阵列

4. 草图驱动零部件阵列 ⊞ 和曲线驱动零部件阵列 ⊞

这两个装配阵列特征，其操作方法和阵列设置参数等与前文 4.8 节中零件图模式下的 "草图驱动的阵列" 和 "曲线驱动的阵列" 这两个特征基本相同，此处不再做过多讲解。

5. 链零部件阵列 ⊞

该阵列方式，可沿链路径阵列零部件，以创建链条类的零部件。共有三种阵列方法，分别是 "距离" ⊞、"距离链接" ⊞ 和 "相连链接" ⊞。其中 "距离" ⊞ 链阵列方式，用于创建单一参考约束的链阵列，如图 6-19 所示。下面介绍其操作过程。

步骤 1 要创建图 6-19 所示"距离" 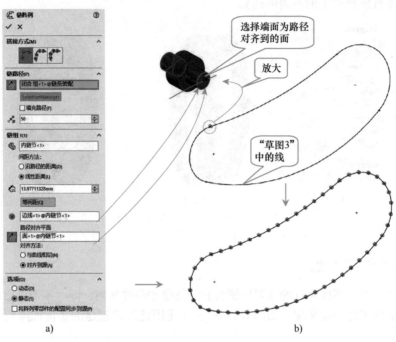链阵列，可先打开本书提供的"距离链阵列（SC）.SLDASM"素材文件，然后单击"装配体"工具栏中的"链零部件阵列"按钮，打开"链阵列"属性管理器，如图 6-19a 所示。

图 6-19 "距离"链阵列方式操作

步骤 2 单击"距离"按钮，然后在"链路径"卷展栏中选择"草图 3"中的线为链阵列的路径，设置阵列"实例数"为 50 个。

步骤 3 在"链组"卷展栏中，设置"内链节"零部件为"要阵列的零部件"，选中"线性距离"单选项，然后设置阵列"间距"为 13.97711328mm，设置"内链节"件的一个"圆柱面"或"圆柱边线"为"路径链接"的阵列参考（实际上就是选择参考点）。

步骤 4 在"链组"卷展栏中，选择"内链节"零部件的外端面为"路径对齐平面"，选择"对齐方法"为"对齐到源"；然后在"选项"卷展栏中选中"静态"单选项，如图 6-19 所示，单击"确定"按钮，即可完成链阵列的创建。

"距离链接"链阵列方式，用于创建具有两个参考约束的链阵列，如图 6-20 所示。"距离链接"链阵列方式与"距离"链阵列操作方式的不同之处，在于需要选择两个参考点，以约束要阵列的零部件位于需要创建的链阵列的轨道上（其详细创建操作，可参考"距离"链阵列的创建）。

"相连链接"链阵列方式，用于创建两个相连的零部件（4 个参考约束）的链阵列，如图 6-21 所示。其与上文介绍的两个链阵列操作的不同之处，在于需要选择 2 个（或 1 个）零件作为要阵列的零件，并设置 4 个（或 2 个）参考点以及 2 个（或 1 个）参考面，以分别约束要阵列的零部件（其详细创建操作，可参考"距离"链阵列的创建）。

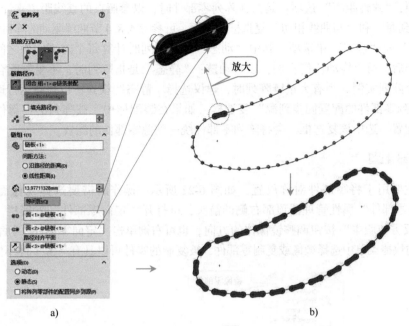

图 6-20 "距离链接" 链阵列方式

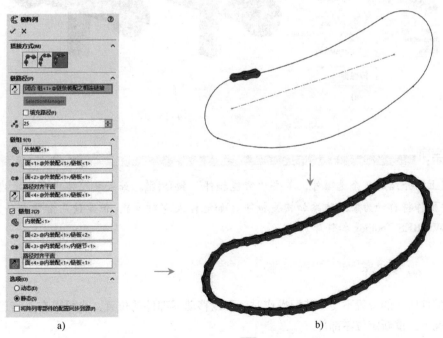

图 6-21 "相连链接" 链阵列方式

下面集中解释图 6-19、图 6-20 和图 6-21 所示"链阵列"属性管理器中部分选项的作用。

➢ "SelectionManager"按钮：用于创建选择组，以作为阵列的路径。

➢ "填充路径"复选框：用于按照指定的间距，在所选路径上，均匀阵列零部件。

➢ "间距方法"中的"沿路径的距离"选项：是指在阵列零部件时，以路径上的距离计算阵列间距；"线性距离"选项：是指在阵列零部件时，以参照点的直线距离来计算阵列间距。
- ➤ "对齐到源"和"与曲线相切"复选框的作用，可参考 4.8.4 节曲线驱动的阵列中的相关解释。
- ➤ "动态"和"静态"单选项：其中"动态"是指阵列时计算每个阵列实例之间的配合，完成操作后，可以拖动任何实例，以移动链；"静态"是指阵列时，不复制配合，而直接复制每个阵列实例（当有大量链阵列时，建议选择"静态"模式，以提高运行速度）。
- ➤ "将阵列零部件的配置同步到源"复选框：如果在装配体中，被阵列的零部件，采用了不同的配置，选中该复选框，会将阵列零部件统一到源零部件的配置。

● 6. 镜像零部件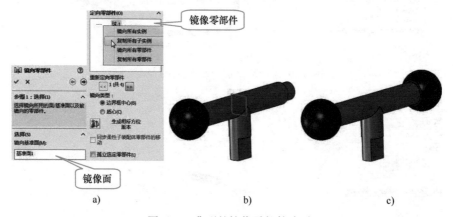

该命令主要用于将零部件对称放置，如图 6-22 所示。操作时需要选择镜像面和镜像零件（单击"镜向零部件"属性管理器顶部右侧的箭头，可打开"定向零部件"卷展栏。在其中可单击"生成相反方位版本"按钮调整镜像体的方向，也可右键单击"定向零部件"列表框中的零件，在弹出的快捷菜单中选择镜像或复制零部件，被复制的零件可以具有与源零件不同的特征）。

图 6-22　典型的镜像零部件阵列

提示：

除了上面介绍的几个选项外，单击"智能扣件"按钮，如果装配体中有标准规格的孔，智能扣件操作将自动为装配体添加相关扣件（如螺栓或螺钉等），但要使用智能扣件，需要安装 SOLIDWORKS Toolbox 扣件库。

6.2.2　移动零部件

当零部件所在的位置不便于装配操作时，可以移动零部件的位置，也可以在不与已有的配合冲突的情况下，重新定位零部件。

单击"零部件"工具栏中的"移动零部件"按钮（或单击其右侧下拉列表中的"旋转零部件"按钮），选择要进行移动的零部件，可以在配合限制的范围内移动零部件，如图 6-23 所示。

如图 6-23a 所示，在"旋转零部件"属性管理器中共提供了三种移动零部件的方式，上文使用的是"标准拖动"方式，除此之外还可以选择"碰撞检查"移动方式，此时可设置当零部件碰到其他零部件时自动停止，如图 6-24 所示；"物理动力学"移动方式用于当拖动一个零部件与其他零部件发生碰撞时，对其他零部件施加一个力，这个力可以令被碰撞的零部件发生适当的位移。

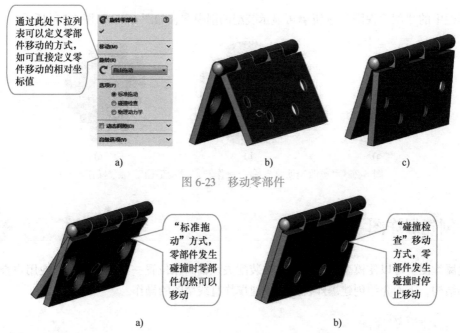

通过此处下拉列表可以定义零部件移动的方式，如可直接定义零件移动的相对坐标值

a)   b)   c)

图 6-23　移动零部件

"标准拖动"方式，零部件发生碰撞时零部件仍然可以移动

"碰撞检查"移动方式，零部件发生碰撞时停止移动

a)   b)

图 6-24　"标准拖动"方式和"碰撞检查"方式的区别

知识库：

在"装配零部件"属性管理器中，通过"动态间隙"卷展栏可以设置移动或旋转零部件时，当两个零部件相邻某段距离时，零部件停止移动；通过"高级选项"卷展栏可以设置零部件碰撞时是否显示碰撞平面或发出提示声音。

6.2.3　显示隐藏零部件

直接在绘图工作区中选择要隐藏的零部件，从弹出的快捷工具栏中单击"隐藏"按钮 ，可以将选择的零部件隐藏，如图 6-25a、图 6-25b 所示。单击"装配体"工具栏中的"显示隐藏的零部件"按钮 ，可以切换零部件的隐藏状态，如图 6-25b 所示。

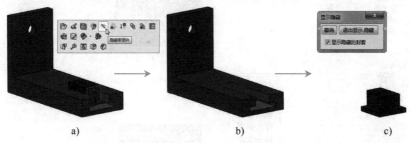

a)   b)   c)

图 6-25　隐藏零部件操作和切换隐藏状态操作

在模型树中选择被隐藏的零部件，从弹出的快捷工具栏中单击"显示"按钮 ，可以显示选择的零部件。

选择零部件，从弹出的快捷工具栏中单击"更改透明度"按钮 ，可以将此零件设置为半透明状态，如图 6-26a 所示，再次选择此按钮可以恢复零件的正常显示。此外，单击"前导视图"工具栏中的"剖面视图"按钮可显示装配的剖视图，如图 6-26b、图 6-26c 所示。

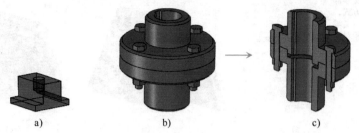

a)　　　　　　　　b)　　　　　　　　c)

图 6-26　"更改透明度"命令操作和"显示剖面"命令操作

6.3　创建爆炸图

通过爆炸图，可以使模型中的零部件按装配关系偏离原位置一定的距离，以便用户查看零部件的内部结构，下面介绍创建爆炸视图和创建爆炸直线草图的操作。

6.3.1　创建爆炸视图

在完成零部件的装配后，即可进行爆炸图的创建，SOLIDWORKS 提供了两种创建爆炸视图的方法，分别是"常规爆炸视图"和"径向爆炸视图" ，下面分别介绍其具体操作。

● 1. 常规爆炸视图的创建

常规爆炸视图是指以拖动零部件的方式，通过纪录每个零部件的移动路径（即操作步骤）来创建爆炸视图。该方式是较常规的爆炸视图创建方法，下面是相关操作。

步骤 1　打开本书提供的素材文件"合页.SLDASM"素材文件，单击"装配体"工具栏中的"爆炸视图"按钮 ，打开"爆炸"属性管理器，如图 6-27a 所示，单击"常规步骤（平移和旋转）"按钮 （保持其选中状态）。

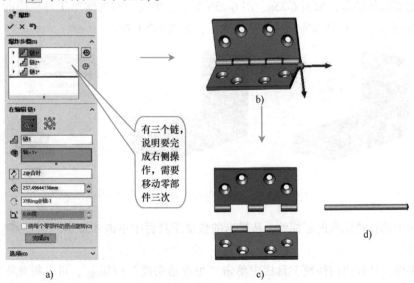

有三个链，说明要完成右侧操作，需要移动零部件三次

a)　　　　　　　　c)

图 6-27　"爆炸"属性管理器和创建的爆炸视图

步骤 2　选择零部件并进行适当的拖动（可在绘图区，拖动操纵杆控标，平移或旋转选中的零部件），完成一个零部件的操作后，单击"爆炸"属性管理器中的"完成"按钮。

步骤 3　通过同样步骤，继续操作下一个零部件（每次操作完成，都需要单击"完成"按钮，以保存操作步骤）。

步骤 4　完成对所有零部件的操作后，单击"确定"按钮 ✓，即可创建爆炸视图，如图 6-27c、图 6-27d 所示（其余选项，操作时，保持系统默认设置即可）。

"爆炸"属性管理器中"在编辑 链 *x*"卷展栏主要用于设置爆炸视图的创建方式（常规 ⬚ 或径向 ⬚）；设置当前选中的零部件、移动的参考轴以及当前零部件的移动距离，如图 6-28 所示。

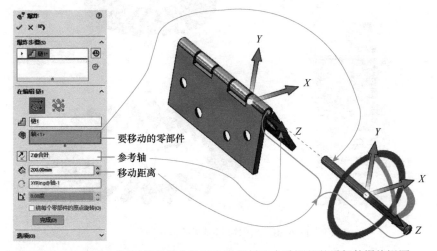

图 6-28　"爆炸"属性管理器中的两个卷展栏和自动调整的零部件爆炸视图

知识库：

当同时选择（可框选）多个零部件，并执行上述移动操作时，如果"选项"卷展栏中选中了"自动调整零部件间距"复选框，则可按固定间距在一个方向上顺序排列各个零部件，从而自动生成爆炸视图，如图 6-29 所示。

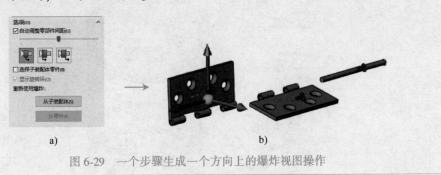

a)　　　　　　　　　　　　　　　　b)

图 6-29　一个步骤生成一个方向上的爆炸视图操作

"选项"卷展栏（如图 6-25a 所示）用于在自动生成爆炸视图时，可通过拖动此卷展栏中的滑块调整各零部件间的间距（卷展栏中的三个按钮 ⬚ ⬚ ⬚，在调整零部件间距时，用于设置零部件的参照位置）。

当选中"选择子装配体零件"复选框时，可以移动子装配体中的零部件，否则整个子装配体将被当作一个整体对待；单击"从子装配体"按钮，将使用在子装配中创建的爆炸视图；单击

"从零件"按钮，可以使用多实体零部件中创建的爆炸视图（当多实体零部件具有爆炸视图时可用）。

● 2. 径向爆炸视图的创建

　　径向爆炸视图是指围绕一个轴，按径向对齐或圆周对齐爆炸零部件。如图 6-30 所示，在"爆炸"属性管理器中，单击"径向步骤"按钮 ▓，框选零部件，然后拖动绘图区中的"爆炸方向"控标（可设置角度），即可创建径向爆炸视图。

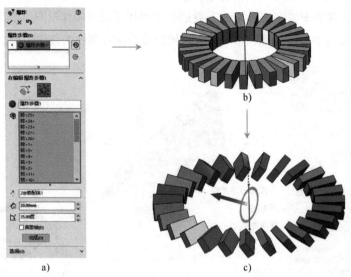

图 6-30　径向爆炸视图的创建操作

知识库：

　　在创建径向爆炸视图时，"爆炸"属性管理器中的"离散轴"复选框怎么用呢？如图 6-31 所示，选中该复选框后，选择要创建径向爆炸视图的一个零部件的轴向（选择外周面也可以），即可在此轴向上创建径向爆炸视图。

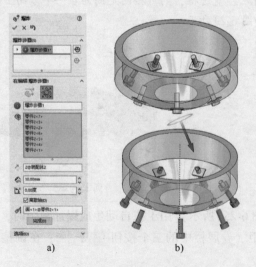

图 6-31　"离散轴"选项的作用

6.3.2 爆炸直线草图

在爆炸视图创建完成后，可以创建爆炸直线草图（也被称为"追踪线"）来表示各部件之间的装配关系。单击"装配体"工具栏中的"爆炸直线草图"按钮，打开"步路线"属性管理器，顺序选择爆炸视图中零部件经过的路径、面（或点、线等），即可创建爆炸直线草图，如图 6-32 所示。

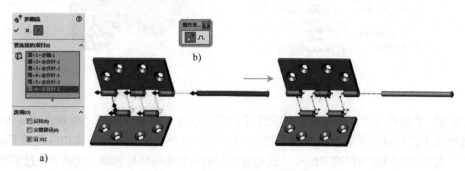

图 6-32　创建爆炸直线草图操作

单击"爆炸直线草图"按钮的同时将打开"爆炸直线草图"工具栏（如图 6-32b 所示）。此工具栏共有两个按钮，分别为"步路线"按钮和"转折线"按钮，上文讲述的是使用"步路线"命令按钮创建爆炸直线草图的操作，单击"转折线"命令按钮可以在创建的爆炸直线草图上添加转折线。

在"步路线"属性管理器中，有以下几个选项可以选择，它们的含义分别为：

➢ "反转"复选框：选中后可以反转爆炸直线草图的流向。

➢ "交替路径"复选框：选中后可以自动选择另外一个可以使用的路径。

➢ "沿 XYZ"复选框：选中后将生成与 X、Y、Z 轴平行的路径，否则将生成最短路径。

6.4 装配体的干涉检查

装配的另外一个主要目的就是检验零件的设计是否合理，零部件间是否有冲突（干涉），并可使用默认模拟器模拟零部件的机械运动，从而最大限度地避免出现设计错误，或生产出残次品，本节主要对这些内容进行讲述。

6.4.1 干涉检查

如果装配体中有几十个或上百个零部件，将很难确定每个零部件是否都安装正确，或无法确认零部件间是否有发生冲突的地方，此时可以使用干涉检查操作来确认装配或零件设计的准确性。

单击"装配体"工具栏中的"干涉检查"按钮，打开"干涉检查"属性管理器，如图 6-33a 所示。单击"计算"按钮，将查找当前装配体的干涉区域，并在"结果"卷展栏中进行列表显示，同时在绘图区中对干涉部分进行标识，如图 6-33b 所示。

下面解释"干涉检查"属性管理器中（如图 6-33a 所示）部分选项的作用。

➢ 选中"结果"卷展栏中的"零部件视图"复选框，将按照零部件名称（而不是按照干涉号）显示各个干涉。

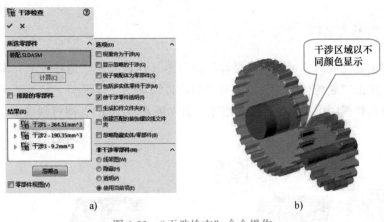

干涉区域以不同颜色显示

a)　　　　　　　　b)

图 6-33　"干涉检查"命令操作

➤ "选项"卷展栏主要用于设置零件发生干涉部分的显示状态，其中"包括多实体零件干涉"选项用于设置显示子装配体中的干涉，"生成扣件文件夹"选项用于将扣件间的干涉在"结果"卷展栏中隔离为单独文件夹（此卷展栏中的其他选项较易理解，此处不做过多解释）。

➤ "非干涉零部件"卷展栏用于设置非干涉零部件的显示状态。

6.4.2　孔对齐

可通过"孔对齐"命令操作检测装配体中的孔是否全部对齐（只能检测异型孔向导、简单直孔和圆柱切除所生成孔的对齐状况，不能识别派生、镜像和输入的实体中的孔）。

单击"装配体"工具栏中的"孔对齐"按钮，打开"孔对齐"属性管理器，如图 6-34a 所示。单击"计算"按钮，将查找当前装配体中未对齐的孔，并以列表的形式显示在"结果"卷展栏中，选择"结果"卷展栏中的误差列表项，将在两个或多个零件体上同时标识应对齐的孔，如图 6-34b 所示。

所计算的"孔"间的间距应该小于此误差值，否则孔误差将被忽略

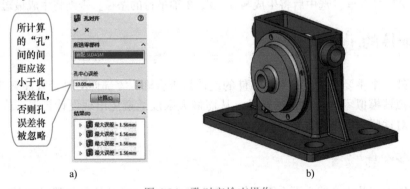

a)　　　　　　　　b)

图 6-34　孔对齐检查操作

6.4.3　间隙验证

间隙验证操作用于检查装配体中所选零部件之间的间隙是否符合规定（在某些场合零部件间需要保持一定的安全距离），并报告不满足指定的"可接受的最小间隙"的间隙（小于此间隙）。

单击"装配体"工具栏中的"间隙验证"按钮，选择两个零部件或选择两个面，设置"可接受的最小间隙"距离，单击"计算"按钮，即可查看系统是否存在有小于此距离的间隙。

如存在较小间隙，将在"结果"卷展栏中进行列表显示，同时在绘图区中标注出当前间隙的距离，如图 6-35 所示。

a)

b)

图 6-35　"间隙验证"命令操作和结果

下面解释"间隙验证"属性管理器中（图 6-35a）部分选项的作用。

➢ 在"所选零部件"卷展栏中，单击"选择零部件"按钮，可以选择零部件并验证其间隙，单击"选择面"按钮，可以验证两个面间的间隙，选择"所选项和装配体其余项"单选项，可以计算所选项和装配体中的所有其他项之间的间隙。

➢ 在"选项"卷展栏中，前四个复选框较易理解，此处不做过多解释，最后一个选项"生成扣件文件夹"复选框，用于将扣件（如螺母和螺栓）之间的间隙，在"结果"卷展栏中隔离为单独的文件夹。

➢ "未涉及的零部件"卷展栏用于指定间隙检查中未涉及零部件的显示模式。

6.4.4　性能评估

单击"装配体"工具栏中的"性能评估"按钮，将打开"性能评估"对话框，如图 6-36b 所示。此对话框是对当前装配的报表分析，从中可以获得当前工作窗口中有效的零部件与子装配体的数量，以及其他可以使用的工具与键值。

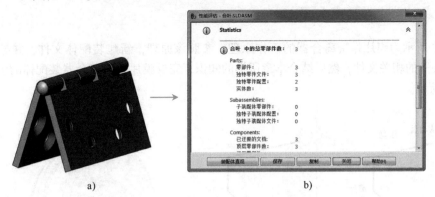

a)

b)

图 6-36　"AssemblyXpert"命令操作

知识库：

"装配体"工具栏中的"装配体直观"按钮，可以批量为零部件赋予颜色后观察装配体中的零部件，并可对零部件排序及使用色谱反应零部件的某项值等。

"新建运动算例"按钮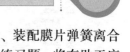，用于创建动画，稍复杂，将在第 11 章中作为独立的模块全面阐述其操作。

6.5 实战练习

针对本章学习的知识，本节给出几个上机实战练习题，包括装配轴承座、装配膜片弹簧离合器、装配减速器并创建爆炸视图、装配并检查汽车制动器等；思考完成这些练习题，将有助于广大读者熟练掌握本章知识，并可进行适当拓展。

6.5.1 装配轴承座

新建装配类型的文件，并顺次导入"轴承座"文件夹下的零部件类型的文件，如图 6-37a 所示，然后结合本章所学知识，尝试将其装配到一起，效果如图 6-37b 所示。

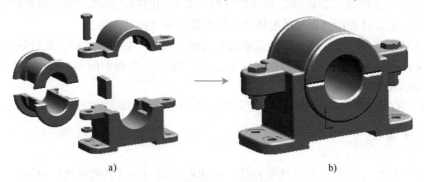

a) b)

图 6-37 "轴承座"装配操作

6.5.2 装配膜片弹簧离合器

图 6-38 所示为膜片弹簧离合器的工作原理。参照该原理，新建装配体文件，并导入"离合器"文件夹下的相关文件，然后结合本章所学的知识，完成膜片弹簧离合器装配体的创建，效果如图 6-39 所示。

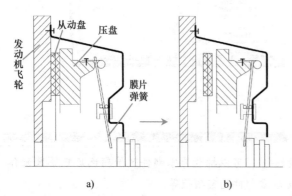

a) b)

图 6-38 离合器从闭合到分离状态的转换过程

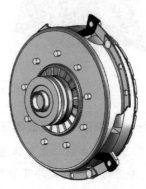

图 6-39 本练习要装配的离合器

6.5.3　装配减速器并创建爆炸视图

打开本书提供的素材"减速器"文件夹下的主装配体文件，如图 6-40a 所示。结合本章所学的知识，为其创建爆炸视图，并添加爆炸直线草图，如图 6-40b 所示。

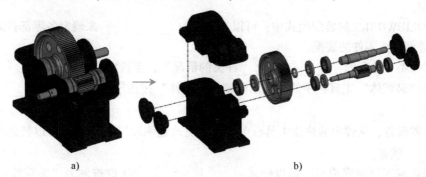

a)

b)

图 6-40　创建减速器爆炸视图

> **提示：**
>
> 可先创建子装配的爆炸视图，然后创建总体装配的爆炸视图。

6.5.4　装配并检查汽车制动器

打开本书提供的素材"汽车制动器"文件夹下的主装配体文件，如图 6-41b 所示，对其执行"干涉检查""间隙验证"（验证制动盘侧面和其邻近的制动片托架间的最小间隙是否大于 2mm）命令操作，并执行"孔对齐"命令操作，以检验设计的合理性。

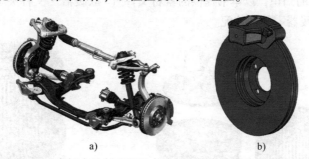

a)

b)

图 6-41　车辆中的制动器及本练习要检查的制动器装配图

6.6　习题解答

针对 6.5 节的实战练习，本书给出了视频讲解，包括相关实例等，读者可以扫码观看。
如果仍无法独立完成 6.5 节要求的这些操作，那么就一步一步跟随视频讲解，操作一遍吧！

6.7　课后作业

装配是检验对象设计合理性的重要操作。本章主要介绍了零部件装配、爆炸视图的创建、干涉检查和间隙验证等操作，其中重点是零部件的导入和添加配合的方法，应熟练掌握其操作。

为了更好地掌握本章知识，可以尝试完成如下课后作业。

一、填空题

1）SOLIDWORKS 提供有专用的装配环境，所谓"导入零部件"是指将＿＿＿＿＿＿＿＿导入装配环境中。

2）在 SOLIDWORKS 的装配模式中，可以通过添加＿＿＿＿＿来确定各零部件之间的相对位置关系，进而完成零件的装配。

3）可以在不与已有的＿＿＿＿＿＿＿冲突的情况下，重新定位零部件。

4）单击"装配体"工具栏中的"显示隐藏的零部件"按钮，可以＿＿＿＿＿＿＿零部件的隐藏状态。

5）选择零部件，从弹出的快捷工具栏中单击"更改透明度"按钮，可以将此零部件设置为＿＿＿＿＿状态。

6）在爆炸视图创建完成后，可以创建＿＿＿＿＿＿＿＿（也被称为"追踪线"）来表示各部件之间的装配关系。

7）如果装配体中有几十个或上百个零部件，将很难确定每个零部件是否都安装正确，此时可以使用＿＿＿＿＿＿＿＿操作来确认装配或零件设计的准确性。

8）可通过＿＿＿＿＿＿＿＿命令操作检测装配体中的孔是否全部对齐。

二、问答题

1）共有几种"插入零部件"的方式？并简述每种方式的区别。

2）可为零部件之间设置哪几种类型的配合？简述每类配合的主要用途。

3）有哪几种阵列零部件的方式？并简述每种阵列方式的主要作用。

三、操作题

1）使用本章所学的知识，以本书提供的素材文件（"取暖器"文件夹下的文件）为零部件，创建图 6-42 所示的取暖器零部件装配。

图 6-42 需创建的取暖器装配模型

提示：该装配较简单，只有三个组件，在装配时可令发热管位于外罩的内部平台上，然后令外罩位于底托上。

2）试使用本书提供的素材文件装配图 6-43 所示的蜗轮箱。

3）试使用本书提供的素材文件装配图 6-44 所示的齿式离合器。

4）试使用本书提供的素材文件创建图 6-45 所示的轴承座爆炸视图。

5）试使用本书提供的素材文件（如图 6-46 所示）进行干涉检查、孔对齐检查和间隙验证操作，并分析检查结果。

图 6-43　需装配的蜗轮箱

图 6-44　需装配的齿式离合器

图 6-45　需创建的轴承座爆炸视图

图 6-46　需进行检查的弹簧装配

第 **7** 章

工 程 图

本章要点

- ☐ 初识工程图
- ☐ 建立视图
- ☐ 编辑视图
- ☐ 标注工程图
- ☐ 设置和打印输出工程图

学习目标

　　工程图是工程技术人员交流的重要载体，是表达设计思想和加工制造装配零部件的依据。由于三维模型不能将加工的尺寸精度、几何公差和表面粗糙度等参数完全表达清楚，所以通常在完成模型设计后需要绘制并打印工程图。本章讲述建立工程图、编辑工程图和标注工程图等知识。

7.1 初识工程图

　　在 SOLIDWORKS 中可以将绘制好的三维模型通过投影变换等方式转换为二维的工程图。二维工程图与三维模型的数据相关联，即三维模型被修改后，二维工程图将自动更新。本节主要介绍工程图的构成要素、工程图环境的模型树和主要工具栏、简单工程图的创建。

7.1.1　工程图的构成要素

　　工程图简单地说就是通过二维视图反映三维模型的一种方式，通常被打印出来，并装订成图册，以作为后续加工制作的参照。工程图通常具有如下几个构成要素（如图 7-1 所示）。

- ➢ 视图：是模型在某个方向上的投影轮廓线，包括基本视图（如前视图、后视图、左视图、右视图等）、剖视图和局部视图等。
- ➢ 标注：在视图上标识模型的尺寸、公差和表面粗糙度等参数，加工人员可以根据这些参数来加工模型。
- ➢ 标题栏：标明工程图的名称和制作人员等。
- ➢ 技术要求：顾名思义用于标明模型加工的技术要求，如要求进行高频淬火等。
- ➢ 图框：标明图样的界线和装订位置等，超出图框的图形将无法打印。

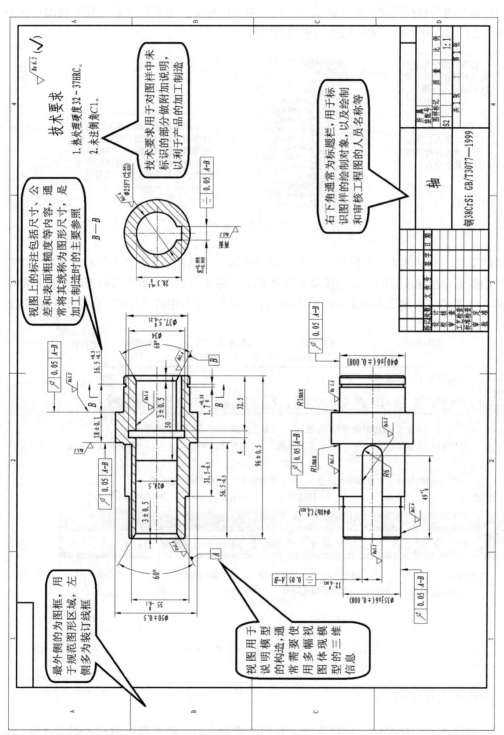

图 7-1 工程图的构成要素

7.1.2 工程图环境的模型树和主要工具栏

工程图的模型树与建模环境的模型树有所不同，主要由注解、图纸格式和工程图视图三部分组成，如图 7-2 所示，各个部分的作用如图中说明所示。

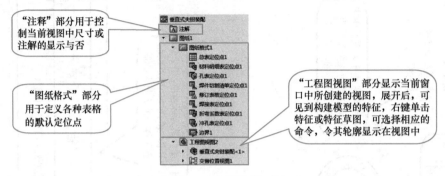

"注释"部分用于控制当前视图中尺寸或注解的显示与否

"图纸格式"部分用于定义各种表格的默认定位点

"工程图视图"部分显示当前窗口中所创建的视图，展开后，可见到构建模型的特征，右键单击特征或特征草图，可选择相应的命令，令其轮廓显示在视图中

图 7-2 工程图的模型树

工程图的工具栏主要包括"工程图"工具栏和"注解"工具栏，如图 7-3 所示。其中"工程图"工具栏中的命令按钮主要用于绘制模型的各种视图（将在 7.2 节中讲述其各个命令按钮的功能）；"注解"工具栏主要用于添加工程图的各种标注（将在 7.4 节中讲述其主要命令按钮的功能）。

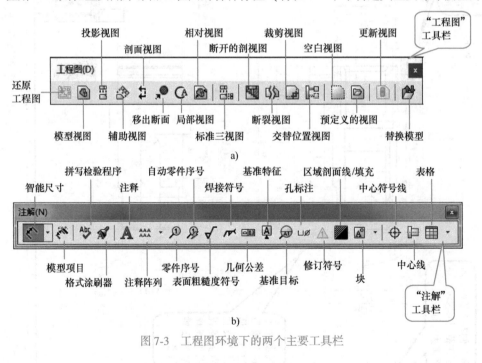

图 7-3 工程图环境下的两个主要工具栏

7.1.3 简单工程图的创建

下面是一个使用 SOLIDWORKS 创建简单工程图的实例，以了解工程图的基本创建过程，操作步骤如下。

步骤 1 选择"文件"→"新建"菜单命令，打开"新建 SOLIDWORKS 文件"对话框，如

图 7-4 所示，单击"工程图"按钮 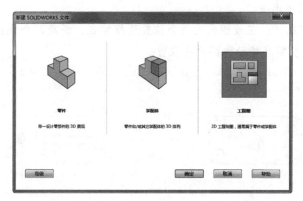，单击"确定"按钮。

图 7-4 "新建 SOLIDWORKS 文件"对话框

提示：

在 SOLIDWORKS 2023 版中，工程图默认选用 A0 大小的图纸，在创建工程图时，不会提供选择图纸类型（和大小）的对话框，如需要自定义图纸大小或模板，可在"模型视图"属性管理器中单击"取消"按钮，然后右键单击工程图空白处，在弹出的快捷菜单中选择"属性"菜单项，打开"图纸属性"对话框，从中设置图纸大小，如图 7-5 所示。

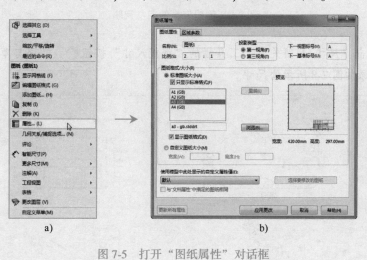

a)   b)

图 7-5 打开"图纸属性"对话框

步骤 2 系统自动打开"模型视图"属性管理器，如图 7-6a 所示，单击"浏览"按钮，在

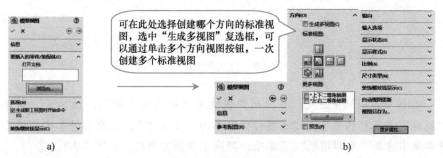

a)   b)

图 7-6 "模型视图"属性管理器

弹出的对话框中选择本书提供的素材文件"7.1.3 简单工程图(SC).SLDPRT","模型视图"属性管理器将显示图7-6b所示选项。

步骤3 保持系统默认,在绘图区的适当位置连续单击,创建四个视图,如图7-7所示,并选择最后一个视图的边界将其移动到图示的位置。

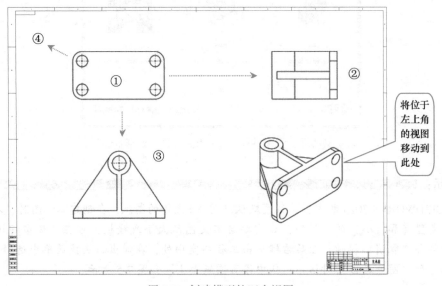

图7-7 创建模型的四个视图

步骤4 单击"尺寸/几何关系"工具栏的"智能尺寸"按钮,按照与草图中标注尺寸相同的操作为视图添加图7-8所示的尺寸。

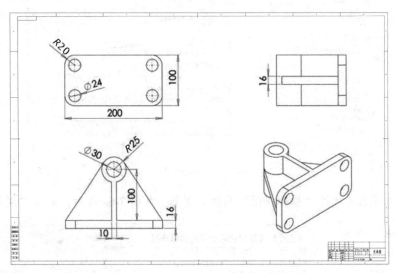

图7-8 标注模型尺寸

步骤5 右键单击图纸空白处,在弹出的快捷菜单中选择"编辑图纸格式"菜单项,在图纸模板的"标题"单元格内双击,填写图样的名称为"支承座",再次右键单击图纸空白处,在弹出的快捷菜单中选择"编辑图纸"菜单项,完成工程图的创建,如图7-9所示。

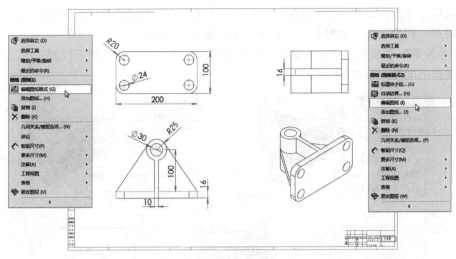

图 7-9　设置标题栏

7.2　建立视图

视图是指从不同的方向观看三维模型而得到不同视角的二维图形（即将模型朝某个方向投影得到的轮廓图形）。为了反映模型的详细构造，需要使用多种视图来对模型进行描述，经常使用的有模型视图、投影视图和辅助视图等，本节将分别介绍其创建方法。

7.2.1　模型视图

"模型视图"命令用于创建各种标准视图（如前视图、后视图、左视图、右视图和等轴测视图等）。标准视图是放置在图纸上的第一个视图，用于表达模型的主要结构，同时也是创建投影视图和局部视图等的基础和依据。

单击"工程图"工具栏中的"模型视图"按钮，打开"模型视图"属性管理器，如图 7-10 所示。单击"浏览"按钮，在弹出的对话框中选择用于创建工程图的模型文件，再在"模型视图"属性管理器中选择要创建哪个方向的标准视图，设置完成后，在绘图区中单击，即可创建标准视图。

a)　　　　　　　　　　　　　　　　b)

图 7-10　创建模型视图

标准视图创建完成后，系统自动以此标准视图为基础，开始创建投影视图，此时只需向各个方向移动鼠标并单击，即可创建此方向的投影视图（关于投影视图详见 7.2.3 节）。

下面解释"模型视图"属性管理器中重要选项和卷展栏的作用。

➢ "参考配置"卷展栏：当原模型具有多种配置时，可在此卷展栏的下拉列表中选择用于生成视图的配置，如图 7-11 所示。

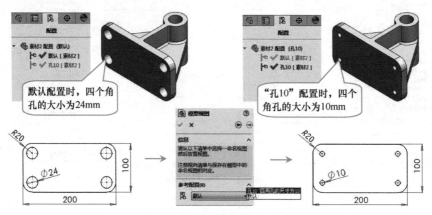

图 7-11 在工程图中选用"配置"选项卡的作用

> **提示：**
>
> 　　零件模式下，可在 ConfigurationManager（配置管理器）选项卡中为零件增加或删除配置，如图 7-12 所示。新增加的配置与原配置具有相同的特征参数，要为各个配置设置不同的参数，可在当前配置下，在修改模型的某个尺寸时，在"修改"对话框的"配置" 下拉列表中选择"此配置"列表项，如图 7-13 所示。

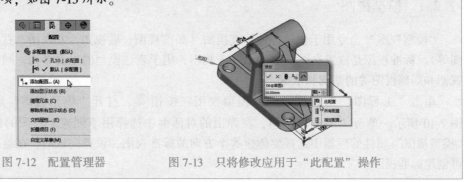

图 7-12　配置管理器　　　　　图 7-13　只将修改应用于"此配置"操作

➢ "生成多视图"复选框：当选中此复选框时，可以在"方向"卷展栏中单击相应的按钮，一次性创建多个标准视图。

➢ "输入选项"卷展栏：选择此卷展栏下的复选框，可以在视图中输入建模模式下添加的注释，如图 7-14 所示。

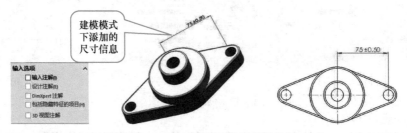

图 7-14　"输入选项"卷展栏的作用

➢ "选项" 卷展栏：如图 7-15 所示，选中此卷展栏中的 "自动开始投影视图" 复选框，将在创建完标准视图后，自动开始创建投影视图。

图 7-15 "选项" 卷展栏

➢ "显示样式" 卷展栏：设置视图的显示样式。如图 7-16a 所示，选中 "透视透明零部件" 复选框，将透视显示在装配体操作模式下设置为透明的零部件；取消其选中状态，所有模型视图都将正常显示。

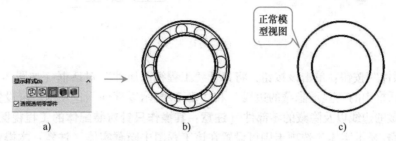

图 7-16 "显示样式" 卷展栏的作用

➢ "比例" 卷展栏：主要用于设置视图打印尺寸与模型真实尺寸的比值，如图 7-17 所示。

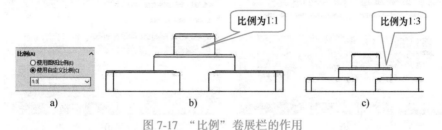

图 7-17 "比例" 卷展栏的作用

➢ "尺寸类型" 卷展栏：选中此卷展栏中的 "真实" 单选项，在视图中标注的尺寸为模型的真实值；如选择 "投影" 单选项，则模型中标注的尺寸为模型到当前平面的投影尺寸，如图 7-18 所示，两者在轴测图中有明显区别。

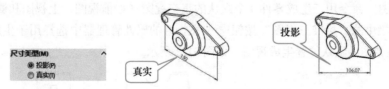

图 7-18 "尺寸类型" 卷展栏的作用

➢ "装饰螺纹线显示" 卷展栏：如图 7-19 所示，"高品质" 选项表示所有的模型信息都被装入内存（系统运行速度会受影响）；"草稿品质" 选项表示将最少的模型信息装入内存，有些边线可能看起来丢失了，打印质量也可能略受影响。

➢ "自动视图更新" 卷展栏：如图 7-20 所示，选中 "从自动更新中排除" 复选框，如果模型发生更改，该视图将不自动更新，而保持创建时的状态。

图 7-19 "装饰螺纹线显示" 卷展栏   图 7-20 "自动视图更新" 卷展栏

➢ "视图另存为…"卷展栏：如图 7-21 所示，选中一个模型视图，然后单击"视图另存为"按钮🖼，可在打开的对话框中，将选中的视图保存为 DWG 或 DXF 格式的图纸文件（操作时，可拖动操纵杆，以设置导出文件原点的位置）。

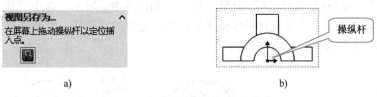

图 7-21 "视图另存为…"卷展栏

➢ "更多属性"按钮：单击该按钮，将打开"工程视图属性"对话框（如图 7-22 所示），通过该对话框中的"显示隐藏的边线"和"隐藏/显示零部件"选项卡，可设置在工程图中显示隐藏的边线以及隐藏的零部件（**注意：其操作只针对装配体的工程视图有效**）；而通过"隐藏/显示实体"选项卡则可设置在该工程图中隐藏实体（**注意：本操作只针对多实体零件有效**）。

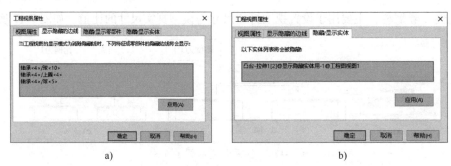

图 7-22 "工程视图属性"对话框

7.2.2 标准三视图

"标准三视图"命令用于生成零件 3 个默认的正交视图（如前视图、上视图和侧视图）。单击"工程图"工具栏中的"标准三视图"按钮🖳，在打开的属性管理器中选择用于生成三视图的模型文件，即可在视图的默认位置生成视图，如图 7-23 所示。

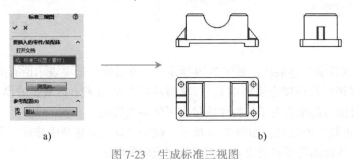

图 7-23 生成标准三视图

7.2.3 投影视图

投影视图是标准视图在某个方向的投影，用于辅助说明零件的形状。投影视图通常紧随标准视图创建，也可单击"工程图"工具栏中的"投影视图"按钮![img]，打开"投影视图"属性管理器，如图 7-24a 所示。选择一个标准视图作为投影视图的参照，再在绘图区的相应位置单击，即可创建投影视图，如图 7-24b 所示。

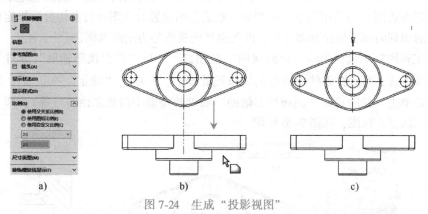

图 7-24 生成"投影视图"

在"投影视图"属性管理器中，选择"箭头"复选框，可在创建投影视图时添加用于表示投射方向的箭头标记，如图 7-24c 所示（并可在"箭头"卷展栏中输入跟随投影视图和箭头显示的说明性文字）。

知识库：

投影视图的投影样式与工程图采用的投影类型有关，通常有"第一视角"和"第三视角"两种投影类型，系统默认使用"第一视角"类型来生成投影视图（这也是国标采用的投影方式），可右键单击模型树中的视图，在弹出的快捷菜单中选择"属性"菜单项，在打开的对话框中更改视图的默认投影类型。

7.2.4 辅助视图

在 SOLIDWORKS 中，辅助视图是一种类似于投影视图的派生视图，通过在现有视图中选取参考边线，创建垂直于该参考边线的视图。

单击"工程图"工具栏中的"辅助视图"按钮![img]，打开"辅助视图"属性管理器，如图 7-25a 所示。选取标准视图的一条边线作为辅助视图投射方向的参照，拖动鼠标并在适当位置单击，将创建垂直于参考边线方向的辅助视图，如图 7-25c 所示。

图 7-25 生成辅助视图

在"辅助视图"属性管理器的"选项"卷展栏中（如图 7-25b 所示），可选择在辅助视图中显示模型某个方向上的注解。

7.2.5 剖面视图

在绘制工程图时，一些实体的内部构造较复杂，需要创建剖面视图才能清楚地了解其内部结构。所谓"剖面视图"是指用假想的剖切面，在适当的位置对视图进行剖切后沿指定的方向进行投影，并给剖切到的部分标注剖面符号，由此得到的视图称为剖面视图。

单击"工程图"工具栏中的"剖面视图"按钮 ↕，打开"剖面视图辅助"属性管理器，选择一种剖切线方式，然后在零件视图的剖切位置处单击，并单击"确定"按钮 ✔，拖动鼠标再在合适位置处单击（此时可在"剖面视图辅助"属性管理器中设置剖面符号等），即可创建通过此剖切线切割的剖面视图，如图 7-26 所示。

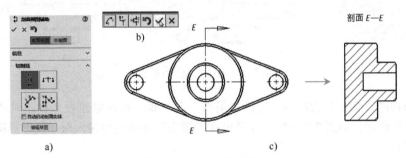

图 7-26　生成剖面视图

"剖面视图辅助"属性管理器的"切割线"卷展栏中的"竖直"按钮 ⦙ 和"水平"按钮 ⟷用于创建横向或竖向的剖切，"辅助视图"按钮 ⟋ 用于创建斜向剖切视图，"对齐"按钮 ⋈用于创建旋转剖切视图。

其中前三个命令按钮较易操作，在绘图区的某个视图需要剖切的位置单击（或单击两次），确定剖切线的位置，确定后拖动、单击，即可创建剖切视图。而单击"对齐"按钮 ⋈ 后，需要顺序绘制两条共端点的折线（先绘制共同的端点），才可创建旋转剖视图，如图 7-27 所示（旋转剖视图是两条折线剖切面的合并视图）。

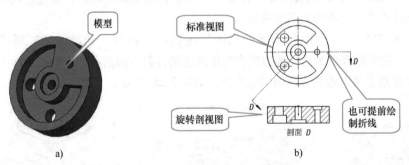

图 7-27　创建旋转剖视图

在"切割线"卷展栏中选中"自动启动剖面实体"复选框，在单击确定剖切线的位置后，将直接开始创建剖面视图，而不会出现提示可调整视图剖切线的工具栏；如不选中此复选框，会出现工具栏 ⟳⤵⟲⤹✔✕，此时单击此工具栏中的相关按钮，可对剖切线进行调整。例如，令其弯曲、旋转或呈圆弧形式等（折线位置处的视图将被忽略，而将另外两条直线剖切的面合并），如图 7-28 所示。

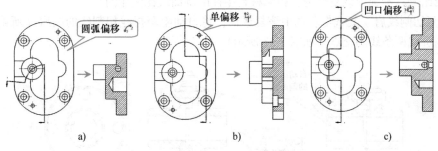

图 7-28 调整切割线的效果

下面解释"剖面视图 ∗ - ∗"属性管理器中（如图 7-29 所示）部分选项（主要是"剖面视图"卷展栏中的选项）的作用（未解释的选项，可参考 7.2.1 节中的解释）。

图 7-29 "剖面视图 ∗ - ∗"属性管理器

> "部分剖面"复选框：可首先绘制一条直线（令此直线不完全通过模型），然后选中此直线，再单击"剖面视图"按钮 ↯，此复选框将自动被选中，拖动鼠标后单击可创建部分剖面视图，如图 7-30 所示。

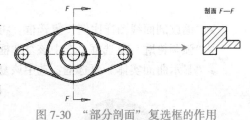

图 7-30 "部分剖面"复选框的作用

提示：

先绘制直线（或相交折线），然后选中直线，再单击"剖面视图"按钮 ↯，是另外一种可以创建剖面视图的方式（老版本中使用的方式，新版本中仍然可用）。

> "横截剖面"复选框：用于设置只显示被剖切的断面，如图 7-31 所示。

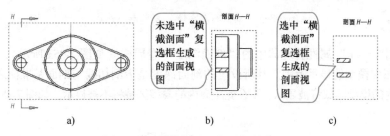

图 7-31 "横截剖面"复选框的作用

> "自动加剖面线"复选框：此选项在创建装配体的剖切视图时有用。选中后可以自动使用不同的剖面线来标注被切割的不同模型，否则多个被切割体将使用同一种剖面线，如图 7-32 所示（选中"随机化比例"复选框，工程图中相同材料的零件，将随机化分配剖

面线比例；不选中该复选框，相同材料零件的剖面线比例相同）。

➤ "隐藏切割线肩"复选框：选中该复选框，将自动隐藏折线切割线的线肩（所谓线肩，指切割折线两条线的交点，如图 7-33 所示）。

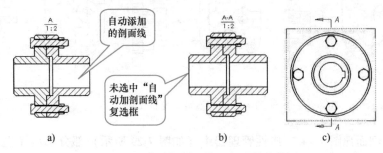

图 7-32 "自动加剖面线"复选框的作用

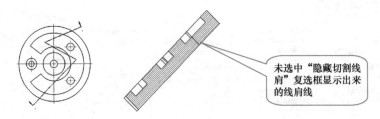

图 7-33 "隐藏切割线肩"复选框的作用

➤ "缩放剖面线图样比例"复选框：将视图比例应用于视图内填充的剖面线。
➤ "强调轮廓"复选框：选中该复选框，将粗线显示切割轮廓线（非剖切截面线将不加粗）。
➤ "显示曲面实体"复选框：选中该复选框，将显示模型中的曲面实体，如图 7-34 所示。

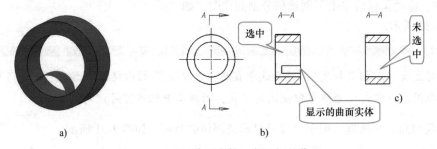

图 7-34 "显示曲面实体"复选框的作用

➤ "剖面视图*-*"属性管理器中的"剖面深度"卷展栏（如图 7-35a 所示），主要用于设置剖面视图中模型的显示范围。其所设置的剖面深度是指剖切线与剖面基准面之间的距离，在此距离内的模型区域将被显示，不在此距离内的模型区域将不被显示，如图 7-35、图 7-36 所示。

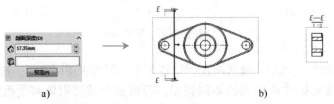

图 7-35 "剖面深度"较小时，在剖面视图中只显示模型的一小部分

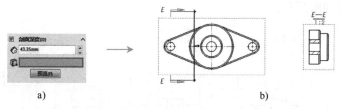

图 7-36　"剖面深度"增大时，模型显示区域增加

"剖面深度"卷展栏中的"深度参考"⬚选择框用于定位剖面基准面的参照位置，如图 7-37 所示。单击"预览"按钮可预览此剖面深度下，剖面视图的样式。

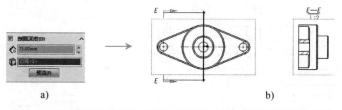

图 7-37　使用边线定位的"剖面深度"显示了更多的模型区域

7.2.6　局部视图

当需要表达零件的局部细节时，可以用圆形或其他闭合曲线通过框选的方式（可框选标准视图、投影视图或剖面视图等某个区域）来创建原视图的局部放大图。

单击"工程图"工具栏中的"局部视图"按钮🅰，选择用于绘制局部视图的视图，打开"局部视图"属性管理器，如图 7-38a 所示。取消选择"完整外形"复选框，并设置相应的绘图比例，在绘图区中要创建局部视图的位置绘制一个圆，拖动鼠标在适当位置单击即可创建局部视图，如图 7-38b 所示。

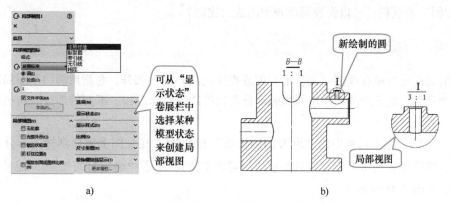

图 7-38　创建局部视图

下面解释"局部视图"属性管理器中（如图 7-38a 所示）部分选项的作用。

➤ "样式"🅐下拉列表：用于设置主视图上剖切轮廓线的显示样式，如图 7-39 所示。

➤ "轮廓"单选项：可使用样条曲线或其他曲线提前绘制一闭合的区域作为局部视图的放大范围，然后选中此轮廓后单击"局部视图"按钮🅐，即可生成所绘轮廓范围限定的局部视图，如图 7-40b 所示。

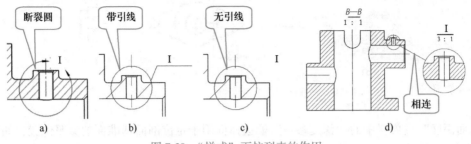

图 7-39 "样式"下拉列表的作用

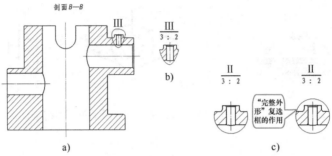

图 7-40 "轮廓"局部视图和"完整外形"复选框的作用

➢ "完整外形"复选框：选中后将在局部视图中显示完整的放大范围，否则只显示必要的放大范围，如图 7-40c 所示。

➢ "钉住位置"复选框：选中此复选框后，可在更改视图比例时将局部视图保留在工程图的相对位置上。

➢ "缩放剖面线图样比例"复选框：选中此复选框后，将在局部视图中同时放大显示剖面线，否则将根据视图原剖面线的比例来重新填充剖面线。

➢ "比例"卷展栏：可以设置局部视图的放大比例。

7.2.7 断开的剖视图

断开的剖视图为现有视图（如标准视图或投影视图）的一部分，是指用剖切平面局部地剖开模型所得的视图。断开的剖视图用剖视的部分表达机件的内部结构，不剖的部分表达机件的外部形状。

单击"工程图"工具栏中的"断开的剖视图"按钮 ，在视图上需要剖视的部分绘制闭合样条曲线，然后设置剖切深度（或选择要切割到的实体），单击"确定"按钮 ，即可创建断开的剖视图，如图 7-41 所示。

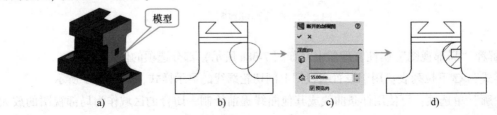

图 7-41 断开的剖视图的创建过程

7.2.8 断裂视图

当零件很长，在一张图纸上无法对其进行完整表述时，可以创建带有多个边界的压缩视图，这种视图就是断裂视图。

单击"工程图"工具栏中的"断裂视图"按钮 ![icon]，然后选择用于创建断裂视图的视图，并设置两条断裂线的放置位置，单击"确定"按钮 ![icon]，即可创建断裂视图，如图 7-42 所示。

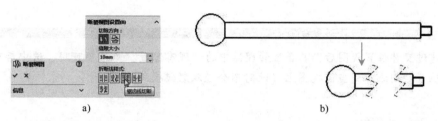

图 7-42   断裂视图的创建

> **提示：**
>
> 在"断裂视图"属性管理器中可以设置视图断裂的方向、缝隙大小和折断线的样式，其功能和含义都较易理解，此处不再赘述。

7.2.9 剪裁视图

可将标准视图和投影视图等进行剪裁，以简化视图的表达，使视图看起来更加清晰明了，而没有多余的部分。

首先使用样条曲线或其他曲线在视图中创建闭合曲线，如图 7-43a 所示，然后选中此闭合曲线，单击"工程图"工具栏的"裁剪视图"按钮 ![icon]，即可完成对视图的裁剪，如图 7-43b 所示。

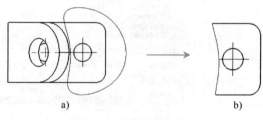

图 7-43   剪裁视图的创建

> **提示：**
>
> 右键单击剪裁后的视图，在弹出的快捷菜单中选择"剪裁视图"→"移除剪裁视图"菜单项，可恢复原视图。

7.2.10 交替位置视图

使用"交替位置视图"命令可以幻影线的方式将一个视图叠加于另一个视图之上，主要用于标识装配体的运动范围，如图 7-44 所示。

打开一个装配体的工程图，单击"工程图"工具栏的"交替位置视图"按钮 ![icon]，打开"交替位置视图"属性管理器，如图 7-44b 所示，选择"新配置"单选项，单击"确定"按钮 ![icon]，进入工程图的装配模式。在装配模式中移动模型的某个组成部分，完成后回到工程图模式，即可创建交替位置视图。

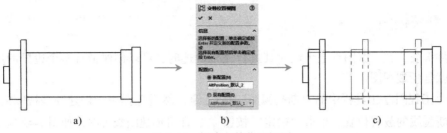

图 7-44 创建交替位置视图

7.2.11 还原工程图

　　"还原工程图"按钮 ![], 用于将以"出详图"模式打开的工程图, 还原到"轻化"模式, 如图 7-45 所示。要使用该功能, 首先应以"出详图"模式打开某个工程图, 此时工程图中默认不会导入模型的零件(和零件特征, 如果是装配体, 则不会导入零件), 但可对工程图添加和编辑标注, 如需切换到"轻化"模式, 单击"还原工程图"按钮 ![] 即可(无须其他操作)。

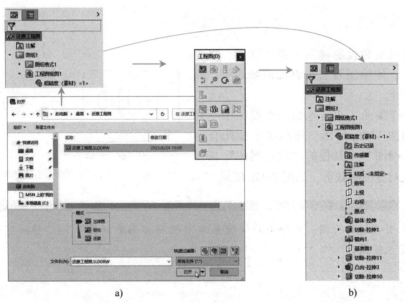

图 7-45 "还原工程图"命令操作

如前所述，"出详图"和"轻化"模式，可通过单击"工程图"工具栏中的"还原工程图"按钮 图进行切换；要从"轻化"模式切换到"还原"模式，可以通过右键单击操作界面左侧 FeatureManager 设计树中的工程图项目，在弹出的快捷菜单中选择"设定轻化到还原"菜单项，将"轻化"模式还原到完整加载相关数据的模式。

7.2.12 移出断面

"移出断面"命令用于显示两个边线之间的剖面图形（即用于显示某个位置处的模型断面）。其特点是创建剖面更加高效（往往仅显示断面部分），比直接创建剖面视图操作，省去了创建局部视图的步骤。两者不同之处如图 7-46 和图 7-47 所示。

图 7-46 "剖面视图"命令操作创建的铰刀剖面

首先创建一个视图，然后单击"工程图"工具栏的"移出断面"按钮 ，打开"移除的剖面"属性管理器，如图 7-48 所示。在模型上选择"边线"和"相对的边线"，如图 7-47 所示，然后在选中的两个边线之间的任意位置单击，拖动鼠标，再在需要的位置单击，即可完成移出断面的创建。

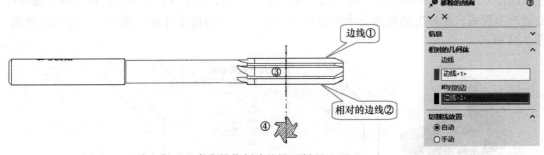

图 7-47 "移出断面"命令操作创建的铰刀断面

图 7-48 "移除的剖面"
属性管理器

知识库：

创建移出断面操作时，在"切割线放置"卷展栏中，选中"自动"单选项，创建移出断面时，在两个边线之间单击一次，即可创建移出断面；而选中"手动"单选项，则需要在两个边线上，分别单击定义剖切线的位置（此时可随意定义剖切线的倾斜角度），即单击两次，才能创建移出断面，如图 7-49 所示。

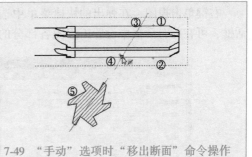

图 7-49 "手动"选项时"移出断面"命令操作

7.3 编辑视图

视图创建完成后，可以对其进行操作和编辑，例如，编辑视图边线、移动视图、对齐视图、旋转视图和隐藏/显示视图等。

7.3.1 编辑视图边线

新创建的视图，其边线并不一定符合设计的要求，如有些边线可能妨碍对模型的描述，此时可以右键单击需要隐藏的边线，单击"隐藏/显示边线"按钮 将其隐藏，如图7-50所示。

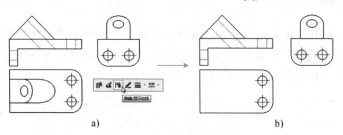

图 7-50 隐藏边线的操作

> **提示：**
>
> 右键单击视图，单击"隐藏/显示边线"按钮，打开"隐藏/显示边线"对话框，然后取消被隐藏边线的选中状态，单击"确定"按钮，可将隐藏的边线显示出来。

当设置工程图的"显示样式"为"隐藏线可见" 时，模型默认显示切边的边线，此时可以右键单击视图，在弹出的快捷菜单中选择"切边"→"切边不可见"菜单项，将切边隐藏，如图7-51所示。

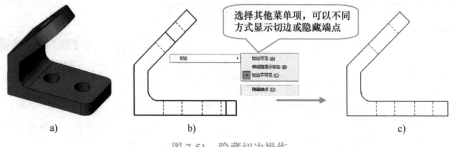

图 7-51 隐藏切边操作

右键单击视图，在弹出的快捷菜单中选择"零部件线型"菜单项，打开"零部件线型"对话框，可在此对话框中设置工程图各部分的线型和线宽等（如图7-52a所示）。此外在操作界面

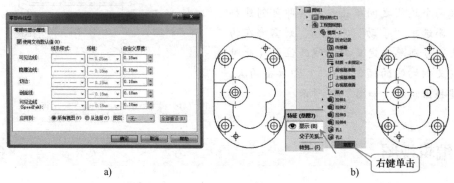

图 7-52 "零部件线型"对话框和显示草图操作

左侧模型树中，右键单击草绘图形，在弹出的快捷菜单中选择"显示"菜单项，可将草绘图形在当前视图中显示出来，如图 7-52b 所示。

7.3.2 更新视图

模型被修改后，工程图需要随之更新，否则会输出错误的工程图。可以设置视图自动更新，也可以手动更新视图。

右键单击操作界面左侧模型树顶部的工程图图标，在弹出的快捷菜单中选择"自动更新视图"菜单项（如图 7-53 所示），可设置工程图根据模型变化自动更新。

选择"编辑"→"重建模型"菜单项，或单击"标准"工具栏中的"重建模型"按钮，可手动更新视图。

图 7-53　右键单击工程图图标出现的菜单

7.3.3 移动视图

可以直接在绘图区中将鼠标移至一个视图边界上，按住鼠标左键拖动来移动视图。在移动过程中，如系统自动添加了对齐关系，将只能沿着对齐线移动视图，如图 7-54a 所示。可右键单击视图，在弹出的快捷菜单中选择"视图对齐"→"解除对齐关系"菜单项，解除模型间的对齐约束，此时即可随意移动模型了，如图 7-54b 所示。

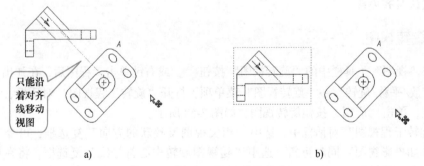

只能沿着对齐线移动视图

a)　　　　　　　　　　　　b)

图 7-54　"移动视图"命令操作

右键单击操作界面左侧模型树顶部的工程图图标，在弹出的快捷菜单中选择"移动"菜单项，打开"移动工程图"对话框，如图 7-55b 所示，然后输入工程图在 X 方向和 Y 方向上的移动距离，单击"应用"按钮，可整体移动工程图。

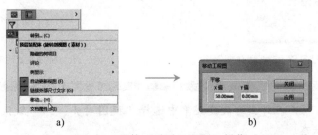

a)　　　　　　　　　　　　b)

图 7-55　整体"移动工程图"操作

7.3.4 对齐视图

可选择"工具"→"对齐工程图视图"菜单下的菜单项来对齐视图。如选择"水平对齐另一视图"菜单项,可将两个视图水平对齐,如图 7-56 所示。

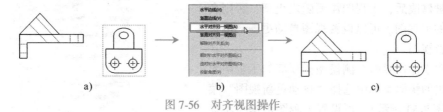

图 7-56 对齐视图操作

如选择"水平边线"或"竖直边线"菜单项,可令视图以自身的某条边线为基准,进行水平对齐或竖直对齐,如图 7-57 所示。

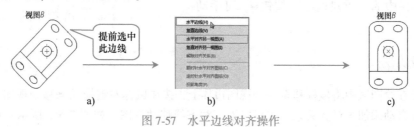

图 7-57 水平边线对齐操作

选择"解除对齐关系"菜单项可解除设置的对齐关系,选择"默认对齐关系"菜单项可恢复视图的默认对齐关系。

7.3.5 旋转视图

可单击"视图"工具栏中的"旋转视图"按钮 ↻,或右键单击工程图后,在弹出的快捷菜单中选择"缩放/平移/旋转"→"旋转视图"菜单项,打开"旋转工程视图"对话框,设置好视图旋转的角度,单击"应用"按钮旋转视图,如图 7-58 所示。

在"旋转工程视图"对话框中,选中"相关视图反映新的方向"复选框,可令与此视图相关的视图(如投影视图)同时更新;选中"随视图旋转中心符号线"复选框,将在旋转视图的同时,旋转中心符号线,否则不旋转中心符号线,如图 7-59 所示。

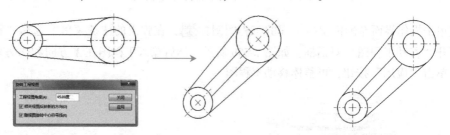

图 7-58 "旋转视图"命令操作 1   图 7-59 "旋转视图"命令操作 2

知识库:

右键单击视图,然后在弹出的快捷菜单中选择"视图对齐"→"默认旋转"菜单项,可恢复视图旋转前的状态。

7.3.6　隐藏/显示视图

　　工程图视图建立后，可以隐藏一个或多个视图，也可以将隐藏的视图显示。右键单击需要被隐藏的视图，在弹出的快捷菜单中选择"隐藏"菜单项，即可以隐藏所选视图；右键单击视图，然后在弹出的快捷菜单中选择"显示"菜单项，则可恢复视图的显示。

　　选择菜单栏的"视图"→"被隐藏视图"菜单项，将在图纸上以☒符号来显示被隐藏视图的边界，如图7-60所示。

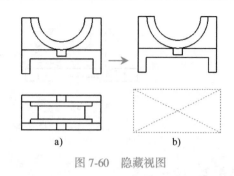

图 7-60　隐藏视图

 ## 7.4　标注工程图

　　标注是工程图的第二大构成要素，由尺寸、公差和表面粗糙度等组成，用来向工程人员提供详细的尺寸信息和关键技术指标。

7.4.1　尺寸标注

　　视图的尺寸标注和草图模式中的尺寸标注方法类似，只是在视图中不可以对物体的实际尺寸进行更改。

　　在视图中，既可以由系统根据已有约束自动标注尺寸，也可以由用户根据需要手动标注尺寸。

　　单击"注解"工具栏的"模型项目"按钮或选择"插入"→"模型项目"菜单项，打开"模型项目"属性管理器，如图7-61a所示，将"来源"设置为"整个模型"，并单击"为工程图标注"按钮▣，单击"确定"按钮✔，即可自动标注尺寸，如图7-61b所示。然后再对自动标注的尺寸进行适当调整即可，如图7-61c所示。

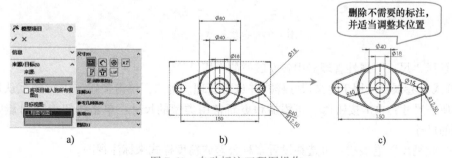

图 7-61　自动标注工程图操作

> **提示：**
>
> 　　通过"模型项目"属性管理器的其他选项，可以为视图自动添加注解、参考几何体和孔标注等，此处不再详细叙述。

　　单击"注解"工具栏"智能尺寸"下拉列表中的相应按钮，可以手动为模型标注尺寸，其中"智能尺寸"按钮 较常用，可以完成竖直、平行、弧度、直径等尺寸标注，如图 7-62 所示（其使用方法可参考前文草图模式的尺寸标注）。

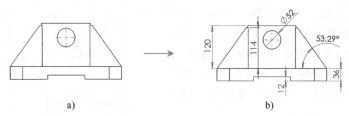

图 7-62 手动标注工程图操作

7.4.2 尺寸公差

模型加工后的尺寸值不可能精确得与设计数值完全相等，通常允许在一定的范围内浮动，这个浮动的值即是所谓的尺寸公差。

选择一尺寸标注，在右侧将显示"尺寸"属性管理器，如图 7-63a 所示。在此属性管理器的"公差/精度"卷展栏的"公差类型"下拉列表中选择一公差类型，如选择"双边"选项，然后设置"最大变量"和"最小变量"的值（即设置模型此处的上下可变化范围），单击"确定"按钮 ，即可设置尺寸公差，如图 7-63b 所示。

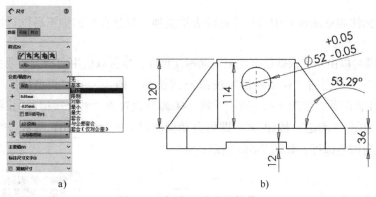

图 7-63 标注尺寸公差操作

下面解释"尺寸"属性管理器中各卷展栏的作用。

➤ "样式"卷展栏：用于定义尺寸样式并进行管理。例如，单击按钮 ，可将默认属性应用到所选尺寸；单击按钮 ，可添加和更新常用类型的尺寸；单击按钮 ，可删除常用类型的尺寸。

➤ "公差/精度"卷展栏：可选择设置多种公差或精度样式来标注视图。

知识库：

　　"公差/精度"卷展栏中"基本"~"最大"公差方式较易理解；"套合""与公差套合"及"套合（仅对公差）"三个选项用于设置孔和轴的套合关系。可设置三种套合类型：间隙、过渡和紧靠，当选择"间隙"时，孔公差带大于轴公差带，当选择"过渡"时，孔公差带与轴公差带相互重叠，当选择"紧靠"时，孔公差带小于等于轴公差带（此处内容可参考机械制图方面的专业书籍）。

➤ "主要值"卷展栏：用于覆盖尺寸值（如图 7-64 所示），如可选中"覆盖数值"复选框，然后输入"尺寸未定"或输入其他值。

图 7-64　覆盖尺寸值和双制尺寸

➤ "双制尺寸"卷展栏：设置使用两种尺寸单位（如毫米和英寸）来标注同一对象，可选择"工具"→"选项"菜单项，在打开的对话框中选择"文件属性"选项卡下的"单位"列表项指定双制尺寸所使用的单位类型。

7.4.3　几何公差

几何公差包括形状公差和位置公差，机械加工后零件的实际形状或相互位置与设计几何体规定的形状或相互位置不可避免地存在差异，形状上的差异就是形状误差，而相互位置的差异就是位置误差，这类误差影响机械产品的功能，设计时应规定相应的公差并按规定的符号标注在图样上，即标注所谓的几何公差。

下面是一个标注几何公差的操作实例，步骤如下。

步骤 1　打开本书提供的素材文件"7.4.3 几何公差(SC).SLDDRW"，单击"注解"工具栏的"几何公差"按钮 ⌸⎕⃝⎕，打开"形位公差"属性管理器，如图 7-65a 所示。在"引线"卷展栏中选择公差的引线样式，在绘图区视图左侧竖直边线单击，再拖动鼠标设置几何公差的放置位置，打开"公差…"对话框，如图 7-65b 所示。

步骤 2　在"公差…"对话框中选择"垂直"符号 ⊥，打开"公差"对话框，选中"范围"列表项，并在右侧文本框中输入公差"0.05"，如图 7-66 所示。单击"添加基准"按钮，打开 Datum 对话框（即"基准"对话框）。

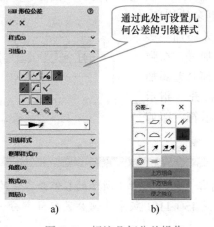

图 7-65　标注几何公差操作

图 7-66　"公差"对话框

步骤 3　如图 7-67 所示，在打开的 Datum 对话框中，在左上角第一个文本框中输入"A"（表示与右侧的 A 基准垂直），然后单击"完成"按钮，即可完成几何公差的创建操作，如

图 7-68 所示。

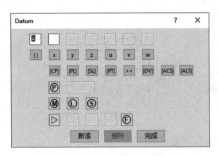

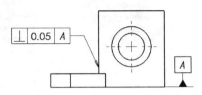

图 7-67　Datum 对话框　　　　图 7-68　创建的几何公差效果

几何公差创建完成后，双击该公差，可对公差进行调整，如图 7-69 所示。双击其中每个单项，可弹出相应的对话框。例如，单击公差符号将弹出"公差…"对话框，通过该对话框，可以设置公差的基本特性；单击公差值可弹出"公差"对话框，通过该对话框，可以设置公差的值；单击公差基准可弹出 Datum 对话框，通过该对话框可对公差对应的基准进行更改。

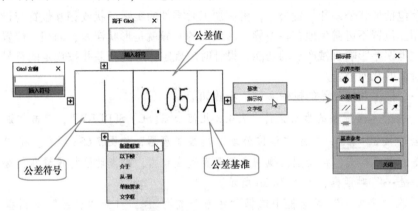

图 7-69　对几何公差的编辑操作

在调整几何公差时，会发现在已添加的公差上下左右四个方向，都有一个加号 ⊞（如图 7-69 所示），通过单击这些加号，可以为几何公差添加更多的信息。例如，通过单击左侧和上部的加号，可以为几何公差添加一些说明性的信息（类似于文本框）；通过单击右侧的加号，在弹出的快捷菜单中选择"基准"菜单项，可以为此几何公差添加更多的公差基准；选择"指示符"菜单项，可以打开"指示符"对话框，通过该对话框，可以为公差添加指示符，即如图 7-70 所示的 b 部分。

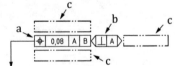

图 7-70　ISO 1101—2017 新版
几何公差的结构

知识库：

指示符是在 ISO 1101—2017 版本里新加入的内容，如图 7-70 中所示的 b 部分，目的主要是为了能够更好地说明公差带的方向。此外，a 部分是 ISO 1101 版中几何公差标注部分，c 部分可以添加更多公差和说明信息等。

单击图 7-69 下部的加号，选择"新建框架"菜单项，可以在当前位置再添加一个公差，如图 7-71 所示；选择"以下帧"（用"帧以下"更加贴切）菜单项，可以在当前公差帧下部添加说明信息；选择"介于"菜单项，可以在两个点或两个实体之间指定公差值的范围，如图 7-72 所示；选择"从-到"菜单项，可以在点到点或点到实体之间指定公差值的范围，如图 7-73 所示；选择"单独要求"菜单项，可以添加单独要求文字（表示当多个被测要素相对同一个基准时，为每个公差添加单独要求）；选择"文字框"菜单项，可以在下部添加文字说明信息。

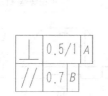

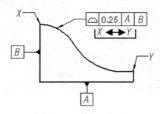

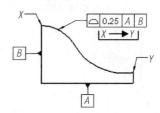

图 7-71 "新建框架"选项创建的公差帧　　图 7-72 "介于"选项效果　　图 7-73 "从-到"选项效果

提示：

　　"文字框"选项和"以下帧"选项的区别是，"文字框"下不能再添加公差帧，而"以下帧"下可以继续通过"添加框架"命令添加公差帧，并继续添加其他信息。

　　几何公差中可设置的选项非常多，由于篇幅限制，此处不做详细解释，而只对其中的部分选项做统一讲解，具体如下（其余选项，可参考其他专业书籍）。

> 公差符号主要包括："直形" ⎯ 、"平形" ⟋⟋ 、"圆形" ⚬ 和"圆柱形" ⟋⚬ 等形状公差符号；"直线轮廓" ⌒ 和"曲面轮廓" ⌓ 形状等位置公差符号；"平行" ⟋⟋ 、"垂直" ⊥ 、"尖角形" ∠ 、"环向跳动" ↗ 、"全跳动" ↗↗ 、"定位" ⊕ 、"同心" ◎ 和"对称" ═ 等位置公差符号。

> "直径"按钮 ⌀：当公差带为圆形或圆柱形时，可在公差值前添加此标志。例如，可添加此种形式的几何公差——⊥ ⌀ 0.05 A 。

> "球直径"按钮 S⌀：当公差带为球形时，可在公差值前添加此标志。

> "最大材质条件"按钮 Ⓜ：也被称为"最大实体要求"或"最大实体原则"，用于指出当前标注的几何公差是在被测要素处于最大实体状态下给定的，当被测要素的实际尺寸小于最大实体尺寸时，允许增大几何公差的值。

> "最小材质条件"按钮 Ⓛ：也被称为"最小实体要求"或"最小实体原则"，用于指出当前标注的几何公差是在被测要素处于最小实体状态下给定的，当被测要素的实际尺寸大于最小实体尺寸时，几何公差的值将相应减少。

> "无论大小如何"按钮 Ⓢ：不同于"最大材质条件"和"最小材质条件"选项，用于表示无论被测要素处于何种尺寸状态，几何公差的值不变。

> "相切基准面"按钮 Ⓣ：在公差范围内，被测要素与基准面相切。

> "自由状态"按钮 Ⓕ：适用于在成型过程中，对加工硬化和热处理条件无特殊要求的产品，表示对该状态产品的力学性能不做规定。

> "统计"按钮 ⑤Ⓣ：用于说明此处公差值为统计公差，用统计公差既能获得较好的经济性，又能保证产品的质量，是一种较为先进的公差方式。

> "投影公差"按钮 Ⓟ：除指定位置公差外，还可以指定投影公差以使公差更加精确。如

图 7-74 所示，可使用投影公差控制嵌入零件的垂直公差带（单击 Ⓟ 按钮后，可在右侧"高度"文本框中输入最小的投影公差带）。

可单击"基准特征"按钮 ⊞，在视图中标注作为基准的特征，如图 7-75 所示。

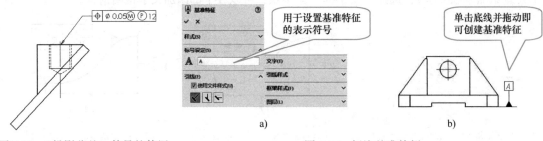

图 7-74 "投影公差"符号的使用   图 7-75 标注基准特征

7.4.4 孔标注

孔标注用于指定孔的各个参数，如深度、直径和是否带有螺纹等信息。单击"注解"工具栏中的"孔标注"按钮 ⊔∅，然后在要标注孔的位置单击，系统将按照模型特征自动标注孔的直径和深度等信息，如图 7-76 所示。

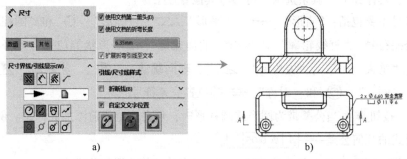

图 7-76 添加孔标注操作

孔标注的"尺寸"属性管理器可参照第 2 章中的讲述理解，其不同点在于可以设置多种尺寸界线和引线样式。

7.4.5 表面粗糙度

模型加工后的实际表面是不平的，不平表面上最大峰值和最小峰值的间距即为模型此处的表面粗糙度，其标注值越小，表明此处要求越高，加工难度越大。

单击"注解"工具栏的"表面粗糙度符号"按钮 √，在打开的"表面粗糙度"属性管理器中输入粗糙度值，再在要标注的模型表面单击即可标注表面粗糙度，如图 7-77 所示。

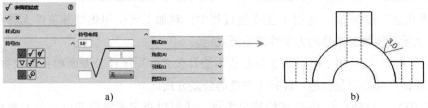

图 7-77 添加表面粗糙度符号操作

"表面粗糙度"属性管理器"符号"卷展栏中各按钮的作用如图 7-78a 所示（JIS 是日本工业标准），"符号布局"卷展栏中各文本框的含义，如图 7-78b 所示。

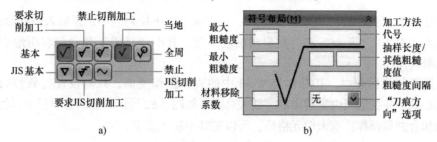

图 7-78 "表面粗糙度"属性管理器中部分选项说明

7.4.6 插入中心线和中心符号线

工程图中的中心线以点画线绘制，表示孔、回转面的轴线和图形的对称线等。单击"注解"工具栏的"中心线"按钮，选择整个视图或视图中两段平行的边线，可插入中心线，如图 7-79 所示。

图 7-79 插入中心线操作

"中心符号线"选项用于标识圆或圆弧的中心点。单击"注解"工具栏的"中心符号线"按钮，选择视图中的圆（或一段圆弧），将在圆的中心插入中心符号线，如图 7-80 所示。

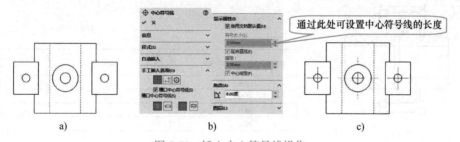

图 7-80 插入中心符号线操作

共有三种创建中心符号线的方式，分别为"单一中心符号线"、"线性中心符号线"和"圆形中心符号线"，其各自的作用如图 7-81 所示。

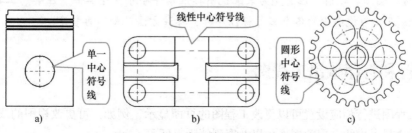

图 7-81 插入中心符号线的三种方式

7.4.7 插入表格

单击"注解"工具栏的"表格"按钮⊞，可在弹出的下拉列表中选择插入何种形式的表格，如可选择插入"总表""孔表"和"材料明细表"等。其中"总表"和"材料明细表"较常使用，下面说明其作用。

总表可用于创建标题栏，其操作与 Word 中的表格操作类似，只需设置行数和列数，单击"确定"按钮✔，并在适当位置单击即可插入总表。如图 7-82 所示，插入总表后可以根据需要对其执行拖动和合并等操作，双击单元格后，可以在其中输入文字。

a)

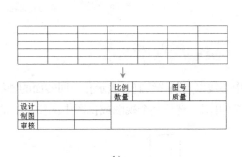
b)

图 7-82　插入总表并对其进行修改

"材料明细表"命令可用于创建装配工程图的配件明细表，如图 7-83 所示。选择一个视图作为生成材料明细表的指定模型，单击"确定"按钮✔，并在适当位置单击，即可生成材料明细表。

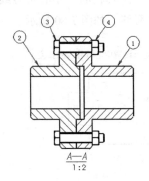

项目号	零件号	说明	数量
1	凹件		1
2	凸件		1
3	螺栓		4
4	螺母		4

图 7-83　插入材料明细表操作

> **提示:**
>
> 在生成材料明细表之前，应首先为装配视图标注零件序号，可单击"注解"工具栏的"零件序号"按钮①，为视图中的各个零件标注序号，标注方法此处不再赘述。

7.5 设置和打印输出工程图

通过对工程图进行相应设置可以更改工程图的页面显示，例如，可更改视图的线条粗细、线条的颜色、是否显示虚线、取消网格，以及实现清晰打印等。

7.5.1 工程图选项设置

选择"工具"→"选项"菜单项,打开"系统选项"对话框,并默认打开"系统选项"选项卡,如图 7-84a 所示。在此选项卡中可设置工程图的整体状态,如可设置工程图的显示类型、剖面线样式、线条颜色以及文件保存的默认位置等。

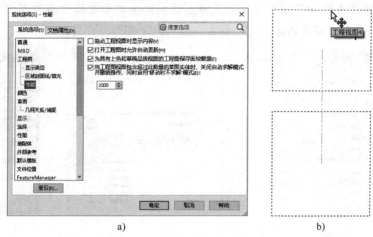

a)   b)

图 7-84　设置工程图的"系统选项"选项卡

图 7-84b 所示为在左侧对话框中取消"拖动工程视图时显示内容"复选框的选中状态时,拖动视图时视图的显示样式,此功能可加快工程图的操作速度。

将"系统选项"对话框切换到"文件属性"选项卡,如图 7-85a 所示。在此选项卡中主要可设置"注解"的样式,如可设置注解的线型、尺寸和字体等参数。图 7-85b 所示为在对话框中改变注解箭头显示样式的效果("文件属性"选项卡设置只对当前正在操作的工程图文件有影响)。

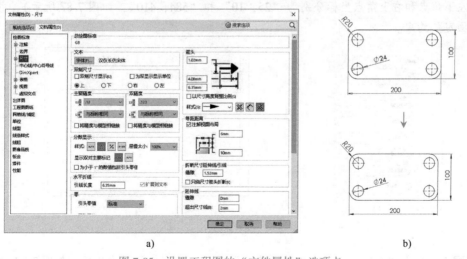

a)   b)

图 7-85　设置工程图的"文件属性"选项卡

7.5.2 创建图纸模板

图纸模板大都包含规范的标题栏,因此在使用图纸模板创建工程图后,只需简单地修改标题块属性，即可获得符合标准的图样。SOLIDWORKS 提供了众多图纸模板，但多是国外标准，不一定符合企业内部规范，因此需要创建自定义的图纸模板。

下面是一个创建图纸模板的操作实例，步骤如下。

步骤 1 新建大小为 594×420 的空白图纸（先新建工程图，然后右键单击选择"属性"命令，自定义图纸的大小）。

步骤 2 右键单击绘图区空白区域，从弹出的快捷菜单中选择"编辑图纸格式"菜单项，如图 7-86a 所示，进入"编辑图纸格式"模式。

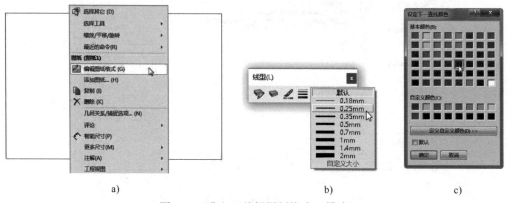

a)　　　　　　　　　　　　　b)　　　　　　　　　　c)

图 7-86 进入"编辑图纸格式"模式

步骤 3 单击"线型"工具栏中的"线粗"按钮≡，在弹出的下拉列表中选择"0.25mm"线型，如图 7-86b 所示；再单击"线型"工具栏中的"线色"按钮✎，在弹出的"设定下一直线颜色"对话框中选择蓝色作为线条的颜色，如图 7-86c 所示。

步骤 4 单击"草图"工具栏中的"矩形"按钮，在绘图区绘制一个矩形作为工程图的图框（其左下角点和右上角点坐标分别为"25，10"和"584，410"，如图 7-87 所示），并为图框添加"固定"约束。

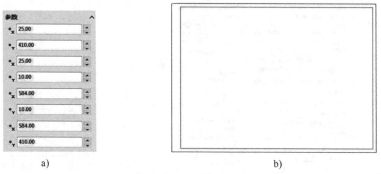

a)　　　　　　　　　　　　　　b)

图 7-87 绘制矩形作为图框

步骤 5 单击"草图"工具栏中的"直线"按钮，绘制标题栏的外框，如图 7-88a 所示。使用"阵列"命令阵列出中间的线段，如图 7-88b 所示。然后使用修剪工具将不必要的线段修剪掉，并添加相应的位置约束，如图 7-88c 所示。

步骤 6 选择"视图"→"隐藏/显示注解"菜单项，选择标注的尺寸将其隐藏，如图 7-89a 所示。再按住<Ctrl>键，选择表格内部的线条，然后单击"线型"工具栏中的"线粗"按钮，在弹出的下拉列表中选择"细线",效果如图 7-89b 所示。

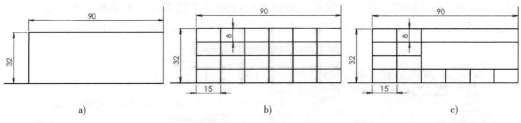

图 7-88　用直线绘制标题栏

步骤 7　单击"注解"工具栏中的"注释"按钮 **A**,在图纸的适当位置单击,为标题栏添加文字,效果如图 7-89c 所示。

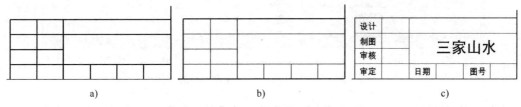

图 7-89　调整标题栏线型并添加文字

步骤 8　选择"文件"→"保存图纸格式"菜单项,弹出"另存为"对话框,如图 7-90a 所示。输入图纸名称,单击"保存"按钮,在默认位置进行保存,完成图纸模板的创建(新创建的图纸模板将出现在"新建 SOLIDWORKS 文件"对话框中,如图 7-90b 所示)。

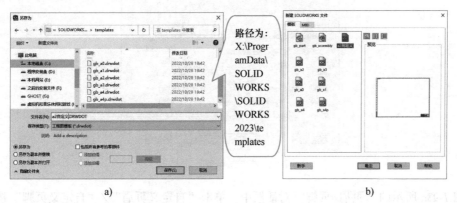

图 7-90　保存图纸格式

提示:

完成图纸格式绘制后,在绘图区单击右键,从弹出的快捷菜单中选择"编辑图纸"菜单项,可回到编辑图纸状态,此时无法对图框和标题等进行修改。

7.5.3　打印工程图

在 SOLIDWORKS 中打印工程图比较简单。在绘制完工程图后,只需选择"文件"→"打印"菜单项,在弹出的"打印"对话框中(如图 7-91a 所示)选择打印输出的打印机,并单击"确定"按钮即可将图纸打印输出。

在"打印"对话框中，单击"线粗"按钮，可打开"文档属性"对话框，并自动选中"线粗"选项，然后在右侧文本框中可设置打印输出图纸线型的粗细，如图 7-91b 所示。

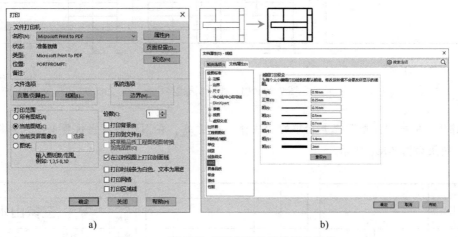

a)　　　　　　　　　　　　b)

图 7-91　"打印"对话框和设置线粗的操作

单击"页面设置"按钮，可打开"页面设置"对话框，如图 7-92 所示。在此对话框中选中"颜色/灰度级"单选项，并单击"确定"按钮可打印输出彩色工程图。

图 7-92　"页面设置"对话框

在图 7-93a 所示的"页眉/页脚"对话框中，单击"自定义页眉"/"自定义页脚"按钮，可在弹出的对话框中为工程图添加页眉和页脚，如图 7-93 所示。

a)　　　　　　　　b)　　　　　　　c)

图 7-93　设置工程图页眉/页脚操作

7.6 实战练习

针对本章学习的知识，下面给出几个上机实战练习题，包括绘制自定心卡盘工程图、绘制旋锁工程图、设计和打印装配工程图等；思考并完成这些练习题，将有助于广大读者熟练掌握本章内容，并可进行适当拓展。

7.6.1 绘制自定心卡盘工程图

使用本书提供的素材"自定心卡盘"文件夹内的相关文件，如图 7-94a 所示，创建零件壳体（如图 7-94b 所示）的工程图，图纸模板选用"A3（GB）"，效果如图 7-95 所示。

图 7-94　自定心卡盘装配体和壳体模型

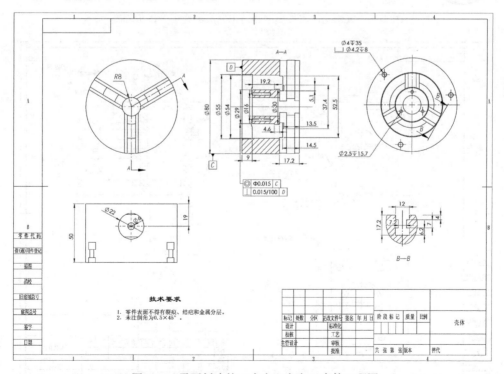

图 7-95　需要创建的"自定心卡盘"壳体工程图

243

提示：

可首先创建壳体的几个主要视图，再创建特殊位置的剖面视图和旋转剖视图，然后对视图添加尺寸标注和技术要求即可。

7.6.2 绘制旋锁工程图

打开本书提供的素材文件"旋锁壳体 SC. SLDDRW"工程图和"旋锁旋轴 SC. SLDDRW"工程图（为了简化操作步骤，练习本章学习的重点内容，这两个图样都已经绘制了部分图形，如图 7-96 和图 7-98 所示），然后按照图 7-97 和图 7-99 所示最终图形要求，使用本章学习的知识，完成图样上所有图形的绘制。

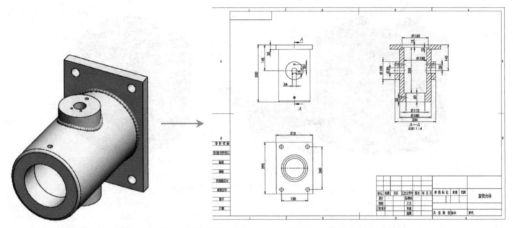

图 7-96　旋锁壳体零件模型和尚未完成的旋锁壳体工程图

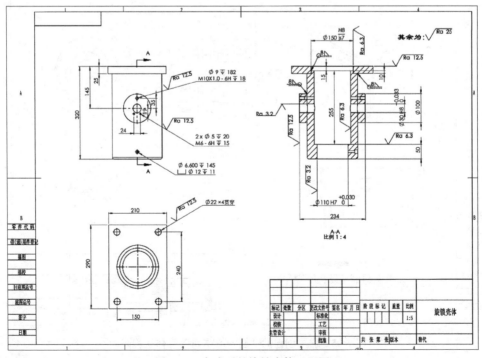

图 7-97　完成后的旋锁壳体工程图

提示：

　　本练习题，主要练习为工程图添加标注的操作，除了智能尺寸外，还会用到孔标注、尺寸公差、表面粗糙度和焊接符号的标注等；此外本练习题，还会用到在工程图中调用零件图中草图的方法。

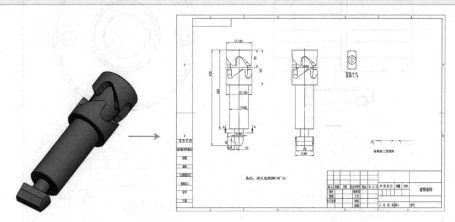

图 7-98　旋锁旋轴零件模型和尚未完成的旋锁旋轴工程图

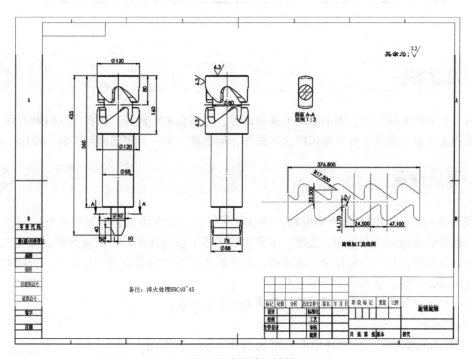

图 7-99　需要完成的旋锁旋轴工程图

7.6.3　设计和打印装配工程图

　　使用本书提供的素材"凸缘联轴器 . SLDASM"装配体文件，创建图 7-100 所示的工程图（图纸大小为 297×210，除了装配体工程图视图的绘制和标注外，还包括图纸边框的绘制），最后应进行正确的打印设置，以保证可以将其正确地打印输出。

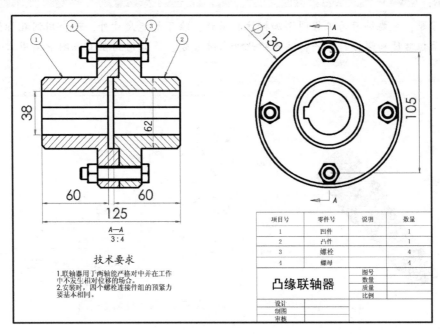

图 7-100　凸缘联轴器的装配工程图

项目号	零件号	说明	数量
1	凹件		1
2	凸件		1
3	螺栓		4
4	螺母		4

凸缘联轴器

图号		
数量		
质量		
比例		
设计		
制图		
审核		

7.7　习题解答

针对 7.6 节的实战练习，本书给出了视频讲解，包括相关实例等，读者可以扫码观看。
如果仍无法独立完成 7.6 节要求的这些操作，那么就一步一步跟随视频讲解，操作一遍吧！

7.8　课后作业

工程图是 SOLIDWORKS 的重要模块，结合灵活快捷的建模方式，通过标准化的视图和视图标注，可以高效率地创建和打印工程图。本章主要讲述了创建视图、编辑视图和添加视图标注的方法，其难点是视图标注。另外学习本章应首先了解机械制图等方面的基础知识，否则有些概念性的标注将难以理解，会妨碍学习的进程。

为了更好地掌握本章内容，可以尝试完成如下课后作业。

一、填空题

1）工程图的模型树与建模环境的模型树有所不同，主要由＿＿＿＿＿＿＿＿、＿＿＿＿＿＿＿＿和＿＿＿＿＿＿＿＿三部分组成。

2）工程图的工具栏主要包括＿＿＿＿＿＿＿＿＿＿＿＿＿＿工具栏、＿＿＿＿＿＿＿＿＿＿＿＿＿＿工具栏和＿＿＿＿＿＿＿＿＿＿＿＿＿＿工具栏。

3）＿＿＿＿＿＿＿＿＿＿是标准视图在某个方向上的投影，用于辅助说明零件的形状。

4）在绘制工程图时，一些实体的内部构造较复杂，需要创建＿＿＿＿＿＿＿＿＿＿才能清楚地了解其内部结构。

5）使用＿＿＿＿＿＿＿＿＿＿＿＿可以幻影线的方式将一个视图叠加于另一个视图之上，主要用于标识装配体的运动范围。

6) 几何公差包括_____和_____，机械加工后零件的实际形状或相互位置与设计几何体规定的形状或相互位置不可避免地存在差异，形状上的差异就是_____，而相互位置的差异就是_____。

二、问答题

1) 工程图通常有几个构成要素？简述其作用。

2) "模型视图"属性管理器中"装饰螺纹线显示"卷展栏的两个单选项有何不同？

3) 裁剪视图可否单独存在？其主要作用是什么？

三、操作题

1) 使用本章所学的知识，创建本书提供的素材文件"轴"的工程图，其效果如图 7-101 所示。

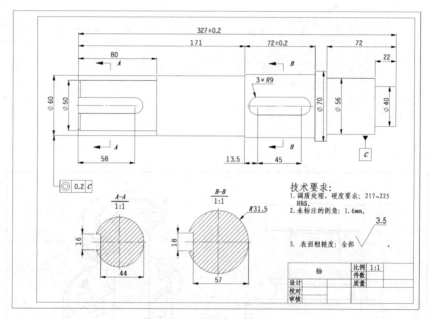

图 7-101　需创建的轴工程图

提示：本实例没有太多难点，只需在创建工程图时使用自定义图纸大小（420×297）即可。其中标题栏是在"编辑视图格式"模式下创建的（两个图框也是，外侧图框与图纸大小相同，内侧与外侧边框的距离分别为 6mm 和 25mm），另外注意设置标注字体的大小。

2) 使用本章所学的知识，创建本书提供的素材文件"泵盖"的工程图（图纸大小为 297×210），其效果如图 7-102 所示。

提示：本练习主要需要创建三个视图：标准视图、剖面视图和旋转剖视图（其中旋转剖视图的创建是难点也是重点）。创建完成后，需要对视图进行适当调整，如对齐视图和隐藏视图边线等操作，以符合制图规范。

3) 使用本章所学的知识，创建本书提供的素材文件"齿式离合器"的工程图，其效果如图 7-103 所示。

提示：本实例右侧标题栏可在"编辑视图"模式下直接使用"总表"和"材料明细表"创建，右侧剖面视图可通过右键单击原剖面视图，选择"等轴测剖面视图"菜单项转换得到。

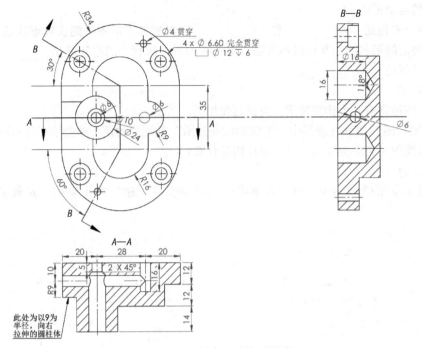

图 7-102　要创建的泵盖工程图

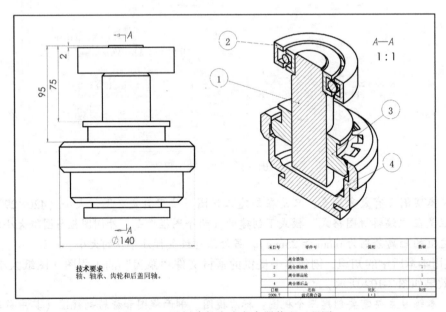

图 7-103　需创建的齿式离合器装配工程图

第 **8** 章

钣 金

- ☐ 钣金入门
- ☐ 钣金设计
- ☐ 钣金编辑

学习目标

钣金设计是一种广泛应用于汽车、航空和轻工等领域的技术。钣金设计人员利用 SOLIDWORKS 提供的钣金功能，以钣金的自有特性和材料为基础，可以方便地设计出各种钣金件。

 8.1 钣金入门

钣金是指针对金属薄板（厚度通常在 6mm 以下）进行的一种综合冷加工工艺，可以对其进行冲压、除料、折弯等操作，其显著特征是同一零件厚度一致，如图 8-1 所示。

图 8-1 钣金件

在实际钣金操作时，通常是将一些金属薄板通过模具冲压使其产生塑性变形，形成所希望的形状和尺寸，然后再进行焊接或少量的机械加工，从而形成最终的复杂零件。

目前大多数工业设计软件，像 SOLIDWORKS、UG、Pro/E、CATIA 等基本上都具备钣金功能。实际上就是在软件中通过对 3D 工业图形进行设计和编辑，从而得到钣金件加工所需的数据，最终为钣金加工数控机床等提供模型加工的驱动。

8.1.1 钣金设计方式

共有三种钣金设计方式。一种是直接使用钣金特征来创建钣金模型，如图 8-2 所示；第二种是使用"转换到钣金"命令直接将实体转换为钣金,如图 8-3 所示;第三种是首先创建实体,然后进行抽壳处理,再为其添加钣金特征,创建钣金模型,如图 8-4 所示。

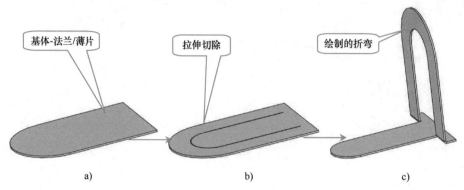

图 8-2　通过钣金特征创建钣金模型

图 8-3　使用"转换到钣金"命令创建钣金件

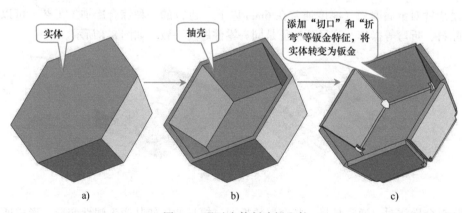

图 8-4　通过实体创建钣金件

　　将实体转变为钣金的钣金设计方式,多用于从其他 CAD 系统输入钣金件时,将输入的钣金件(此时为实体)通过插入钣金特征转变为 SOLIDWORKS 钣金零件。

8.1.2　钣金术语和其意义

　　钣金零件的工程师为保证最终折弯成型后的零件为所期望的尺寸,会利用各种不同的算法来计算展开状态下备料的实际长度。其中最常用的方法是简单的"掐指规则",即基于各自经验的规则算法。通常这些算法需要考虑材料的类型与厚度、折弯的半径和角度、机床的类型和步进速度等。

　　为更好地利用计算机超强的分析与计算能力，当用 CAD 软件模拟钣金的折弯或展开时，也需要一种计算方法以便准确地计算出备料的实际长度。本小节所讲述的几个钣金术语实际上为确定钣金展开长度的几种方式，而且可与"掐指规则"结合使用。

1. K-因子

　　在折弯变形过程中，折弯圆角内侧材料被压缩、外侧材料被拉伸，而保持原有长度的材料呈圆弧线分布，这个圆弧线被称为中性线。K-因子表示钣金中性线的位置，以钣金零件的厚度作为计算基准（如图 8-5a 所示），为钣金内表面到中性面的距离 t 与钣金厚度 T 的比值，即 $K=t/T$。

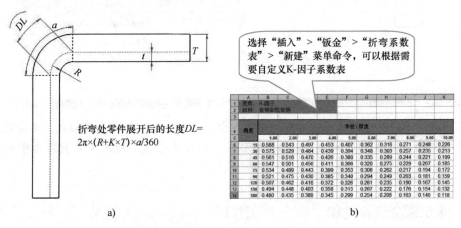

选择"插入"＞"钣金"＞"折弯系数表"＞"新建"菜单命令，可以根据需要自定义K-因子系数表

折弯处零件展开后的长度$DL=$
$2\pi \times (R+K \times T) \times a/360$

a)　　　　　　　　　　　　　b)

图 8-5　K-因子与钣金长度的关系及 K-因子系数表

　　K-因子值通常由钣金材料供应商提供，或者可根据实验数据、经验或材料手册等得到。需要注意的是，针对不同的折弯情况，K-因子值不可能一成不变，也很难拥有固定的计算公式，所以根据"掐指规则"自定义一些特殊场合的 K-因子是非常必要的。

　　在 SOLIDWORKS 中可根据需要自定义不同场合下的 K-因子系数表，如图 8-5b 所示，从而保证钣金展开后的正确备料长度。

2. 折弯系数和折弯扣除

　　如图 8-6a 中所示的公式，可以根据 K-因子计算出折弯处中性线的长度（即折弯处钣金展开后的长度），此长度即为折弯系数。在实际应用中，折弯系数值通常直接给出，所以说折弯系数可以比 K-因子更加直接地定义钣金展开后的备料长度。

　　折弯系数的值会随不同的情形，如材料类型、材料厚度、折弯半径和折弯角度等而不同，而且折弯系数还会受到加工过程、机床类型和机床速度等的影响。

　　折弯扣除通常是指回退量，根据定义，折弯扣除为双倍外部逆转与折弯系数之间的差，如图 8-6a 所示。折弯扣除的大小也同样受到多种因素的影响。

　　折弯扣除与折弯系数实际上只是测量或定义方式不同的两个量，在使用时都是用于确定零件展开长度的一个值，而且它们也都可以根据不同的实际情况来定义折弯系数表或折弯扣除表，如图 8-6b 所示（SOLIDWORKS 中默认提供有多个折弯系数表和折弯扣除表，可直接使用，也可修改后使用）。

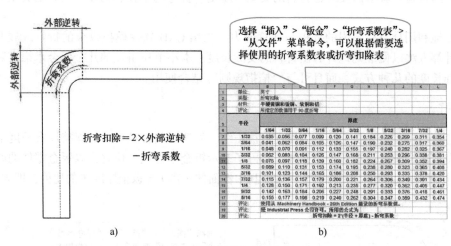

a)   b)

图 8-6 折弯系数与折弯扣除表

一般来说，对每种材料或每种材料的加工组合会有一个表，初始表的形成可能会花费一些时间（如需要进行反复的测试），但是一旦形成，此后就可以不断地重复利用其中的某些部分了。

8.1.3 认识钣金设计树和"钣金"工具栏

在 SOLIDWORKS 的钣金设计树中，如图 8-7a 所示，任何钣金件都将默认添加如下两个特征（即使只创建一个"薄片"钣金）。

➤ "钣金"特征📷：包含默认的折弯参数，可编辑或设置此钣金件的默认折弯半径、折弯系数、折弯扣除和默认释放槽类型。

➤ "平板型式"特征📋：默认被压缩，解除压缩后用于展开钣金件（通常在压缩状态下设计钣金件，否则将在"平板型式"后添加特征）。

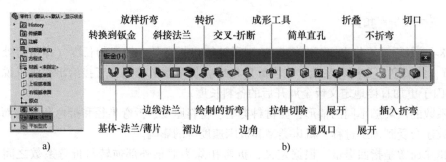

a)   b)

图 8-7 钣金设计树和"钣金"工具栏

"钣金"工具栏集合了设计钣金的大多数工具，如图 8-7b 所示，而且在"钣金"工具栏中还集合有"拉伸切除"📷 和"简单直孔"📷 按钮，此两个按钮与前面几章中介绍的"特征"工具条中对应按钮的功能完全相同，在钣金件上同样可进行切除或执行孔操作。

8.2 钣金设计

本节主要讲解创建钣金主要壁的方法，所创建的特征多参照草绘图形或草绘线创建，如"基体-法兰/薄片""边线法兰"等特征。

8.2.1 基体-法兰/薄片

"基体-法兰/薄片"特征是主要的钣金创建工具，与"拉伸凸台/基体"命令类似，可以使用轮廓线拉伸出钣金，其他钣金特征都是在此基础上创建的。

首先绘制一条封闭轮廓曲线，如图 8-8a 所示，单击"钣金"工具栏中的"基体-法兰/薄片"按钮 ，再选择绘制好的曲线轮廓，打开"基体法兰"属性管理器，如图 8-8b 所示。设置钣金厚度，其他选项保持系统默认，单击"确定"按钮 ，即可完成"基体-法兰/薄片"特征的创建，效果如图 8-8c 所示。

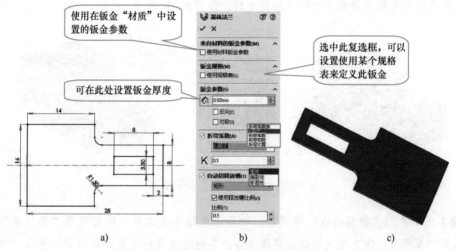

图 8-8 创建"基体-法兰/薄片"特征

在"基体法兰"属性管理器中，如图 8-8b 所示，"折弯系数"卷展栏用于定义钣金折弯的规则算法，其意义可参见 8.1.2 节。"自动切释放槽"卷展栏用于在插入折弯时为弯边设置不同类型的释放槽，有"矩形""撕裂形"和"短圆形"三种类型可供选择，其作用介绍如下。

➤ "矩形"：指在折弯拐角处添加一个矩形释放槽，如图 8-9a 所示。

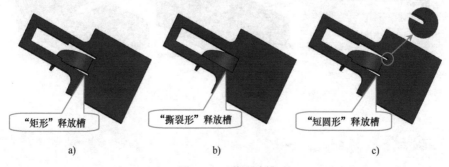

图 8-9 三种释放槽

➤ **"撕裂形"**: 指维持现有材料形状, 不为折弯创建释放槽, 如图 8-9b 所示。

➤ **"短圆形"**: 指在折弯拐角处添加一个圆形释放槽, 如图 8-9c 所示。

> **提示:**
>
> 在对钣金材料进行拉伸或弯曲时, 折弯处容易产生撕裂或不准确的现象, 添加释放槽的目的是弥补这种缺陷, 防止发生意外变形。在创建边线法兰或转折等钣金特征时, 可以对此参数单独进行设置, 否则整个钣金都将默认使用此处的释放槽设置。

8.2.2 转换到钣金

使用"转换到钣金"命令可以先以实体的形式把钣金的大概形状画出来, 然后再把它转换为钣金, 下面是一个转换钣金的实例。

步骤 1 打开本书提供的素材文件"8.2.2 转换到钣金(SC).SLDPRT", 如图 8-10a 所示。单击"钣金"工具栏中的"转换到钣金"按钮 ⬚, 打开"转换到钣金"属性管理器, 如图 8-10b 所示, 选择素材文件的上表面作为钣金的固定面, 如图 8-10c 所示。

图 8-10 "转换到钣金"命令操作一

步骤 2 切换到"折弯边线"卷展栏, 并顺次选择 5 条边线, 再切换到"切口草图"卷展栏, 并选择"草图 3"作为生成切口的草图实体, 其他选项保持系统默认设置, 单击"确定"按钮 ✓, 即可将此实体转换为钣金, 如图 8-11 所示。

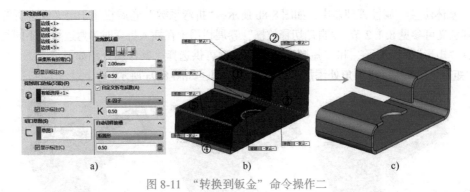

图 8-11 "转换到钣金"命令操作二

8.2.3 边线法兰

"边线法兰"特征是指以已创建的钣金特征为基础, 将某条边进行拉长和延伸, 并弯曲, 从而形成的新钣金特征（可以使用预定义的图形，也可以草绘延伸截面的形状）。

单击"钣金"工具栏中的"边线法兰"按钮 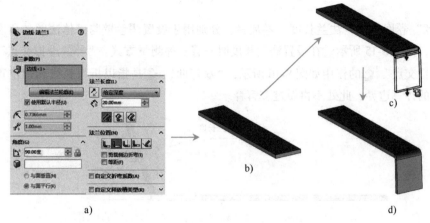，打开"边线-法兰"属性管理器，如图8-12 所示。选择基体钣金一侧的边线，设置法兰长度和折弯半径等参数，单击"确定"按钮 ，即可在基体钣金选中的边线处创建法兰。

图8-12　创建"边线法兰"特征

在创建"边线法兰"特征的过程中，单击"边线-法兰"属性管理器"法兰参数"卷展栏中的"编辑法兰轮廓"按钮，通过拖动边线、添加约束和尺寸等可自定义边线法兰的形状，如图8-13 所示。

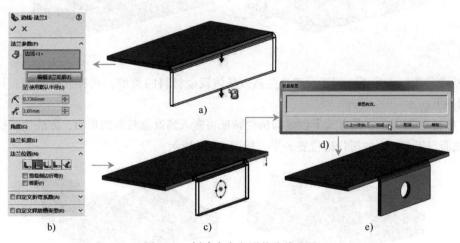

图8-13　创建自定义形状边线法兰

通过上文图例可知：在"边线-法兰"属性管理器中，单击"编辑法兰轮廓"按钮可以创建自定义形状的边线法兰（此时要求轮廓的一条草绘直线必须位于生成边线法兰时所选择的边线上）；取消"使用默认半径"复选框的选中状态可以自定义折弯半径。

下面解释"边线-法兰"属性管理器中其他选项的作用。

➢ "缝隙距离" 文本框：当所选择的两条边线相邻时，用于设置两个边线法兰间的距离，如图8-14所示。

图 8-14 "缝隙距离"文本框的作用

➤"角度"卷展栏和"法兰长度"卷展栏：分别用于设置法兰壁与基体法兰的角度和法兰的长度，如图 8-15 所示。在设置法兰长度时，有三种测量方式："外部虚拟交点" ✎、"内部虚拟交点" ✎的作用如图 8-16 所示，"双弯曲" ✎是指以折弯弧线相切位置作为法兰长度的计算边界，此处不再做过多解释。

图 8-15 "角度"卷展栏和"法兰长度"卷展栏的作用

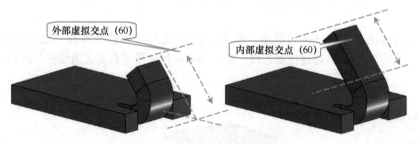

图 8-16 法兰长度的度量方式

➤"法兰位置"卷展栏：用于设置法兰嵌入基体钣金材料的类型，共有五种类型，其作用介绍如下。

● "材料在内" ⬛：此方式下创建的法兰特征将嵌入到钣金材料的里面，即法兰特征的外侧表面与钣金材料的折弯边位置齐平，如图 8-17a 所示。

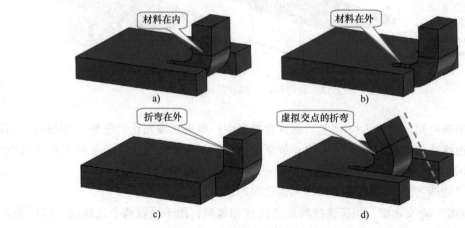

图 8-17 法兰嵌入基体钣金材料的类型

- ● **"材料在外"** ☐：此方式下创建的法兰特征其内侧表面将与钣金材料的折弯边位置齐平，如图 8-17b 所示。
- ● **"折弯在外"** ☐：此类型下创建的法兰特征将附加到钣金材料折弯边的外侧，如图 8-17c 所示。
- ● **"虚拟交点的折弯"** ☐：此类型下创建的法兰特征与原钣金材料的交点永远位于底部的边线，如图 8-17d 所示。
- ● **"与折弯相切"** ☐：此类型下创建的法兰特征的折弯面与基体法兰原连接面（端面）相切（读者可自行尝试一下）。

此外，选中"剪裁侧边折弯"复选框将移除邻近法兰的多余材料，如图 8-18a、图 8-18b 所示；选中"等距"复选框可以设置法兰距离侧边的距离，如图 8-18c 所示。

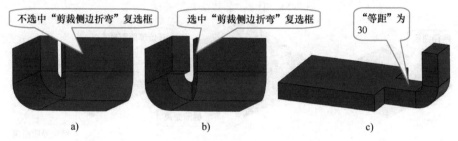

图 8-18 "剪裁侧边折弯"和"等距"复选框的作用

➢ **"自定义折弯系数"** 和 **"自定义释放槽类型"** 卷展栏：在上文中已做过讲述，只是在创建边线法兰并选择创建"撕裂形"释放槽时，可以选择"撕裂形"释放槽为"切口" ☐ 或"延伸" ☐ 形式，其作用如图 8-19 所示。

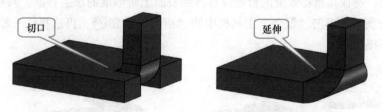

图 8-19 "切口"和"延伸"形式"撕裂形"释放槽

8.2.4 斜接法兰

利用"斜接法兰"命令可以在指定边处，沿指定的路径进行弯边处理。如图 8-20 所示，单击"钣金"工具栏中的"斜接法兰"按钮 ☐，首先在钣金的侧面绘制一草图，完成后打开"斜接法兰"属性管理器（此处各选项保持系统默认设置），单击"确定"按钮 ✔，即可创建"斜接法兰"特征。

在"斜接法兰"属性管理器中，"斜接参数"卷展栏中的多数选项在上文已做过解释，需要注意的是当选择多条斜接边线时，"缝隙距离" ☐ 下拉列表用于设置多条边线所延伸出的斜接法兰间的缝隙距离，如图 8-21a、图 8-22b 所示。"起始/结束处等距"卷展栏用于设置斜接法兰距离两个侧边的距离，如图 8-21c 所示。

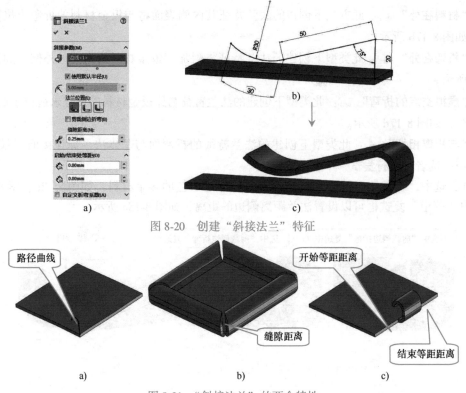

图 8-20 创建"斜接法兰"特征

图 8-21 "斜接法兰"的两个特性

a)   b)   c)

8.2.5 褶边

所谓"褶边"特征是指将钣金的折弯边卷曲到表面上所形成的法兰特征，共有四种"褶边"类型，如图 8-22 所示。单击"钣金"工具栏中的"褶边"按钮 ，再选择任一钣金边线即可进行"褶边"特征操作。

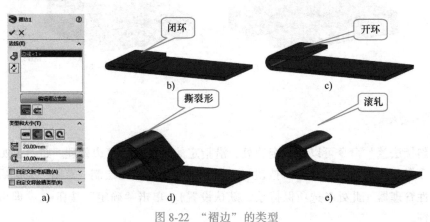

图 8-22 "褶边"的类型

提示：

"褶边"钣金特征也具备编辑边线宽度的功能，单击"编辑褶边宽度"按钮，可以对褶边的宽度进行编辑，并可自定义释放槽类型，其在功能上有些类似于边线法兰。

8.2.6 转折

"转折"特征是指在转折线处提升材料，并在提升侧两端添加弯边。单击"钣金"工具栏中的"转折"按钮 🔧，绘制转折线并选择"固定面"后可执行"转折"特征操作，如图 8-23 所示。

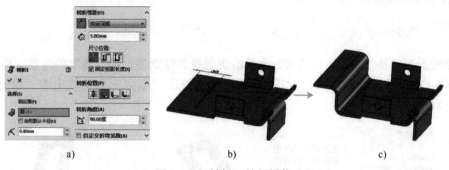

图 8-23　"转折"特征操作

在"转折"属性管理器中，"转折等距"卷展栏提供了多种计算"尺寸位置"的方式；在"转折位置"卷展栏中提供了多种"转折位置"的计算方式，用户可根据需要进行选择。取消"转折等距"卷展栏中"固定投影长度"复选框的选中状态，系统将只执行转折操作，而不在转折处添加材料。

8.2.7 放样折弯

"放样折弯"特征类似于本书前文讲述的放样特征，相当于将两个截面曲线进行放样连接，从而得到放样钣金特征，如图 8-24 所示（单击"放样折弯"按钮 🔧 可执行此操作）。

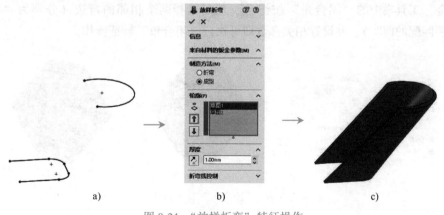

图 8-24　"放样折弯"特征操作

> **提示：**
>
> "放样折弯"特征的"制造方法"包括"折弯"和"成型"两个选项，"成型"选项用于设计冲压得到的钣金件；"折弯"选项用于设计通过多次折弯得到的钣金件（此时需设置钣金圆角处多次折弯的系数等参数）。

8.3 钣金编辑

本节讲解钣金的编辑特征，所添加的特征并不产生新的钣金实体，而是对原有实体进行附加操作，以令钣金成型或将钣金展开等。

8.3.1 绘制的折弯

"绘制的折弯"特征是指将现有的钣金件沿折弯线的位置进行任意角度的弯曲变形，所形成的弯边特征（折弯线只能是直线），如图 8-25 所示（单击"钣金"工具栏中的"绘制的折弯"按钮┅可执行此操作）。

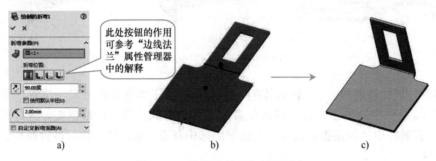

图 8-25 "绘制的折弯"特征操作

8.3.2 闭合角

所谓"闭合角"特征是指在两个相邻的折弯处或类似折弯处进行连接操作，如图 8-26 所示。单击"钣金"工具栏中的"闭合角"按钮┅，然后选择两个相邻的弯边（分别为"要延伸的面"和"要匹配的面"），并设置相关参数即可执行"闭合角"特征操作。

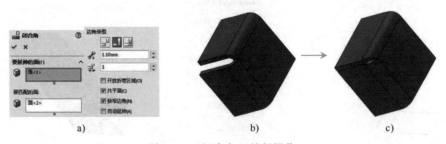

图 8-26 "闭合角"特征操作

下面介绍"闭合角"属性管理器中各选项的作用，具体如下。

➤ "对接" 边角类型：定义两个侧面（延伸壁）只是相接，如图 8-27a 所示。

➤ "重叠" 边角类型：定义两个延伸壁延伸到相互重叠，一个延伸壁位于另一个延伸壁之上，如图 8-27b 所示。

➤ "欠重叠" 边角类型：也被称为"重叠在下"，用于定义两个延伸壁相互重叠，但是令两个延伸壁的位置互换，如图 8-27c 所示。

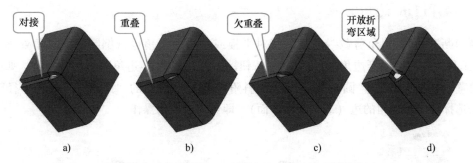

图 8-27　边角类型及"开放折弯区域"复选框的作用

> "缝隙距离" 🔧 文本框：用于定义两个延伸钣金壁之间的距离。
> "重叠/欠重叠比率" 🔧 文本框：用于定义两个延伸钣金壁之间延伸长度的比例。
> "开放折弯区域"复选框：用于定义折弯的区域是开放的还是闭合的，图 8-27d 所示为选中此复选框时钣金闭合角的开放样式。
> "共平面"复选框：取消此复选框的选择，所有共平面将会被选取。
> "狭窄边角"复选框：使用特殊算法以缩小折弯区域中的缝隙。实际上选中此复选框后，位于"要匹配的面"处的折弯面将向"要延伸的面"弯折。
> "自动延伸"复选框：选中此复选框后，选择"要延伸的面"，将自动选择"要匹配的面"，否则需要单独设置每个面。

8.3.3　焊接的边角

　　所谓"焊接的边角"特征是指在钣金闭合角的基础上，对钣金的边角进行焊接，以令钣金形成密实的焊接角，如图 8-28 所示。单击"钣金"工具栏中的"焊接的边角"按钮🗊，然后选择一个闭合角的面，单击"确定"按钮✔，即可执行"焊接的边角"特征操作。

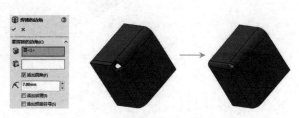

图 8-28　"焊接的边角"特征操作

　　"焊接的边角"属性管理器中"添加纹理"和"添加焊接符号"复选框用于为焊接的边角添加纹理和添加焊接符号，如图 8-29a 所示。"停止点"🗊用于选择顶点、面或一条边线来指定"要焊接的边角"的停止面，如图 8-29b、图 8-29c 所示。

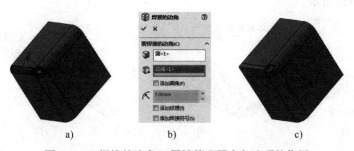

图 8-29　"焊接的边角"属性管理器中各选项的作用

8.3.4 断开边角/边角剪裁

所谓"断开边角/边角剪裁"特征是指对平板或弯边的尖角进行倒圆或倒斜角处理。单击"钣金"工具栏中的"断开边角/边角剪裁"按钮📙，打开"断开-边角"属性管理器，如图 8-30 所示。设置"折断类型"（"圆角"🔲或"倒斜角"🔳）和倒角的"距离"（或"半径"）值后，单击选择要进行倒角的边（或某个钣金面），即可完成倒角操作。

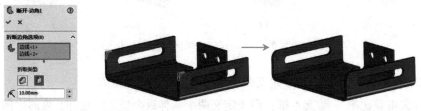

图 8-30 "断开边角/边角剪裁"特征操作

提示:

可以选择某个钣金面进行倒角操作，此时系统将自动判断此面中可以进行倒角的部分，并按设置的参数对所有可以倒角的角进行倒角，如图 8-31 所示。

a)   b)

图 8-31 选择"面"进行的倒角操作

8.3.5 展开与折叠

所谓"展开"操作就是以成形的钣金部件为基础，创建一个展开的平面特征，主要用于制作钣金件的平面图。

单击"钣金"工具栏中的"展开"按钮🧰，打开图 8-32a 所示的"展开"属性管理器，然后单击选择钣金部件的任意平整面作为"固定面"，单击"确定"按钮✔，即可将钣金件展开，如图 8-32b、图 8-32c 所示。

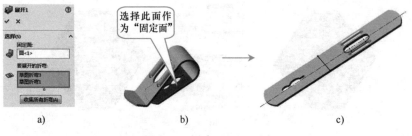

选择此面作为"固定面"

a)   b)   c)

图 8-32 创建平面展开图

单击"钣金"工具栏中的"折叠"按钮，可以将展开的钣金重新进行折叠。另外单击"钣金"工具栏中的"展开"按钮，可以在钣金的展开状态和折叠状态间进行切换。

8.3.6 切口与折弯

通过为具有相同厚度的实体进行切口操作创建钣金切口，再通过折弯操作创建钣金的弯边，可以将实体转换为钣金，下面是一个操作实例。

步骤1 打开本书提供的素材文件"8.3.6 切口与折弯（SC）.SLDPRT"，如图 8-33a 所示。单击"钣金"工具栏中的"切口"按钮，打开"切口"属性管理器，如图 8-33b 所示。选择切口边线，并设置"切口缝隙"，单击"确定"按钮，即可创建切口，如图 8-33c 所示。

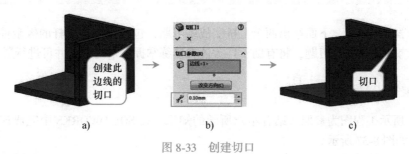

图 8-33　创建切口

步骤2 单击"钣金"工具栏中的"折弯"按钮，打开"折弯"属性管理器。选择"固定面"，设置"折弯半径"和"自动切释放槽"的类型，单击"确定"按钮，即可创建折弯（此时从操作界面左侧的模型树中可以发现当前实体已被转换为钣金），如图 8-34 所示。

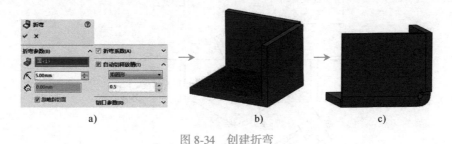

图 8-34　创建折弯

8.3.7 成形工具

"成形工具"按钮用于创建对钣金进行冲压的实体工具。首先创建一实体，然后单击"钣金"工具栏中的"成形工具"按钮，打开"成形工具"属性管理器，如图 8-35a 所示。选择进行冲压的"停止面"和冲压后"要移除的面"，单击"确定"按钮，即可创建用于实体冲压的成形工具，如图 8-35b 所示。

将"成形工具"文件所在的文件夹添加到设计库中，并将此文件夹设置为"成形工具文件夹"（如图 8-35c 所示），然后将定义的成形工具拖动到钣金面上，再设置好成形工具的位置，即可对钣金进行冲压。

a)
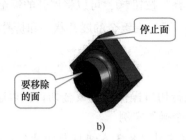
b)

c)

图 8-35 创建"成形工具"

8.4 实战练习

针对本章学习的知识，下面给出两个上机实战练习题，包括设计连接杆的钣金件、硬盘架的钣金件等；思考完成这些练习题，将有助于广大读者熟练掌握本章内容，并可进行适当拓展。

8.4.1 连接杆的钣金件设计

以图 8-36 所示工程图为参照，结合本章所学的知识，在 SOLIDWORKS 中完成连接杆的钣金件设计，效果如图 8-37 所示。

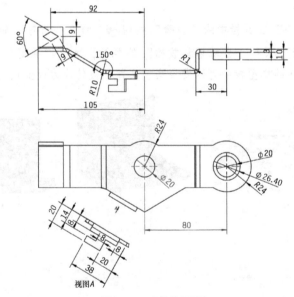

图 8-36 连接杆图样

图 8-37 连接杆模型效果

8.4.2　硬盘架的钣金件设计

以图 8-38 所示工程图为参照，结合本章所学的知识，在 SOLIDWORKS 中完成硬盘架的钣金件设计，效果如图 8-39 所示。

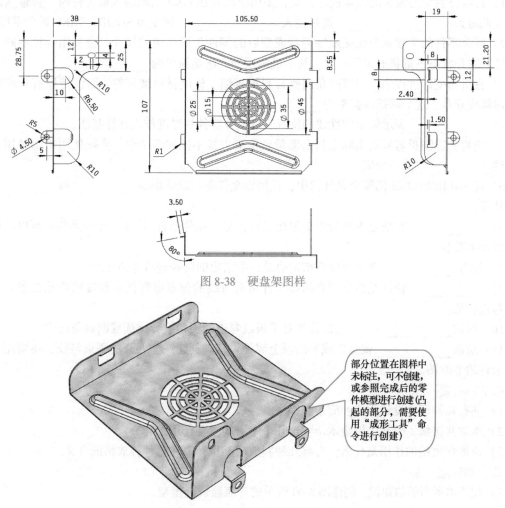

图 8-38　硬盘架图样

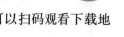

部分位置在图样中未标注，可不创建，或参照完成后的零件模型进行创建(凸起的部分，需要使用"成形工具"命令进行创建)

图 8-39　要创建的硬盘架模型效果

8.5　习题解答

针对 8.4 节的实战练习，本书给出了视频讲解，包括相关实例等，读者可以扫码观看下载地址，进行下载。

如果仍无法独立完成 8.4 节要求的这些操作，那么就一步一步跟随视频讲解，操作一遍吧！

8.6　课后作业

本章简要介绍了钣金件的基础知识、钣金的设计方法和钣金的编辑方法，包括薄片、法兰和闭合角等特征，以及对钣金进行展开和折叠等操作，并通过创建连接杆实例和硬盘架实例对所学知识进行了加深和巩固。

为了更好地掌握本章内容，可以尝试完成如下课后作业。

一、填空题

1）将实体转变为钣金的钣金设计方式，多用于从其他 CAD 系统输入钣金件时，将输入的钣金件（此时为_____）通过插入_____转变为 SOLIDWORKS 钣金零件。

2）钣金零件的工程师为保证最终折弯成型后的零件为所期望的尺寸，会利用各种不同的算法来计算展开状态下备料的实际长度，其中最常用的方法是简单的_____。

3）在折弯变形过程中，折弯圆角内侧材料被压缩、外侧材料被拉伸，而保持原有长度的材料呈圆弧线分布，这个圆弧线被称为_____。

4）_____表示钣金中性线的位置，以钣金零件的厚度作为计算基准。

5）折弯扣除与折弯系数实际上只是测量或定义方式不同的两个量，实际使用中都是用于确定零件_____的一个值。

6）在 SOLIDWORKS 的钣金设计树中，任何钣金件都将默认添加_____和_____两个特征。

7）_____特征是主要的钣金创建工具，与"拉伸凸台/基体"命令类似，可以使用轮廓线拉伸出钣金。

8）利用_____命令可以在指定边处，沿指定的路径进行弯边处理。

9）_____特征是指将现有的钣金件沿折弯线的位置进行任意角度的弯曲变形，所形成的弯边特征。

10）所谓_____特征是指对平板或弯边的尖角进行倒圆或倒斜角处理。

11）所谓_____就是以成形的钣金部件为基础创建一个展开的平面特征，主要用于制作钣金件的平面图。

二、问答题

1）共有几种钣金设计方式？简述其操作。

2）本章共讲解了哪几个钣金术语？这几个术语的主要作用是什么？

3）添加释放槽的作用是什么？有哪几种释放槽类型？简述每种释放槽的含义。

三、操作题

1）使用本章所学的知识，创建图 8-40 所示的开瓶器钣金模型。

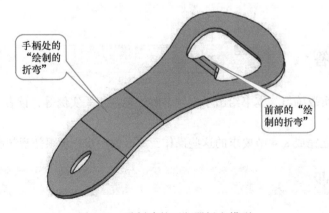

图 8-40　需创建的开瓶器钣金模型

提示：可通过三步操作完成本模型。第一步创建草绘图形，第二步创建开瓶器前部的折弯，第三步创建开瓶器手柄处的折弯即可。开瓶器模型各步操作的值可参见本书提供的素材文件"8.6 操作题 01（JG）.SLDPRT"。

2）使用本章所学的知识，创建图 8-41a 所示的夹子钣金模型。

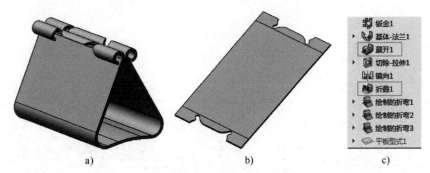

a)　　　　　　　　　　　　b)　　　　　　　　　c)

图 8-41　需创建的夹子模型和其主要创建界面图

提示：本实例主要通过"切除-拉伸"和"绘制的折弯"命令创建，如图 8-41c 所示。其中夹子两侧圆形弯曲部分需要在平面下进行拉伸切除操作，如图 8-41b 所示，所以需灵活运用钣金的"展开"和"折叠"特征。

第9章

焊 件

学习目标

利用 SOLIDWORKS 提供的焊件功能，可以轻松进行焊接件的设计。SOLIDWORKS 所设计的焊件实体，除了可以用于生成焊件工程图外，还可以使用专门的机器人离线编程程序，提取出焊件中的复杂空间曲线，实现焊接机器人中焊缝程序的自动创建，从而可进行大规模结构构件的自动焊接（此技术在汽车生产中较常使用）。

需要注意的是，在 SOLIDWORKS 中所创建的焊件，其焊接形式主要是应用最为广泛的弧焊，不包括点焊和气焊等焊接形式。

本章主要讲述焊件设计和焊件工程图的生成方法。

9.1 焊件入门

焊接是一种重要的金属加工工艺，主要用于将两个或多个金属件连接成为一个金属件。与其他连接方法相比较，焊件具有强度高、节省材料、接头致密性好等优点。在工业生产中，金属的焊接，特别是钢材的焊接应用最为广泛。图 9-1 所示为典型的焊件。

a) 三轮车架

b) 自行车焊件

图 9-1 典型的焊件

9.1.1 "焊件"工具栏

右键单击 SOLIDWORKS 建模环境中顶部的空白区域，在弹出的快捷菜单中选择"焊件"选项，可显示"焊件"工具栏，如图 9-2 所示。

图 9-2 "焊件"工具栏

在"焊件"工具栏中同样有"拉伸凸台/基体""拉伸切除""倒角"和"参考几何体"等特征，其功能与实体操作时基本相同，所以在焊件上此类按钮的使用，本章将不做单独讲述，而是重点讲述焊件中经常会用到的结构构件、焊缝和顶端盖等特征。

9.1.2 焊件特征

在进行实体设计时，单击"焊件"工具栏中的"焊件"按钮 (或选择"插入"→"焊件"→"焊件"菜单命令)，可以将实体零件标记为焊接件，同时在操作界面左侧设计树中显示"焊件"特征标识，如图 9-3 所示。

焊接零件设计环境实际上是一个多实体的零件设计环境，即在焊接零件中，每一个结构构件或焊接特征都是一个独立的实体。焊接零件中，系统将自动添加两个配置，如图 9-4 所示。

➢ 默认<按加工>：包含零件所有特征，除了焊接构件以外，还包含焊接零件中的孔和切除特征。

➢ 默认<按焊件>：只包含零件的构件和焊接实体，压缩包含孔在内的其他特征。

图 9-3 设计树中显示"焊件"特征标识　　图 9-4 自动添加的配置

提示：

也可使用"焊件"工具栏中的"结构构件"按钮 直接生成焊件，系统会自动将零件标记为焊接件，并将焊件特征添加到操作界面左侧设计树中。

9.2 结构构件

在 SOLIDWORKS 中，焊件实际上是为了方便设计一些主要由很多标准的管道、c 槽、sb 横梁、方形管、管道、角铁和矩形管等组成的零件而设计的。这些标准的管道、c 槽、sb 横梁、方形管、管道、角铁和矩形管等在焊件中统称为结构构件，如图 9-5~图 9-10 所示。SOLIDWORKS 中自带了存放这些标准件的库文件（主要分为 ANSI 英寸和 ISO 两种标准），可以直接将这些结构构件添加到符合要求的草图中。

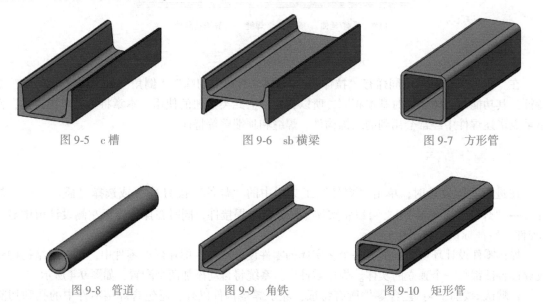

图 9-5 c 槽   图 9-6 sb 横梁   图 9-7 方形管

图 9-8 管道   图 9-9 角铁   图 9-10 矩形管

而焊接的意义就在于将这些标准件进行排列和组合，或与其他非焊接标准件实体进行焊接，从而设计出符合要求的机件或零件。

下面介绍设计结构构件的过程。

9.2.1 添加结构构件

首先绘制好结构构件的路径草图，然后单击"焊件"工具栏中的"结构构件"按钮 🗊（或选择"插入"→"焊件"→"结构构件"菜单命令），选中绘制好的路径草图，并在"结构构件"属性管理器中依次选择结构构件的"标准""类型"和"大小"，单击"确定"按钮 ✔，即可添加结构构件，如图 9-11 所示。

打开"结构构件"属性管理器中的"设定"卷展栏，如图 9-12 所示。在此卷展栏中可以设置结构构件的更多选项。下面解释其中部分选项的功能和含义。

> ➤ **"合并圆弧段实体"复选框**：如果路径草图中有相切的圆弧段，将显示此复选框。选中此复选框后将合并圆弧段和相邻实体为一个实体，否则每个曲面实体将生成单独实体。
> ➤ **"应用边角处理"复选框**：当结构构件在边角处交叉时，用于定义如何剪裁结构构件的重叠部分（关于其含义和作用详见 9.2.3 节中的讲述）。
> ➤ **"镜像轮廓"复选框**：用于定义结构构件截面轮廓的方向。选中此复选框后，可以将轮廓按照水平轴镜像或竖直轴镜像，如图 9-13 所示。

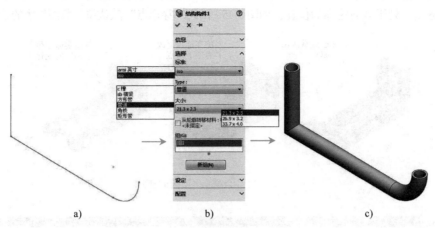

图 9-11 添加结构构件操作

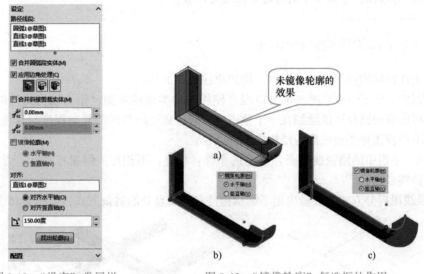

图 9-12 "设定"卷展栏   图 9-13 "镜像轮廓"复选框的作用

➤ **"对齐"下拉列表框**：通过此列表框可令截面轮廓的水平轴或竖直轴与所选定的参考轴对齐，如图 9-14 所示（通过下面的"旋转角度" ![icon]文本框可以具体定义轮廓与参考轴的夹角大小）。

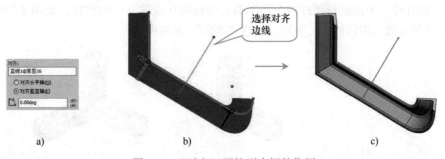

图 9-14 "对齐"下拉列表框的作用

➢ **"找出轮廓"** 按钮：单击此按钮后可将视图放大到结构构件的截面轮廓，并可通过单击定义"穿透点"处于截面轮廓的位置，如图 9-15 所示（"穿透点"默认位于截面轮廓的草图原点）。

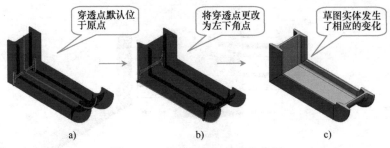

图 9-15 "找出轮廓"按钮的作用

提示：

在"结构构件"属性管理器的"选择"卷展栏中单击"新组"按钮，可以选择多个草图作为结构构件的路径，并且可分别为每个组设定参数。

9.2.2 关于结构构件的路径草图

在绘制用作结构构件布局的草图时，用户应注意如下几点。

1）可以使用 2D 或 3D 草图，也可以混合使用两种类型的草图，作为结构构件的路径曲线。但是应避免将所有的路径线段绘制在一个草图中，应注意平衡草图的复杂程度与其他操作的利益关系，并且不可使用样条曲线作为结构构件的路径。

2）在同一个组中的路径线段必须满足的条件：相连；不相连，但相互平行。否则需要使用两个组来选择路径曲线。

3）路径线段拆分方式的数量决定了结构构件在其交点处的剪裁方式，如图 9-16 所示。

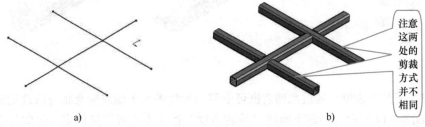

图 9-16 路径线段对于剪裁的影响

4）同一操作中，不能选择超过两个共享端点的路径线段建立结构构件，如图 9-17 所示，因此要建立角落部分的结构构件，必须通过创建"新组"来实现。

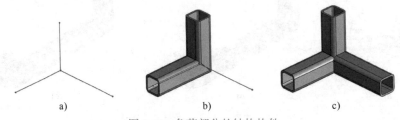

图 9-17 角落部分的结构构件

9.2.3　边角处理

在创建结构构件的过程中，当结构构件在边角处交叉时，可以在"结构构件"属性管理器中定义剪裁结构构件重叠部分的方式，如图 9-18 所示。共有三种剪裁方式，分别为终端斜接、终端对接 1 和终端对接 2，其效果如图 9-18 所示。

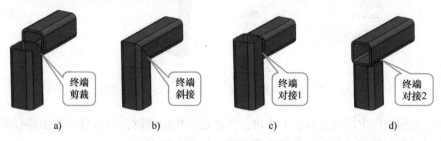

图 9-18　边角处理效果

SOLIDWORKS 焊接件的边角处理方式在实际加工中较为常见，其含义此处不做过多解释。

在选用终端对接边角处理方式时，还可以选择对接的方式，分别为"链接线段之间的简单切除"和"链接线段之间的封顶切除"，其效果如图 9-19 所示。其中"链接线段之间的封顶切除"可理解为以其中一个结构构件的轮廓来剪裁另外一个结构构件。

图 9-19　边角对接的方式

在选择"终端斜接"边角处理方式时，其下面的"在同一组中链接的线段之间的缝隙"文本框可用，用于设置"终端斜接"边角间两个结构构件间的缝隙，如图 9-20b 所示，此缝隙可用后面将要学到的"圆角焊缝"特征填充，如图 9-20c 所示。

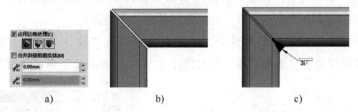

图 9-20　"在同一组中链接的线段之间的缝隙"文本框的作用和在缝隙间添加的焊缝

提示：

如图 9-20a 所示，选中"合并斜接剪裁实体"复选框后，该焊件实体将被组合为一个实体，这样焊件切割清单中该实体将自动作为一个构件对待（否则默认为两个构件）。

如果结构构件的边角是由两组线段的结构构件构成，则在创建结构构件时，"不同组线段之间的缝隙" ![icon]文本框可用。此时可通过该文本框设置不同组线段所构成的结构构件边角处的缝隙距离，如图 9-21 所示。

图 9-21 "不同组线段之间的缝隙"文本框的作用

如果一个结构构件中同时具有多个边角，在创建结构构件时，单击每个边角路径的端点，可以在打开的对话框中单独设置此边角的处理方式，如图 9-22 所示。

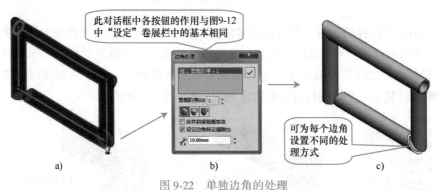

图 9-22 单独边角的处理

9.2.4 自定义结构构件的轮廓

SOLIDWORKS 软件焊件轮廓库中只有 ANSI 英寸和 ISO 两种标准的结构构件轮廓，种类有限，因此很多时候国内的设计人员要根据国家或企业标准来自定义结构构件的轮廓以供使用。下面介绍如何自定义结构构件的轮廓，具体步骤如下。

步骤 1 新建一个零件文件，并进入任一个基准面的草绘环境，绘制图 9-23 所示的草绘图形（注意将草图的中心定义为坐标原点，此原点将被作为穿透点）。

步骤 2 在不退出草绘环境的前提下，单击窗口左侧的"设计库"标签 ![icon]，如图 9-24 所示，在打开的标签栏中单击"添加到库"按钮 ![icon]，打开"添加到库"属性管理器（图 9-25a）。

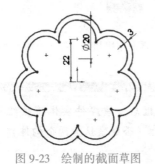

图 9-23 绘制的截面草图

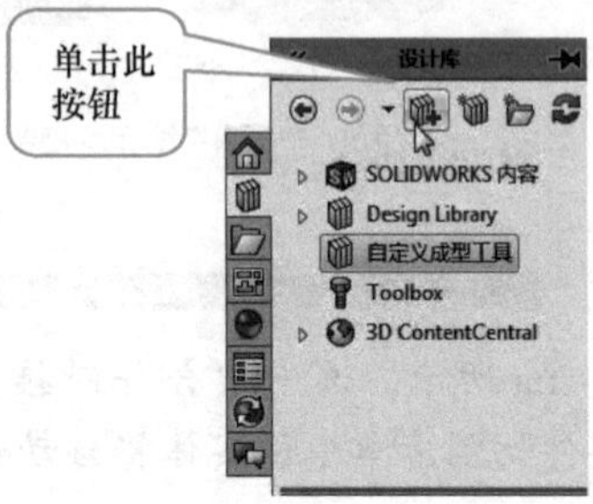

图 9-24 单击"添加到库"按钮

步骤3 在"添加到库"属性管理器中，选择新绘制的草图轮廓作为"要添加的项目"，如图 9-25b 所示。

步骤4 打开"添加到库"属性管理器的"保存到"卷展栏，如图 9-26b 所示，在"文件名称"文本框中输入结构构件截面轮廓的名称为"米 22×7×20×3"。

步骤5 选择"设计库文件夹"的路径为"weldment profiles"→"iso"→"自定义"（如无此路径，则可参照下面"提示"进行操作），如图 9-26b 所示。

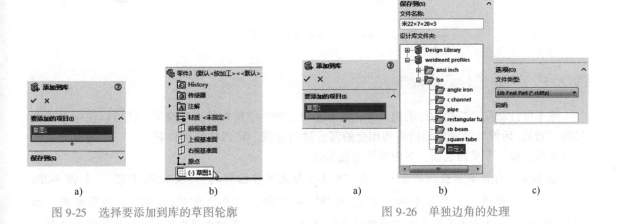

图 9-25 选择要添加到库的草图轮廓 　　　　　图 9-26 单独边角的处理

> **提示：**
>
> 如"设计库文件夹"路径中无 weldment profiles 目录，则需要单击右侧"设计库"标签栏顶部的"添加文件位置"按钮 ⊞，将 C:\Program Files\SOLIDWORKS Corp\SOLIDWORKS\data\weldment profiles\ 文件位置添加到设计库中，并在 \weldment profiles\iso\ 文件夹下新建一个"自定义"文件夹。

步骤6 打开"添加到库"属性管理器的"选项"卷展栏，如图 9-26c 所示，在"文件类型"下拉列表中选择要保存的文件类型为"＊.sldlfp"，并输入说明信息，单击"添加到库"属性管理器的"确定"按钮 ✓，完成结构构件轮廓的创建。

> **提示：**
>
> 如在下面"步骤7"操作中，未显示新创建的自定义结构构件，则需要在"C:\Program Files\SOLIDWORKS Corp\SOLIDWORKS\data\weldment profiles\自定义"目录中，重新打开刚才创建的"米 22×7×20×3.sldlfp"文件，并在左侧"导航控制区"的配置标签栏"Configuration-Manager"中，新添加一个配置，配置名称任意设置即可。

步骤7 新建一个零件文件，并绘制图 9-27a 所示的草图，然后单击"焊件"工具栏中的"结构构件"按钮，打开"结构构件"属性管理器，选择草绘路径，再依次选择"iso"→"自定义"和"米 22×7×20×3"选项，其他选项保持系统默认，单击"确定"按钮 ✓，即可使用自定义的轮廓绘制结构构件，如图 9-27b、图 9-27c 所示。

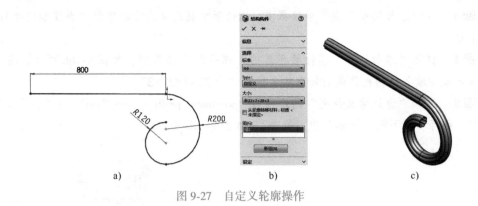

图 9-27　自定义轮廓操作

9.2.5　剪裁/延伸结构构件

除了可自动裁剪结构构件的边角外，如果多次添加的结构构件出现交叉，还可以使用系统提供的"剪裁/延伸"命令对结构构件相交的部分进行剪裁。可以将结构构件剪裁到一个现有的结构构件实体，或一个平面表面，下面介绍剪裁操作。

步骤 1　打开本书提供的素材文件"9.2.5 剪裁延伸结构构件（SC）.SLDPRT"，如图 9-28a 所示。单击"焊件"工具栏中的"剪裁/延伸"按钮，打开"剪裁/延伸"属性管理器，如图 9-28b 所示。使用系统默认的"终端剪裁"方式，选择素材文件中间细的结构构件为"要剪裁的实体"，选择两侧粗的结构构件为"剪裁边界"，如图 9-28c 所示。

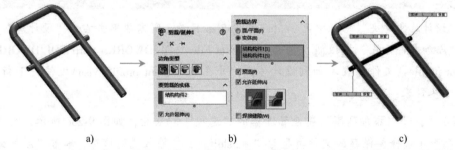

图 9-28　打开的素材文件、"剪裁/延伸"属性管理器和选择的"要剪裁的实体"及"剪裁边界"

步骤 2　双击被剪裁实体两侧标注中的"保留"文字，将其切换为"丢弃"，即表明此部分材料将被丢弃，如图 9-29a 所示，单击"确定"按钮完成剪裁操作，其效果如图 9-29b 所示。

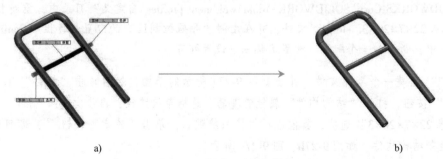

图 9-29　"剪裁/延伸"操作

"剪裁/延伸"属性管理器（如图9-28b所示），除了"终端剪裁"方式外还有三种剪裁方式，这三种剪裁方式多用于结构构件的边角处理，其作用和含义可参照9.2.3节中的讲述。

在进行终端剪裁操作时，除了可以选择实体作为裁剪边界外，还可以选择曲面或平面作为裁剪的边界。如选择"焊接缝隙"选项，则可以设置被剪裁的结构构件与裁剪边界间的距离。

9.3 附加焊件

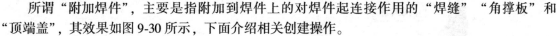

所谓"附加焊件"，主要是指附加到焊件上的对焊件起连接作用的"焊缝""角撑板"和"顶端盖"，其效果如图9-30所示，下面介绍相关创建操作。

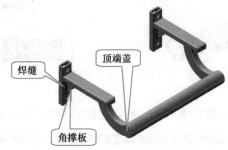

图 9-30 附加焊件

9.3.1 焊缝

使用"圆角焊缝"特征工具可以在任何交叉的焊件实体（如结构构件、平板焊件或角撑板）之间添加焊缝。

单击"焊接"工具栏中的"焊缝"按钮，打开"焊缝"属性管理器，设置焊缝半径，然后依次选择两个相邻的面组（或选择相交线），单击"确定"按钮，即可为结构构件添加焊缝，如图9-31所示。

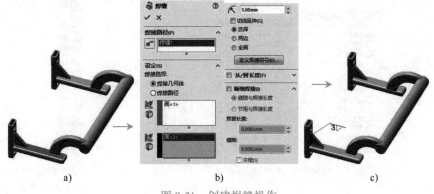

图 9-31 创建焊缝操作

知识库：

在"焊缝"属性管理器中，选中"切线延伸"复选框，可以沿着相切的交叉边线自动延伸焊缝；选择"焊接路径"单选项，可以沿路径创建多条焊缝。

如图 9-31b 所示，在"焊缝"属性管理器的"设定"卷展栏中，选中"选择"单选项，将只在两个面的交线位置处创建焊缝；如选中"两边"单选项，则将在所选面的对侧面同时创建焊缝；如选中"全周"单选项，则将在其中一个面的周边面上全部创建焊缝。

在"焊缝"属性管理器中，如选中"断续焊接"复选框，可为焊件添加间歇焊缝。间歇焊缝是一种具有一定间距的焊缝形式，如图 9-32 所示。在创建间歇焊缝时，可以定义"焊缝长度"和"焊缝间距"（或"节距"与"焊接长度"）。选中"交错"复选框，可令焊缝交错分布，如图 9-33 所示。

图 9-32　间歇焊缝

图 9-33　交错焊缝

此外，选中"'从/到'长度"复选框，则可在面的相交线上，自定义焊缝的长度。

提示：

实际上，选择"插入"→"焊件"→"圆角焊缝"菜单命令，还可为焊件添加圆角焊缝。圆角焊缝与焊缝不同，是可以直接选择的焊缝实体（焊缝原则上不是实体，类似于"装饰螺纹线"），但是却无法在工程图的焊接表中被使用，所以在新版本中推荐不使用此特征。

添加的焊缝特征会默认归类于"焊接文件夹"中，而圆角焊缝由于是实体，则会以实体特征的形式显示在设计树中，如图 9-34 所示；如添加的焊缝未显示出来，可单击"前导视图"工具栏中的"隐藏/显示项目"按钮，在打开的下拉面板中单击"查阅焊缝"按钮，显示焊缝，如图 9-35 所示。

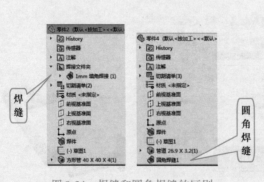

图 9-34　焊缝和圆角焊缝的区别

图 9-35　显示焊缝操作

9.3.2　角撑板

角撑板主要用于加固两个结构构件的相交区域，使结构构件连接得更牢固且不易变形。系统提供了**"三角形轮廓"**和**"多边形轮廓"**两种类型的角撑板，如图 9-36 所示。

图 9-36　角撑板的两种类型

单击"焊件"工具栏中的"角撑板"按钮🪚，打开"角撑板"属性管理器。依次选择要添加角撑板的两个相交面，再适当设置角撑板的轮廓和在结构构件上的位置（或保存系统默认设置），单击"确定"按钮 ✔，即可添加角撑板，如图 9-37 所示。

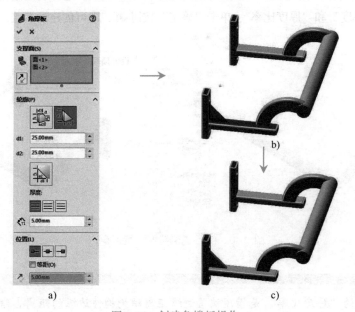

图 9-37　创建角撑板操作

在"角撑板"属性管理器的"轮廓"卷展栏中，"多边形轮廓"按钮🔲和"三角形轮廓"按钮🔺，分别用于两种角撑板类型的切换，其参数可参考卷展栏中的图例进行设置，此处不做过多讲解，下面介绍其他选项的作用。

➢"倒角"按钮🔺：单击此按钮可为角撑板设置倒角，以便为角撑板下的焊缝留出空间，如图 9-38 所示，其参数设置与倒角基本相同，此处也不做过多叙述。

➢"厚度"下的"内边"▤、"两边"▤和"外边"▤按钮及"角撑板厚度"🔧文本框：用于设置角撑板的厚度，及厚度延伸的方向，可设置角撑板轮廓向两侧延伸，也可设置向某一侧延伸。

➢"位置"卷展栏：用于设置角撑板在放置面上与边界的相对位置，可设置"定位于起点"▤"定位于中点"▤和"定位于端点"▤等，如图 9-39 所示。选中"等距"复选框，可在下面的"等距值"下拉列表框中设置角撑板距离某个边界的确切距离。

定位于起点

定位于端点

图 9-38　角撑板的倒角　　　　　　图 9-39　角撑板的位置

9.3.3　顶端盖

"顶端盖"特征工具用于闭合敞开的结构构件，以防止进入杂物等。单击"焊件"工具栏中的"顶端盖"按钮 🔘，打开"顶端盖"属性管理器，如图 9-40b 所示。选择管道结构构件的两个端面，设置顶端盖的"厚度"和"厚度比率"，单击"确定"按钮 ✔，即可创建顶端盖，如图 9-40c 所示。

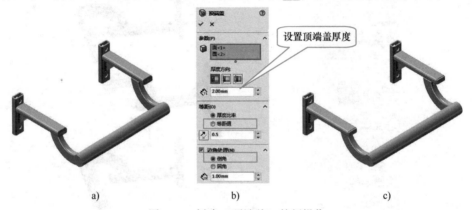

设置顶端盖厚度

a)　　　　　　　　　　b)　　　　　　　　　　c)

图 9-40　创建"顶端盖"特征操作

> **提示：**
> 所谓顶端盖的"厚度比率"是指顶端盖边缘距离结构构件边缘的距离占结构构件厚度的比例。"顶端盖"属性管理器中，"向内" 🔲、"向外" 🔲 和"内部" 🔲 按钮用于设置顶端盖延伸的方向；如选中"边角处理"复选框，可以设置顶端盖自动生成倒角的倒角尺寸。

9.4　其他焊件功能

本节讲述 SOLIDWORKS 其他的焊件功能，包括类似于装配工程图中材料明细表的切割清单、焊件工程图的创建和子焊件的创建，及在装配体中创建焊缝的方法等，本节是难点也是重点，需要读者用心理解和掌握。

9.4.1　切割清单与焊件工程图

当文件中有多个实体时，在操作界面左侧的设计树中将显示"实体"文件夹 🔘（如图 9-41a

所示），以用于对多个实体文件进行统一管理。在插入焊件特征后，"实体"文件夹将重新命名为
"切割清单"文件夹 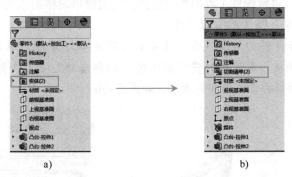 （如图 9-41b 所示），以对焊件的各个实体进行统一管理。

a)   b)

图 9-41　从"实体"文件夹到"切割清单"文件夹的转变

提示：

切割清单前的图标：⊞ 图标表示切割清单需要更新，⊞ 图标表示切割清单已更新。当添
加了焊件实体，或焊件实体被改变，切割清单中并不能立即反应所做的改变，只是"切割清
单"文件夹图标改变为⊞。此时右键单击此图标，在弹出的快捷菜单中选择"更新"命令，
可对切割清单进行更新，以包含实体中添加的项目。

切割清单实际上是把焊件的各种属性、特征进行归类，并且用数据的形式展现出来的一个表
格。其在模型文件中主要是一个自动归类的工具，另外，可以通过其属性查看模型某一方面的特
性等。将其用于工程图中，则可以自动生成切割清单表格，此表格可对模型文件进行详尽的说
明，非常方便，如图 9-42 所示。所以，下面将模型视图中的切割清单与焊件工程图放在一起讲
解，以便读者领会和学习。

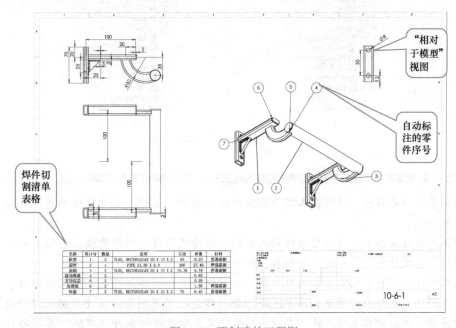

图 9-42　要创建的工程图

焊件工程图与前文第 7 章讲述的工程图操作基本相同，而且更类似于其中的装配工程图，同样可以创建模型视图、投影视图，以及自动标注零件序号等。与第 7 章相同的部分，此处不再赘述，下面通过一个实例，讲解焊件工程图中要用到的切割清单表格的添加和设置方法，以及前文没有讲到的"相对于模型"视图的添加方法。

步骤 1　打开本书提供的素材文件"9.4.1 切割清单与焊件工程图（SC）.SLDPRT"，如图 9-43a 所示。右键单击操作界面左侧模型树中的"切割清单"项，在弹出的快捷菜单中选择"更新"菜单项，以更新焊件模型的切割清单，如图 9-43b 所示。

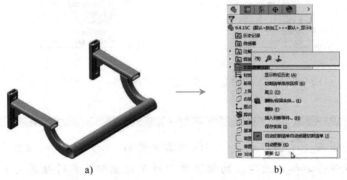

图 9-43　打开素材文件并更新切割清单操作

步骤 2　单击"切割清单"前的加号，打开"切割清单"项目列表，如图 9-44a 所示。然后自上而下双击并重命名 7 个切割清单项目，分别为横梁、圆管、曲柄、圆顶端盖、方顶端盖、竖梁和角撑板，如图 9-44b 所示。

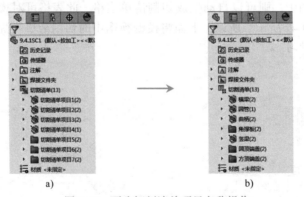

图 9-44　更改切割清单项目名称操作

提示：

切割清单的项目名称，可以在工程图添加的切割清单中显示，此处更改的目的也是为后面的操作做好铺垫。

切割清单项目实际上是系统按照材料的不同，如按照管材、矩形构件、顶端盖和大小长度等，自动对当前文件中的焊件进行的归类，用户也可以自行调整其组合。

圆角焊缝默认不属于切割清单项目，用户也可以将某些焊件排除在切割清单之外，只需右键单击某个焊件，在弹出的快捷菜单中选择"制作焊缝"菜单项即可（要将排除在外的焊件添加到切割清单，可右键单击该焊件，在弹出的快捷菜单中选择"制作非焊缝"菜单项）。

步骤 3　　右键单击设计树中的"材质"项，在弹出的快捷菜单中选择"编辑材料"菜单项，如图 9-45a 所示，打开"材料"对话框，选择模型的"材质"为"普通碳钢"，如图 9-45b 所示。

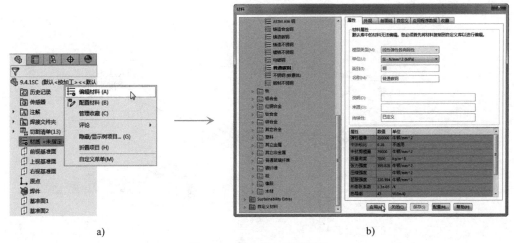

a)　　　　　　　　　　　　　　　　　　　　b)

图 9-45　更改材料材质操作

步骤 4　　再次打开"切割清单"项目列表，并右键单击"横梁"切割清单项目，在弹出的快捷菜单中选择"属性"菜单项，如图 9-46a 所示，打开"切割清单属性"对话框，如图 9-46b 所示，在"属性名称"栏中最后一排的下拉列表中选择"重量"列表项，并在"数值/文字表达"栏中选择"质量"列表项。

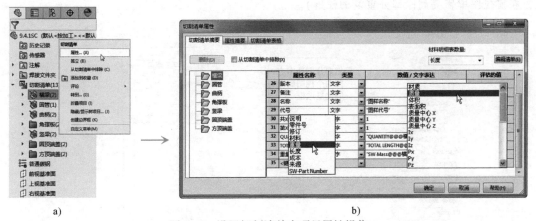

a)　　　　　　　　　　　　　　　　　　　　b)

图 9-46　设置切割清单内项目属性操作

步骤 5　　在"切割清单属性"对话框中分别选择左侧的圆管、曲柄等其他所有项，并为其添加"重量"属性。

> **知识库：**
>
> 　　"切割清单属性"对话框中，系统默认提供了"说明""零件号""修订"等属性，用户可以直接选择使用，也可以自行命名新的属性，单击该对话框右上角的"编辑清单"按钮，可以添加或删除这些属性。
>
> 　　需要注意的是 DESCRIPTION 通常相当于"说明"属性，MATERIAL 是指材质。该对话框右侧的"属性摘要"和"切割清单表格"标签栏用于对当前的切割清单项目进行横向预览。

步骤 6 完成上面操作后，将文件另存为"9.4.1 切割清单与焊件工程图（JG）.SLDPRT"文件，然后新建一张 A3 大小的图纸，选择此文件为建立工程图的零件，创建一个前视图及两个投影视图，如图 9-47 所示。

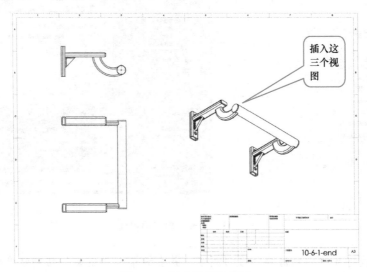

图 9-47　创建的焊件视图

步骤 7 分别选中前视图和上视投影视图，并为其插入注解，如图 9-48 所示（需要注意的是，在前视图中需要删除部分重复的注解）。

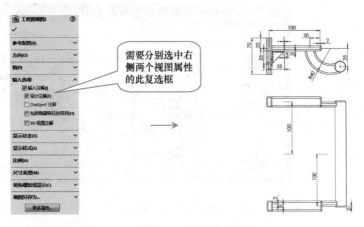

图 9-48　插入注解操作

步骤 8 选中斜视投影视图，如图 9-49a 所示，单击"注解"工具栏"总表"下拉列表中的"焊件切割清单"列表项，打开"焊件切割清单"属性管理器。单击"选择模板"按钮 ★，选择 gb-weldtable 模板为清单模板，其他选项保持系统默认设置，单击"确定"按钮 ✔，在绘图区的适当位置单击插入切割清单，如图 9-49c 所示。

步骤 9 选中插入的切割清单，在显示出来的"表格编辑"工具栏中，单击"表格标题在下"按钮 ▦，改变表格标题的位置，如图 9-50 所示。

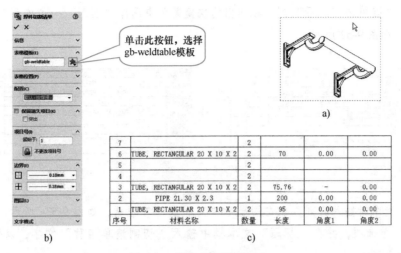

单击此按钮，选择
gb-weldtable模板

a)

7		2			
6	TUBE, RECTANGULAR 20 X 10 X 2	2	70	0.00	0.00
5		2			
4		2			
3	TUBE, RECTANGULAR 20 X 10 X 2	2	75.76	–	0.00
2	PIPE 21.30 X 2.3	1	200	0.00	0.00
1	TUBE, RECTANGULAR 20 X 10 X 2	2	95	0.00	0.00
序号	材料名称	数量	长度	角度1	角度2

b)　　　　　　　　　　　　　c)

图 9-49　插入切割清单操作一

	A	B	C	D	E	F
1	7		2			
2	6	TUBE, RECTANGULAR 20 X 10 X 2	2	70	0.00	0.00
3	5		2			
4	4		2			
5	3	TUBE, RECTANGULAR 20 X 10 X 2	2	75.76	–	0.00
6	2	PIPE 21.30 X 2.3	1	200	0.00	0.00
7	1	TUBE, RECTANGULAR 20 X 10 X 2	2	95	0.00	0.00
8	序号	材料名称	数量	长度	角度1	角度2

表格标题在下

序号	材料名称	数量	长度	角度1	角度2
1	TUBE, RECTANGULAR 20 X 10 X 2	2	95	0.00	0.00
2	PIPE 21.30 X 2.3	1	200	0.00	0.00
3	TUBE, RECTANGULAR 20 X 10 X 2	2	75.76	–	0.00
4		2			
5		2			
6	TUBE, RECTANGULAR 20 X 10 X 2	2	70	0.00	0.00
7		2			

图 9-50　插入切割清单操作二

步骤 10　选中插入的切割清单的"数量"列，向右拖动，将其移动到"材料名称"列的左侧，如图 9-51 所示。

序号	数量	材料名称	长度	角度1	角度2
1	2	TUBE, RECTANGULAR 20 X 10 X 2	95	0.00	0.00
2	1	PIPE 21.30 X 2.3	200	0.00	0.00
3	2	TUBE, RECTANGULAR 20 X 10 X 2	75.76	–	0.00
4	2				
5	2				
6	2	TUBE, RECTANGULAR 20 X 10 X 2	70	0.00	0.00
7	2				

图 9-51　移动切割清单中的列

步骤 11 右键单击"序号"列，在弹出的快捷菜单中选择"插入"→"左列"命令，为表格插入新的列，如图 9-52 所示。

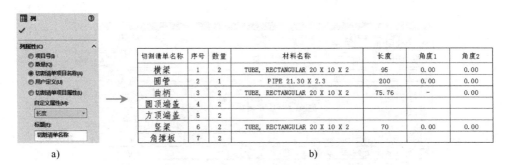

图 9-52 插入新列操作一

步骤 12 选中新插入的列，在左侧显示"列"属性管理器，如图 9-53a 所示。选中"切割清单项目名称"单选项，并在"标题"文本框中输入"切割清单名称"文字，以添加名称列，效果如图 9-53b 所示。

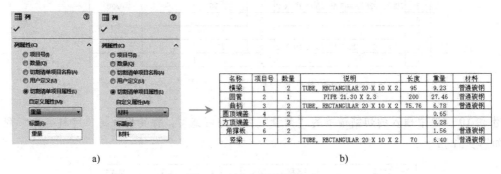

图 9-53 插入新列操作二

步骤 13 分别选中右侧两个"角度"列，为其设置与零件的"重量"属性及"材料"属性相关联，并根据需要更改列名，调整后的表格效果如图 9-54 所示。

名称	项目号	数量	说明	长度	重量	材料
横梁	1	2	TUBE, RECTANGULAR 20 X 10 X 2	95	9.23	普通碳钢
圆管	2	1	PIPE 21.30 X 2.3	200	27.46	普通碳钢
曲柄	3	2	TUBE, RECTANGULAR 20 X 10 X 2	75.76	6.78	普通碳钢
圆顶端盖	4	2			0.65	
方顶端盖	5	2			0.28	
角撑板	6	2			1.56	普通碳钢
竖梁	7	2	TUBE, RECTANGULAR 20 X 10 X 2	70	6.40	普通碳钢

图 9-54 插入新列操作三

步骤 14 选中斜投影视图，单击"注解"工具栏中的"自动零件序号"按钮，在弹出的"自动零件序号"属性管理器中选择"方阵"标注方式，以及"圆形"序号样式，单击"确定"按钮 为视图添加零件序号。

步骤 15 执行主菜单"插入"→"工程图视图"→"相对于模型"菜单命令，切换到模型文件编辑工作界面下，选中一侧竖板，并为其设置"第一方向"和"第二方向"，如图 9-55 所示，单击"确定"按钮 ✔ 继续。

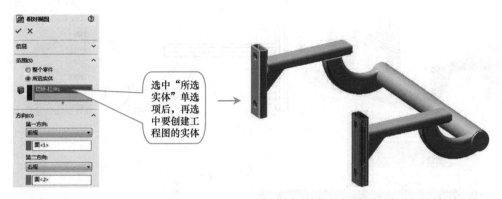

图 9-55　插入"相对于模型"视图操作一

步骤 16　切换回工程图创建界面，在工程图的适当位置单击即可创建所选实体的单独工程图。然后单击"智能尺寸"按钮 ✍ 为此工程图上的圆孔标注直径，两个圆孔间的间距和距离上边界的距离，如图 9-56 所示（最终效果如图 9-42 所示）。

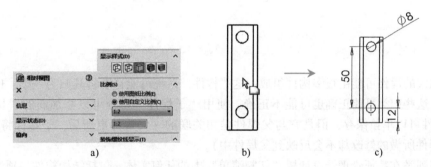

图 9-56　插入"相对于模型"视图操作二

上面操作中主要讲述了切割清单的创建操作过程，工程图中切割清单表格的编辑，焊件工程图中序号的自动添加，以及"相对于模型"工程图的创建方法等，这几个方面是需要读者重点理解和掌握的。

9.4.2　焊接表的创建

除了切割清单，还可以直接创建焊接表。"焊接表"命令用于在工程图中生成一个焊件所有焊缝的列表。

在模型环境中，为模型添加焊缝后，进入工程图环境。首先创建一个模型视图，然后单击"焊接表"按钮 ▦ ，打开"焊接表"属性管理器。选用焊接表模板，再在任意位置单击，即可生成焊接表（双击焊接表中的某一列，可以通过打开的"列类型"对话框更改此列的属性值），如图 9-57 所示。

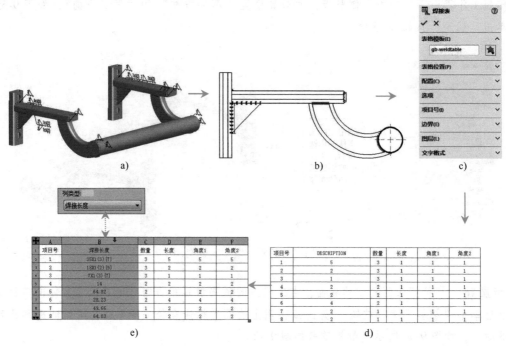

图 9-57　创建焊接表操作及编辑焊接表

9.4.3　子焊件

一个庞大的焊件可能由很多构件组成，这些构件，系统可能自动将其归为一类，也可能将其归为多类，这些归类可能正确也可能不正确，使用"子焊件"命令可以添加新的"切割清单项目"。子焊件可以单独保存，但是它与父焊件是相关联的（父焊件更新后，子焊件将自动更新，但是对子焊件所做的修改却不会反映到父焊件中）。

可以将列举在特征管理器设计树"切割清单"中的任何实体，包括结构构件、顶端盖、角撑板、圆角焊缝以及使用"剪裁/延伸"命令所剪裁的结构构件等创建为子焊件。只需在"切割清单"中右键单击要创建子焊件的实体，再在弹出的快捷菜单中选择"生成子焊件"菜单项即可，如图 9-58a 所示（如选择"插入到新零件"菜单项，则可以直接将子焊件导出为零件类型的子焊件文件，如图 9-58b 所示）。

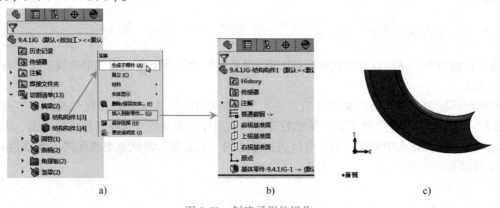

图 9-58　创建子焊件操作

> **提示：**
> 取消切割清单的"自动"更新状态，将所有切割清单项目删除后，再次恢复切割清单的"自动"更新状态，可以将"子焊件"文件夹删除。

9.5 实战练习

针对本章学习的知识，下面给出两个上机实战练习题：焊接座椅和创建自行车三脚架；思考完成这两个练习题，将有助于广大读者熟练掌握本章内容，并可进行适当拓展。

9.5.1 焊接座椅

打开本书提供的素材文件"焊接座椅 SC. SLDPRT"，如图 9-59a 所示，完成焊接座椅焊件模型的创建（金属件的关键部分需要进行焊接，可为其添加圆角焊缝），效果如图 9-59b 所示。

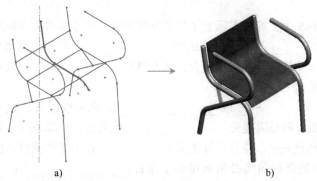

a)   b)

图 9-59　焊接座椅的草图曲线和绘制的座椅模型

9.5.2 创建自行车三脚架

打开本书提供的素材文件"自行车三脚架 SC. SLDPRT"，如图 9-60a 所示，完成自行车三脚架焊件模型的创建（本练习主要考察剪裁工具的使用，此外部分位置也需要进行焊接，可为其添加焊缝），效果如图 9-60b 所示。

a)   b)

图 9-60　自行车三脚架的草图曲线和绘制的实体模型

9.6 习题解答

针对 9.5 节的实战练习，本书给出了视频讲解，包括相关实例等，读者可以扫码观看。

如果仍无法独立完成 9.5 节要求的这些操作，那么就一步一步跟随视频讲解，操作一遍吧！

9.7 课后作业

本章主要介绍了 SOLIDWORKS 中的一个重要的模块——焊件的相关知识，通过本章的学习，读者应该掌握焊件功能模块中基本命令按钮的使用，并大致理解 SOLIDWORKS 中如此安排焊件功能的作用和用意，以为实际工作中能灵活运用此模块打下坚实的基础。

为了更好地掌握本章内容，可以尝试完成如下课后作业。

一、填空题

1）焊接零件设计环境实际上是一个_____的零件设计环境，即在焊接零件中，每一个结构构件或焊接特征都是一个_____。

2）焊接零件中，系统将自动添加两个配置，分别为_____和_____。

3）也可使用"焊件"工具栏中的_____直接生成焊件，系统会自动将零件标记为焊接件。

4）在 SOLIDWORKS 中，焊件实际上是为了方便设计一些主要由很多标准的_____、_____、sb 横梁、_____、角铁和_____等组成的零件而设计的。而焊接的意义就在于将这些标准件进行排列和组合，或与其他_____进行焊接，从而设计出符合要求的机件或零件。

5）可以使用_____或_____，也可以混合使用两种类型的草图，作为结构构件的路径曲线。但是应避免_____绘制在一个草图中，应注意平衡草图的复杂程度与其他操作的利益关系，并且不可使用_____作为结构构件的路径。

6）在同一个组中的路径曲线必须满足如下条件：_____；_____。否则需要使用两个组来选择路径曲线。

7）在创建结构构件的过程中，当结构构件在边角处交叉时，可以在"结构构件"属性管理器中定义剪裁结构构件重叠部分的方式。共有三种剪裁方式，分别为_____、_____和_____。

8）除了可自动裁剪结构构件的边角外，如多次添加的结构构件出现交叉，还可以使用系统提供的_____命令对结构构件相交的部分进行剪裁。

9）可以为焊件添加三种焊缝，分别_____、_____和_____焊缝。

10）_____主要用于加固两个结构构件的相交区域，使结构构件连接得更牢固且不易变形。

二、问答题

1）如何自定义结构构件的轮廓？简述其操作。

2）什么是"交错"焊缝？简述其意义。

3）切割清单有何作用？简述对切割清单的属性进行定义的过程。

三、操作题

1）打开本书提供的素材文件"9.7 操作题 01（SC）.SLDPRT"，如图 9-61a 所示，使用本章所学的知识，创建图 9-61b 所示的椅子焊件模型。

提示：本实例使用标准方形管 30×30×2.6 即可创建椅子的腿部部分，椅子靠背可通过标准管道 33.7×4.0 创建，椅子底部衬垫使用顶端盖创建，椅子焊件各步操作的详细值可参见本书提供

的结果文件 "9.7 操作题 01 (JG) .SLDPRT"。

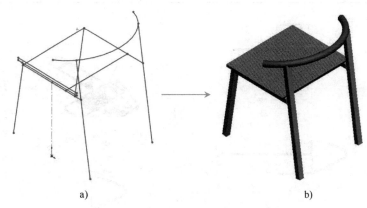

a)   b)

图 9-61   椅子焊件轮廓草图及其模型

2) 打开本书提供的素材文件 "9.7 操作题 02 (SC).SLDPRT",如图 9-62a 所示,使用本章所学的知识,创建图 9-62b 所示的手推车车架焊件模型。

提示:本实例结合了钣金和焊件两个模块的功能来创建手推车车架模型,可对第 8、9 章内容进行有效的复习,手推车车架模型各步操作的详细值可参见本书提供的结果文件 "9.7 操作题 02 (JG) .SLDPRT"。

3) 打开本书提供的素材文件 "9.7 操作题 03 (SC).SLDPRT",如图 9-63a 所示,创建图 9-63b 所示的沙滩车车架焊接件模型。沙滩车车架焊接件工程图如图 9-64 所示。

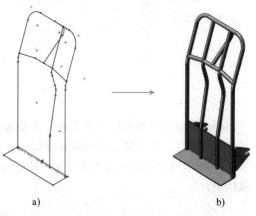

a)   b)

图 9-62   手推车车架轮廓草图及其模型

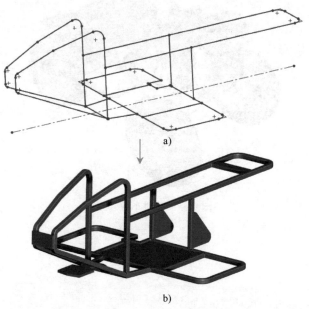

a)

b)

图 9-63   沙滩车车架轮廓草图及其模型

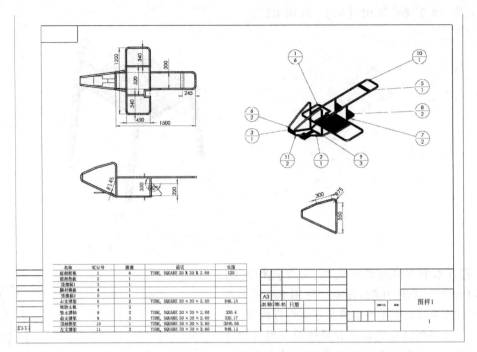

名称	项目号	数量	说明	长度
底部框架	1	6	TUBE, SQUARE 30 X 30 X 2.60	130
前部隔板	2	1		
连接板1	3	1		
脚杆钢板	4	1		
连接板2	5	1		
右支撑架	6	2	TUBE, SQUARE 30 X 30 X 2.60	949.15
轮胎支板	7	2		
竖立撑轴	8	2	TUBE, SQUARE 30 X 30 X 2.60	330.4
前立撑架	9	3	TUBE, SQUARE 30 X 30 X 2.60	325.17
顶部框架	10	1	TUBE, SQUARE 30 X 30 X 2.60	3946.66
左支撑架	11	3	TUBE, SQUARE 30 X 30 X 2.60	949.15

图 9-64　沙滩车车架焊接件工程图

提示：沙滩车的构造并不复杂，主要由车架、电动机、电瓶和轮轴转向装置等组成（效果如图 9-65 所示）。其车架主要由焊接件组成，可通过结构构件、焊接等完成（应注意切割清单的设置），沙滩车车架焊接件模型各步操作的详细值可参见本书提供的结果文件"9.7 操作题03（JG）.SLDPRT"。

图 9-65　沙滩车效果图

第 **10** 章

模　　具

本章要点

☐ 模具设计入门
☐ 分模前的分析操作
☐ 分模前的整理操作
☐ 分模操作

学习目标

模具概括地说就是用来限定生产对象的形状和尺寸的装置。在 SOLIDWORKS 的零件模块中可以进行较简单的模具设计，如可进行拔模分析，创建分型线、分型面，进而创建型腔和型芯等，本章将对以上功能内容进行详细讲述。

10.1 模具设计入门

模具有很多类型，如按成型材料的不同，可分为金属模具和非金属模具。金属模具又分为铸造模具和锻造模具；非金属模具则分为塑料模具和无机非金属模具。

（1）铸造模具

主要用于大规模生产的非钣金钢件，如冷镦、模锻、金属以及有色金属压铸和粉末冶金等。图 10-1a 所示为铸造操作。

注塑机

模具

铸造
操作

成品塑料件排出口

a)　　　　　　　　　　　　　　　　b)

图 10-1　铸造操作和常见的注塑机

（2）锻造模具

主要用于钣金出料和钣金加工等，如热轧、冷轧、折弯、冲孔等。

（3）**塑料模具**

主要用于制作塑料件，可通过注塑、吹塑等工艺进行批量生产，图 10-1b 所示为常见的注塑机。

（4）**无机非金属模具**

主要用于光学玻璃、工业陶瓷、石棉等的加工和制造。

不同模具，其生产工艺和操作过程有很大不同。如铸铁用的铸造模具多使用砂箱（如图 10-2a 所示），在进行铸造时需要经过制造砂型、起模和浇注等过程。

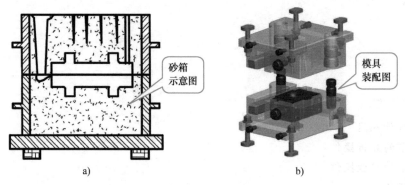

图 10-2　砂箱示意图和模具装配图

塑料件的生产多使用注塑机，注塑机通常由注射装置、合模装置、液压传动和电气控制系统等组成。其中合模装置的设计和开发实际上也就是广义上的模具设计。图 10-2b 所示为一较简单的整套模具的装配图。

合模装置又由成型零件、导向、脱模、抽芯、调温和排气等系统组成，狭义上的模具设计仅指设计合模装置中用于成型零件的型芯和型腔。

本章主要讲述使用 SOLIDWORKS 设计注射模具中型芯和型腔的操作，要想进行更复杂的设计，如要设计导向系统、脱模系统等，则需要使用 SOLIDWORKS 的 IMOLD 插件；要进行五金模具的设计，则需要使用 3dquickpress 插件（关于这些插件的使用，可参考其他相关资料）。

10.1.1　几个需要了解的简单概念

理论联系实际永远是最好的学习方式之一，因此在正式进行模具设计之前，先来了解一些与模具生产相关的原理、名词和工序，以便学习时有的放矢，具体如下。

1. 模具的生产原理

注射模具的生产原理是，由凸模和凹模围成型腔，在型腔中填充热熔的塑料原料，在一定压力下冷却成型后开模即可形成产品，如图 10-3 所示。

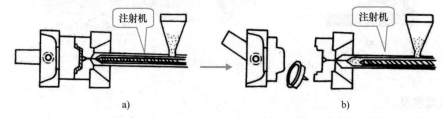

图 10-3　模具生产过程示意图

2. 型腔和型芯

构成产品空间的零件称为成型零件（即模具整体），成型产品外表面的（模具）零件称为型腔。如图 10-4 所示，型腔通常是具有下凹槽的一个腔体，也称前模（或母模、凹模），相对应的凸起部分称为型芯，也称后模（或子模、凸模）。

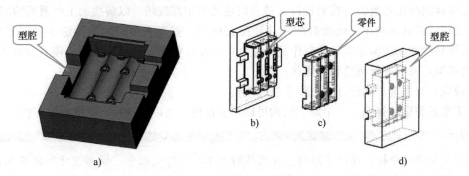

图 10-4　模具的型腔和型芯

在进行注射成型的过程中，模具的型芯和型腔通常有一个固定不动，而另一个则进行周期性的往复运动，以不断地加注原料、成型冷却并脱模出零件。其中固定不动的一侧通常也被称为"定模"，而动的一侧则被称为"动模"。

> **知识库：**
>
> 除了上文介绍的型腔和型芯之外，在模具中还经常会用到镶块、滑块、顶杆和定位环等辅助结构，介绍如下。
>
> ◇ **镶块**：是指在模具中可以更换，用螺钉固定在模具型腔内的零件，一般是模具上容易磨损的部位。
>
> ◇ **滑块**：也被称为侧型芯，是指在模具的开模动作中能够按垂直于开合模方向（或与开合模方向成一定角度）滑动的模具组件（多用于制作侧孔）。
>
> ◇ **顶杆**：主要用于制作一些倒钩区域，并可在开模过程中辅助将零件从型芯上顶出。
>
> ◇ **定位环**：是指模具安装到注射机上后，为使注射机喷嘴中心与浇口套中心快速对接所用到的零件。
>
> 以上零件都是注射模具中要用到的零件，本章不会全部讲解其制作方法，但是要对其有一个初步的了解，将有助于后面章节的学习。

3. 模具设计与制造流程

一个模具到底是怎么制造出来的呢？其流程是什么样的？在工厂中，它都涉及哪些部门和人员呢？为了给读者一个更直观的概念，以利于日后对软件功能的掌握，以及学习方向的选择，下面介绍模具设计与制造的详细流程，具体如下。

1）客户送来模型的 3D 文档：模具设计工作者根据客户产品进行结构排位（包括确定分型面、脱模斜度和采用的结构等），再用模流分析软件确定浇口的最佳位置，并制作组立图交付客户确认。

2）模具的 3D 建模操作：根据客户反馈及客户任务书的要求（如标准件规格、产品缩水要求等）开始进行 3D 建模。

3）**采购**：完成 3D 建模后，根据模具要求采购钢材及标准件，并定购模架（或自己制作模架）。

4）**出图**：出 2D 图，并与组装 3D 图等一起交付模具加工人员。

5）**现场加工**：模具加工人员首先根据模具设计人员送来的文件编写数控加工代码，也就是模具编程，然后进行 CNC 数控加工。数控加工不方便的地方，再进行 EDM 电火花加工，最后由钳工进行模具的抛光和组装（模具设计人员有时也需要跟踪现场，以解决加工中遇到的问题）。

6）**试模**：模具在制作完成所有配件并装配完毕后，需要通过实际的注塑并得到零件样品，然后通过样品检测才能确定模具的制作是否完全符合设计要求。试模完毕后，模具设计人员要根据试模的结果对模具进行调整和再优化。

7）**设变**：根据客户的设计变更要求进行改模。

8）**图纸的整理和存档**：一个好的结构可以重复使用，所以应进行图纸整理并存档。

提示：

通过上面流程分析，可以了解到，在模具的加工和制作过程中，模具设计和模具加工是有分工的，所以读者在选择进入模具制造行业之前首先应该选好自己的学习方向。

不管是模具设计还是模具加工人员，要想做好本职工作，还必须了解加工工艺，所以为了有更好的发展，笔者建议最好去做一段时间的钳工，或者 CNC、EDM 等操作人员。

10.1.2　模具设计工具栏

右键单击 SOLIDWORKS 建模环境中顶部的空白区域，在弹出的快捷菜单中选择"模具工具"菜单项，可显示"模具工具"工具栏，如图 10-5 所示。

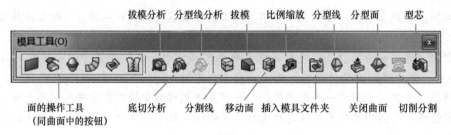

图 10-5　"模具工具"工具栏

在"模具工具"工具栏中，左侧的六个面操作按钮主要用于手动创建分型面，其操作方法与前文曲面部分讲述的相同，所以此处不再重复叙述，而只在一些实例中介绍其在模具设计过程中的用途。

紧接着面处理工具的是三个分析按钮，用于对模具的面或线进行分析，以利于后续的处理操作。然后是"分割线""拔模""移动面"和"比例缩放"按钮，这四个按钮用于对模型进行前期处理，以利于分模。

"插入模具文件夹"按钮![图标]用于在"曲面实体"文件夹中插入几个用于模具操作的子文件夹。如图 10-6a 所示，这几个子文件夹通常为"型腔曲面实体"、"型心曲面实体"和"分型面实体"文件夹（前提是当前文件中有面实体）。实际上在单击"分型线"按钮![图标]为模型添加分型线后，系统将自动添加这三个文件夹，也就是说此按钮主要用于用户在手动创建分型面时，添加模具操作的子文件夹，以对分型面进行管理。

提示：

    关于"插入模具文件夹"按钮 的用途，对于初学模具设计的读者来说，可能一时难于理解。实际上，当对分模掌握到一定程度时，会发现，即使不创建分型线，也不使用系统提供的"分型面"按钮 创建分型面，而完全通过手动方式创建面，同样可以使用"切削分割"按钮 进行分模操作。

    系统之所以提供了此按钮，其主要作用在于对手动添加的多个分型面进行分类管理。例如，用户可以将某个曲面拖动到"型心曲面实体"文件夹，以令其用于对型心部分面的成型处理（如图 10-6b、图 10-6c 所示，此部分内容此处可不必完全理解）。

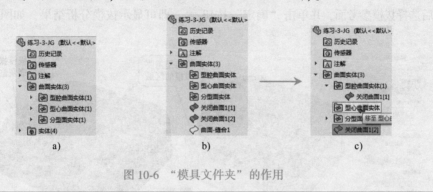

a)   b)   c)

图 10-6 "模具文件夹"的作用

    "模具工具"工具栏中，右侧的"分型线""分型面"和"切削分割"等其他几个按钮，主要用于分型操作，即生成型芯和型腔实体，本章后面将详细讲述其功能。

10.1.3 SOLIDWORKS 中模具设计的基本流程

    上文介绍了模具制造的基本流程，下面介绍在使用 SOLIDWORKS 设计模具的过程中，注射模具设计的一般流程。

    1）模型分析：在分模之前首先应对模型进行分析，例如找出模型的哪个部位不适合脱模，需要进行拔模；模型的哪个部位会妨碍模型的正常脱模，而需要创建侧型芯，或者找出在什么地方有利于创建分型线等。

    2）零件处理：分析完模型后，紧接着就需要根据分析的结果对零件进行处理，如进行拔模处理或设置缩放比例等。

    3）分型操作：在完成零件处理后，首先创建分型线，而后将某些位于分型线内会造成型腔和型芯相通的曲面关闭，再利用分型线创建分型面，然后便可以创建型腔和型芯了。

    4）模具结构件设计：完成上述操作后，根据需要创建侧型芯，以及顶杆和镶块等，然后添加模架，并在模架中加入标准件，再为其设计、添加流道、冷却系统等。

    5）3D 组装并仿真：完成整个模具设计后，对其进行组装，并可在 SOLIDWORKS 中仿真模具的运行状态，以检验设计的可行性。没有问题后，完成模具设计。

    本章主要讲解模型分析、零件处理和分模操作，而对模具结构件的设计、3D 组装和仿真等，本章只略作提及。

 分模前的分析操作

    在分模之前，通常需要对模型进行分析。上面实例中的模型较简单，所以在操作过程中省略了分析操作，而如果模型的构造特别复杂，那么通过分析工具对模型进行分析以找出模型的哪些面需要进行调整，则是非常方便的。下面介绍如何进行分析操作。

10.2.1 拔模分析

拔模分析顾名思义就是通过分析以确定模型的哪些面需要进行拔模，4.6节中已经讲过，为了让注塑件和铸件能够顺利从模具型腔中脱离出来，需要在模型上设计出一些斜面，而这些斜面通常就是由拔模操作来实现的。

单击"模具工具"工具栏中的"拔模分析"按钮 ，打开"拔模分析"属性管理器，如图 10-7a 所示，然后选择拔模参考面，并单击"确定"按钮 ，即可显示拔模分析结果，如图 10-7b 所示。

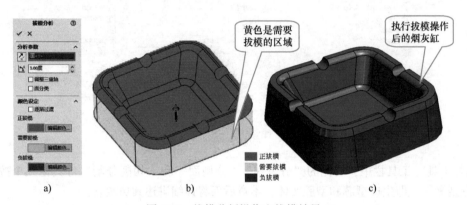

图 10-7　拔模分析操作和拔模效果

在"拔模分析"属性管理器中，如图 10-7a 所示，系统默认提供了三个分析区域，分别为"正拔模""负拔模"和"需要拔模"区域。其中正、负拔模区域是相对于"拔模参考面"已经正拔模或负拔模的区域，也可以理解为无须拔模的区域；"需要拔模"区域则是需要执行拔模操作的面，系统默认使用醒目的黄色进行标识（单击右侧的"编辑颜色"按钮可以更改各区域的颜色，图 10-7c 所示为根据系统提示对模型进行拔模后的效果）。

> **提示：**
>
> "拔模分析"属性管理器关闭之后，分析结果仍在绘图区域内可见，而且当更改零件几何体时，分析结果将实时更新（再次单击"拔模分析"按钮 ，才可以取消拔模分析结果）。

下面介绍"拔模分析"属性管理器中，其他选项的作用，具体如下。

➤ **"调整三重轴"** 复选框：选中此复选框，可以通过绘图区中显示的三重轴，将拔模方向调整为任意需要的方向，如图 10-8 所示。

➤ **"逐渐过渡"** 复选框：选中此复选框，"需要拔模"选项将展开，如图 10-9a 所示，用于以过渡色的形式显示正拔模到负拔模的变化，如图 10-9c 所示。

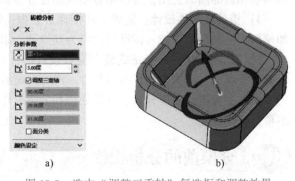

图 10-8　选中"调整三重轴"复选框和调整效果

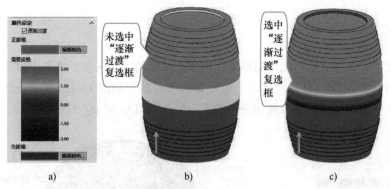

图 10-9 "逐渐过渡"复选框的作用及效果

➤ **"拔模角度"** 📐文本框：此文本框中的角度值为此次分析中的最小拔模角度，也就是说模型中的面与拔模方向参照面间的角度值必须大于此拔模角度，否则即会被归类为"需要拔模"区域。

➤ **"面分类"** 复选框：选中此复选框后，可以按照面分类统计每个分类面下面的个数，并会显示"跨立面"面类型。"跨立面"是指包含正拔模和负拔模的公共面（如图 10-10 所示），需要使用"分割线"命令将其分割，以利于创建分型线。

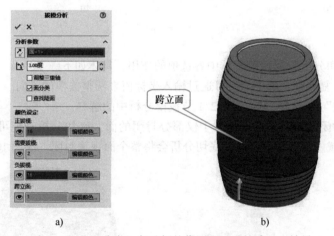

图 10-10 "面分类"复选框的作用和显示的跨立面效果

➤ **"查找陡面"** 复选框：选中"面分类"复选框后，系统将显示该复选框。选中此复选框后，将在绘图区中显示陡面区域，如图 10-11 所示（陡面是指包含部分拔模量不够的面）。

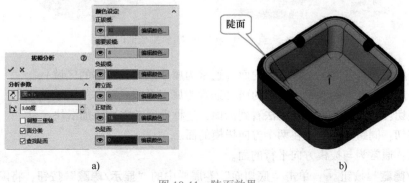

图 10-11 陡面效果

10.2.2 底切分析

底切分析用于识别并显示可能会妨碍零件从模具弹出的围困区域。单击"模具工具"工具栏中的"底切分析"按钮，打开"底切分析"属性管理器，如图 10-12a 所示。选择一个平面作为拔模方向的参考面，即可以显示底切分析结果，如图 10-12b 所示。

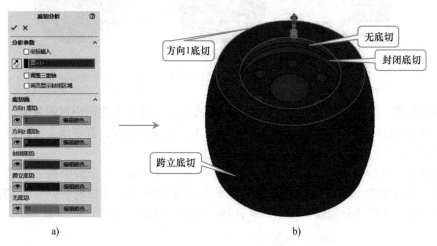

a)　　　　　　　　　　　　　　　b)

图 10-12　底切分析效果

下面解释"底切分析"属性管理器中各选项的作用，具体如下。

➢ "坐标输入"复选框：选中后，可通过输入坐标值来调整拔模的方向。

➢ "调整三重轴"复选框：参见 10.2.1 节拔模分析中的解释。

➢ "高亮显示封闭区域"复选框：对于仅部分封闭的面，底切分析功能可识别面的封闭区域和非封闭区域。不选择此选项，底切分析会将整个面视为封闭，如图 10-13 所示。

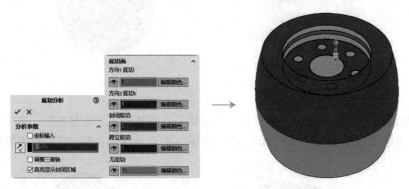

图 10-13　"高亮显示封闭区域"复选框的效果

➢ **方向 1 底切**：自方向 1 无法看到的面（通常为属于型腔或型芯的区域）。

➢ **方向 2 底切**：自方向 2 无法看到的面（通常为属于型腔或型芯的区域）。

➢ **封闭底切**：指在两个方向都无法看到的面，这种面通常需要添加滑块。

➢ **跨立底切**：同跨立面，指在两个方向拔模的面。

➢ **无底切**：通常为与拔模方向平行的面。

➢ **"显示/隐藏"按钮** 👁：单击"底切面"卷展栏中的**"显示/隐藏"**按钮，将隐藏或显示对应"底切面"，如图 10-14 所示。

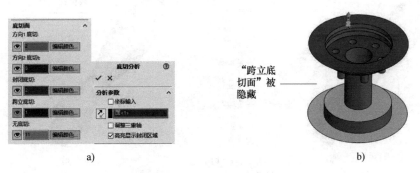

a)　　　　　　　　b)

图 10-14　"底切面"隐藏效果

10.2.3　分型线分析

"分型线分析"命令用于找出在模型的何处适合创建分型线。单击"模具工具"工具栏中的"分型线分析"按钮，打开"分型线分析"属性管理器，如图 10-15a 所示，选择一个平面作为拔模方向的参考面，系统将高亮显示适合创建分型线的位置，如图 10-15c 所示。

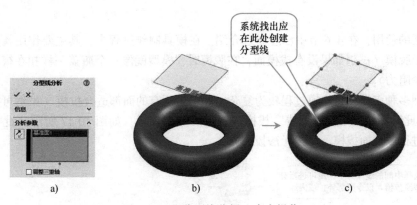

a)　　　　　　　b)　　　　　　　c)

图 10-15　"分型线分析"命令操作

10.3　分模前的整理操作

创建的零件模型并不都适合直接进行分模，例如，有的模型在脱模的方向上没有斜度，需要执行拔模操作，或者一些面属于跨立面，需要创建分割线才能创建分型线等。所以为了有利于后续的分模操作，在分模前，有必要进行整理操作。

10.3.1　分割线

5.1.2 节已讲过"分割线"特征的含义和使用方法，即分割线可以将所选的面分割为多个分离的面。在分模过程中，"分割线"命令主要用于分割跨立面，以利于在需要分模的位置创建分型线，如图 10-16 所示。

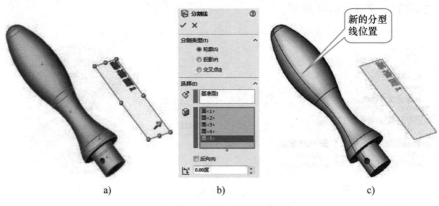

图 10-16 创建分割线操作

> **提示：**
>
> 注意，图 10-16 中，模型并没有完全被分割，两个与基准面垂直的面无法分割，需要使用投影线进行分割，或在创建分型线时手动连接（关于"分割线"特征的详细使用方法，可参考 5.1.2 节中的讲述，此处不再做过多讲解）。

10.3.2 拔模

拔模特征的使用，在 4.6 节中已经做过介绍。在模具制作过程中，其主要作用就是生成拔模斜面，以利于脱模（试想如果没有拔模面，在脱模时，模型就像一个瓶盖一样扣在模具上，要想脱模会有不少阻力）。

由于模型多种多样，且建模过程较为复杂，并不是所有的面都适合拔模（虽然可能此面确实需要拔模），此时不妨使用"分型线"拔模法进行反方向拔模，如图 10-17 所示（此模型如果选择底部平面进行中性面拔模，显然无法拔模）。

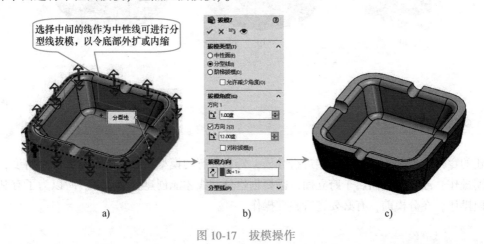

图 10-17 拔模操作

> **提示：**
>
> 关于拔模特征的详细使用方法，可参考 4.6 节中的讲述。

10.3.3 移动面

　　使用移动面功能可以移动模型上某些面的位置，但是所移动的面不能改变与其相连的面的形状，更不能在移动面后产生新的面，否则将无法移动面。

　　要执行"移动面"命令，可单击"模型工具"工具栏中的"移动面"按钮，然后选择要移动的面，并设置移动面的方式（如"等距"方式）和移动面的距离，即可完成移动面操作，如图 10-18 所示。

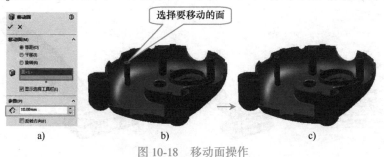

图 10-18　移动面操作

共有三种移动面的方式，下面分别介绍其含义。

➤ **"等距"** 方式：要移动的面以等距的方式移动，相邻面进行相应延伸或裁剪。所谓"等距"是指要移动的面上的每一点与原面对应点的距离都相等，如图 10-19a 所示。

➤ **"平移"** 方式：要移动的面以平移的方式移动，相邻面进行相应延伸或裁剪。所谓"平移"是指在"参考方向"（此时需要选择参考方向）的方向上，要移动的面上的每一点与原面对应点的距离都相等，如图 10-19c 所示。

➤ **"旋转"** 方式：以某个旋转轴为参照，以旋转方式移动面，如图 10-19d 所示。

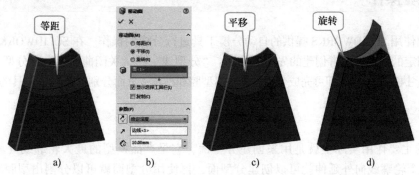

图 10-19　移动面操作的三种方式

提示：

　　"移动面"特征实际上主要用于模具电极的制作。塑料模具的制造过程中，在加工型腔或型芯时，经常会遇到窄槽、深腔，或要求保持尖锐边等，这些表面通过常规机械无法加工，需要使用电火花加工机床进行加工。

　　实际上，根据加工部件的形状特征制作匹配的电极，也是一种模具设计操作。电极的形状通常与模型相近，但有时为了保证电极摇动的需要，或满足很多其他加工要求，有必要使用"移动面"命令对所制作的电极进行调整。

　　电极通常由纯铜和石墨制成，关于其详细设计和加工制作的方法，可参考其他技术资料。

10.3.4 比例缩放

塑料模具在冷却至室温后，其尺寸或体积将发生收缩变化，零件的这种收缩率是影响塑料制品精度的主要因素之一，为了避免由于零件收缩而产生不符合产品尺寸的情况，可以提前按照比例对模型进行缩放。

要按照比例缩放零件，可单击"模具工具"工具栏中的"比例缩放"按钮 ，打开"缩放比例"属性管理器，设置缩放比例，单击"确定"按钮 即可，如图 10-20 所示。

图 10-20 比例缩放零件

> **提示：**
>
> 在"缩放比例"属性管理器的"比例缩放点"下拉列表中，系统共提供了三种比例缩放的参照点（即比例缩放点），用户可根据需要进行选择。此外，取消"统一比例缩放"复选框的选中状态，可以在 X、Y、Z 轴的方向上单独设置缩放的比例。

10.4 分模操作

本节介绍使用 SOLIDWORKS 提供的自动分模工具进行分模的操作。在 SOLIDWORKS 中，自动分模操作有固定的步骤，通常创建的先后顺序为："分型线"→"关闭曲面"→"分型面"→"切削分割"，顺序执行这些操作即可完成分模，分割出型腔和型芯。下面分别介绍各个工具的使用方法。

10.4.1 分型线

分型线的主要作用实际上就是用来创建分型面，它是产品模型的最大轮廓线（必须是闭合的），沿着这个轮廓线向外延伸就可以创建分型面，再使用分型面就可以分割出型腔和型芯，这样就完成了整个分模操作。

单击"模型工具"工具栏中的"分型线"按钮 🖽，选择拔模方向的参照面，设置好"拔模角度" 🖽，再单击"拔模分析"按钮 🖽，系统将根据拔模角度自动查找分型线，并将找到的分型线显示在"分型线"下拉列表中（如果没有找到分型线或者分型线不正确，则需要手动选择分型线），单击"确定"按钮 ✅ 完成分型线创建操作，如图 10-21 所示。

需要注意的是，创建分型线并不仅仅只是创建了一条线，当在分型线的内侧、模型两侧已经没有相通的孔（即无须执行关闭曲面操作）时，除了创建分型线外还会创建两个包裹原模型的面，图 10-22a 所示为移开所创建面的效果。而模具的型腔和型芯实际上也就是以分型面和此处创建的包裹面为界线进行分割的，如图 10-22b 所示。

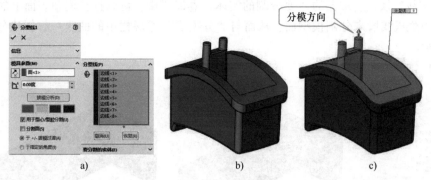

图 10-21　创建分型线操作

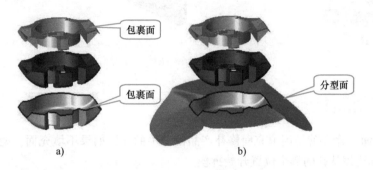

图 10-22　创建分型线时顺带创建的包裹面

这实际上也是"用于型芯/型腔分割"复选框的主要作用，如果不选中此复选框，则不会创建这个面，同样在后续操作中也无法分模。

> **提示：**
>
> 　　如果分型线内侧，模型仍然有未封闭的孔，那么此处将不会创建包裹面，而将在执行后面的"关闭曲面"命令时创建包裹面。也可通过手动创建包裹面，此时使用"等距曲面"命令令模型一侧的面进行零距离延伸即可，然后可以使用创建的包裹面分割型腔和型芯。

选中"分型线"属性管理器中的"分割面"复选框，可在执行"拔模分析"命令时，自动将跨立面在适当的位置分割，如图 10-23 所示。选中"于+/−拔模过渡"单选项，可以在模型正负拔模分界的位置自动分割面；选中"于指定的角度"单选项，将在指定的拔模角度处自动分割面。

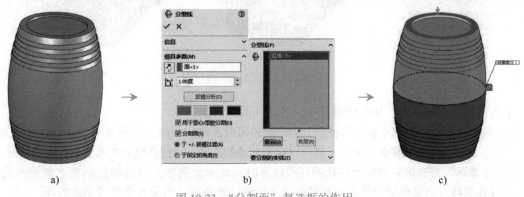

图 10-23　"分割面"复选框的作用

在"分型线"属性管理器的"要分割的实体"卷展栏中,可以选择模型表面上的草绘图形或选择两个点生成线段来分割模型面,从而与"分型线"卷展栏中的曲线一起创建分型线,如图 10-24 所示。

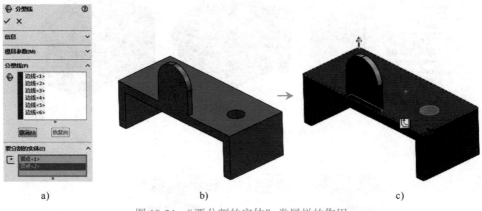

a)   b)   c)

图 10-24 "要分割的实体"卷展栏的作用

10.4.2 关闭曲面

"关闭曲面"命令就是用填充面修补产品模型中的孔,如果不填充面,型腔与型芯将相互连接,软件不知道该从孔的哪个位置开始拆模。

在创建好分型线后,单击"模型工具"工具栏中的"关闭曲面"按钮 🕭,系统将自动选择用于关闭曲面的边界线。如图 10-25a、图 10-25b 所示,按照系统默认设置,单击"确定"按钮 ✓,即可创建关闭曲面,如图 10-25c 所示。

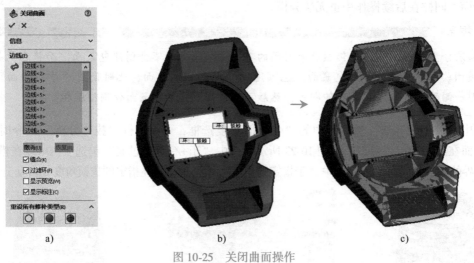

a)   b)   c)

图 10-25 关闭曲面操作

下面解释"关闭曲面"属性管理器中,各选项的作用。

➢ "缝合"复选框:选中此复选框后,创建的关闭曲面将与系统自动创建用于分型的轮廓面缝合。如系统中有很多低质量面,则可以取消此项的选择,以便在缝合曲面后进行手动修复。

➢ "过滤环"复选框:当模型中孔的环线较多时,显示此选项,以过滤掉模型上似乎不是有效孔的环。如果模型中的有效孔被过滤,可消除此选项,系统将会选择更多的环。

> ▶ **"显示预览"** 复选框：选中此复选框后，显示关闭曲面的预览效果。
> ▶ **"显示标注"** 复选框：选中此复选框后，在关闭曲面的过程中显示标注（双击标注可更改关闭曲面的修补类型）。
> ▶ **"重设所有修补类型"** 卷展栏：用于批量修改填充曲面的修补类型。共有三种修补类型，分别为："全部不填充" ⭕，即不生成填充面；"全部接触" 🔴，即以与环线接触方式生成面；"相切面" ⊕，即以与边线的接触面相切的方式生成面。

10.4.3 分型面

分型面用于确定型腔和型芯的位置，即通过分型面来分离型腔和型芯，它是以分型线向四周按一定的方式进行扫描、延伸或扩展而形成的一组连续的封闭曲面。

在创建好分型线后，单击"模型工具"工具栏中的"分型面"按钮🪁，系统将自动选择用于创建"分型面"的分型线。如图 10-26 所示，在"分型面"属性管理器中选择好分型面的延伸方向，如选择"垂直于拔模"，再设置好分型面的延伸距离，其他选项保持系统默认，单击"确定"按钮 ✔，即可创建分型面。

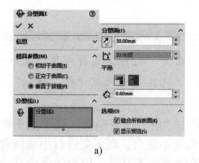
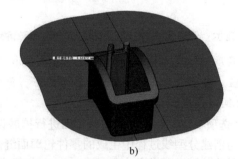

图 10-26 创建分型面操作

下面解释"分型面"属性管理器中各选项的作用。

> ▶ **"模具参数"** 卷展栏：提供三种曲面延伸方式，分别为："相切于曲面"，分型面与曲面相切，如图 10-27a 所示；"正交于曲面"，分型面与分型线的曲面垂直，如图 10-27b 所示；"垂直于拔模"，分型面与拔模方向垂直，如图 10-27c 所示。

图 10-27 分型面的三种曲面延伸方式

| 提示： |

此处内容，可参考 5.2.6 节直纹曲面的内容，只是此处与直纹曲面略有不同。在选中"相切于曲面"和"正交于曲面"选项时，曲面的延伸方向会受到属性管理器中"分型面"卷展栏中"角度" 📐 文本框参数的制约。

- ➤ **"分型线"** 卷展栏：用于手动选择分型线。
- ➤ **"分型面"** 卷展栏：用于设置分型面的详细参数。其中"距离" 📐 文本框用于设置分型面的延伸长度；"角度" 📐 文本框用于设置分型面与拔模方向的角度；"尖锐"按钮 📐，设置相邻边线间延伸的曲面尖锐相连；"平滑"按钮 📐，设置相邻边线间延伸的曲面平滑相连，如图 10-28 所示。

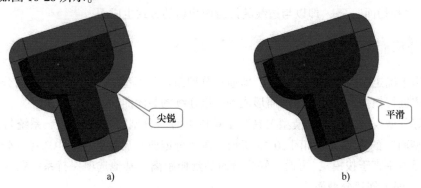

尖锐   平滑

a)   b)

图 10-28　分型面的"尖锐"和"平滑"延伸方式

> **提示：**
>
> "角度" 📐 文本框仅在"相切于曲面"和"正交于曲面"延伸方式时可用，是一个 1°~90°的值。需要注意的是，在此两种方式下，角度值实际上只在 0°与正交（或"相切"）的角度值之间起作用。

- ➤ **"选项"** 卷展栏：用于对分型面进行扩展设置。其中"缝合所有曲面"选项用于将分型面与创建分型线过程中生成的零件轮廓面缝合（如此处不缝合，则需要进行手动缝合，否则无法分模）；"优化"选项仅在"相切于曲面"延伸方式下显示，用于优化分型面，以利于切削加工。

10.4.4　切削分割

在完成上文的操作后，便可以执行生成型腔和型芯的"切削分割"命令了。切削分割操作中，将首先创建一个拉伸的实体，然后使用上文创建的分型面对实体进行分割，从而创建出型腔和型芯。

在创建好分型面后，单击"模型工具"工具栏中的"切削分割"按钮 📐，选择一个与拔模方向垂直的面，并创建一个涵盖零件但并不超出分型面区域的草绘图形，如图 10-29a 所示；完成草图后系统自动选择所需面，如图 10-29b 所示，设置型腔块和型芯块两侧延伸的距离，单击"确定"按钮 ✔，即可完成切削分割操作，效果如图 10-29c 所示。

在完成切削分割操作后，通过选择系统主菜单"插入"→"特征"→"移动/复制"菜单命令，执行移动/复制操作，可将型芯、型腔及模型分离，从而可从不同角度观察整个型芯和型腔的分割效果，如图 10-30 所示。

> **提示：**
>
> 如图 10-29b 所示，"切削分割"属性管理器的"型芯""型腔"和"分型面"卷展栏，分别用于选择型芯、型腔侧的零件轮廓面，及创建的分型面，如零件的轮廓面或分型面为手动创建，那么此处则需要手动选择这些面。

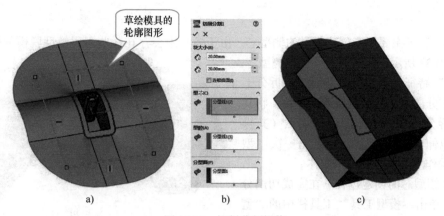

图 10-29　切削分割操作

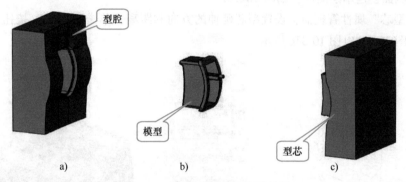

图 10-30　分割的型芯和型腔效果

在"切削分割"属性管理器中,有一个"连锁曲面"复选框,选中此复选框后,可以在切削分割时自动创建连锁曲面。连锁曲面是沿着分型面以一定拔膜角度延伸的面,如图 10-31 所示。需要注意,此时切削分割的草绘面应位于模型的一侧,且草绘轮廓应大于分模面,而连锁曲面是沿着分型面以一定拔模角度延伸的面,如图 10-31 所示。创建连锁曲面的目的是在合模过程中防止型芯和型腔块错位。

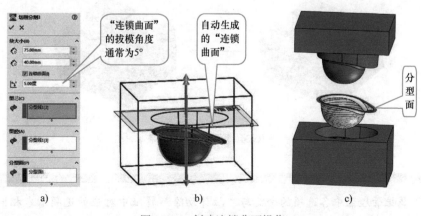

图 10-31　创建连锁曲面操作

10.4.5 型芯

"型芯"特征主要用于创建模具的侧型芯。由于模具中会存在一些阻碍模型脱模的侧孔或卡扣，如图 10-32 所示，此时即需要创建侧型芯。

"型芯"特征在创建侧型芯时，将拆分上文分模操作分离出来的型腔块或型芯块，将其某一部分拆分为独立的型芯进行加工（其操作类似于拉伸切除）。需要注意的是一次"型芯"特征操作不可以产生两个实体。

下面介绍型芯的创建过程。在完成切削分割操作后，单击"模型工具"工具栏中的"型芯"按钮 🗂，选好要创建侧型芯的型腔块或型芯块，在其侧面创建草绘图形，如图 10-33a

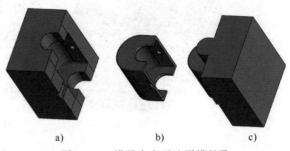

图 10-32 模具中有无法脱模的孔

所示；弹出"型芯"属性管理器，设置型芯延伸的方向和距离，单击"确定"按钮 ✔，即可创建侧型芯，如图 10-33b、图 10-33c 所示。

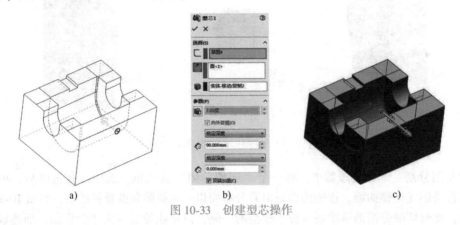

图 10-33 创建型芯操作

型芯创建完成后，可使用系统主菜单"插入"→"特征"→"移动/复制"菜单命令，将型芯移离，以观察其效果，如图 10-34 所示。

图 10-34 分离的型芯效果

提示：

"型芯"属性管理器中各选项的含义与"拉伸切除"特征中对应的选项基本相同，所以此处不再做过多解释。

需要注意的是，属性管理器中多了一个"顶端加盖"复选框，选中此复选框后，如果型芯在模具实体中终止，则可以在终止位置定义型芯的终止面，如图 10-35 所示。

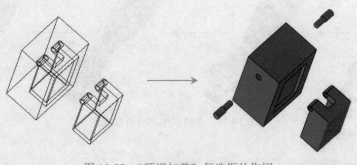

图 10-35　"顶端加盖"复选框的作用

实际上在"模具工具"工具栏中，系统还隐藏了一个"型腔"按钮，此按钮主要用于在装配模式下创建型芯和型腔，其创建思路与前述步骤完全不同，而且更加灵活，由于篇幅限制不再做过多讲解，有兴趣的读者可参看本系列图书的后续版本。

 10.5　实战练习

针对本章学习的知识，下面给出几个上机实战练习题，包括相机盖分模、手柄模型分析、安全帽分模、手机壳注射模具等，思考完成这些练习题，将有助于广大读者熟练掌握本章内容，并可进行适当拓展。

10.5.1　相机盖分模操作

打开本书提供的素材文件"10.5.1 相机盖分模（SC）.SLDPRT"，使用本书讲述的自动分模工具，对模型执行分模操作，创建型芯和型腔，如图 10-36 所示。

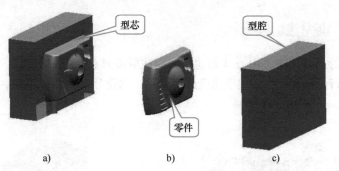

图 10-36　零件模型和分模后的型芯、型腔

10.5.2　手柄模型分析

打开本书提供的素材文件"10.5.2 手柄模具分析（SC）.SLDPRT"，使用本章介绍的分模分析工具，对模型执行分析操作，执行拔模、底切和分型线分析操作，如图 10-37 所示。

图 10-37   手柄模型和分析效果

10.5.3   安全帽分模操作

打开本书提供的素材文件"10.5.3 安全帽分模操作(SC).SLDPRT",使用本章介绍的自动分模工具,对模型执行分模操作,创建安全帽的分型线和分型面,进而创建安全帽的型芯和型腔,如图 10-38 所示。

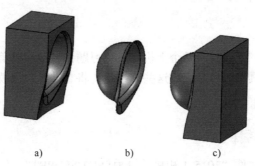

a)   b)   c)

图 10-38   安全帽模型和分模后的型芯、型腔

10.5.4   创建手机壳注射模具

打开本书提供的素材文件"10.5.4 创建手机壳注射模具(SC).SLDPRT",使用本章介绍的分模工具,对模型执行分模操作,创建手机壳注射模具,创建分型线和分型面,进而创建型腔、型芯、顶杆和侧型芯,如图 10-39 所示。

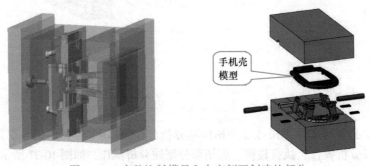

手机壳模型

图 10-39   完整注射模具和本实例要创建的部分

10.6 习题解答

针对 10.5 节的实战练习，本书给出了视频讲解，包括相关实例等，读者可以扫码观看。
如果仍无法独立完成 10.5 节要求的这些操作，那么就一步一步跟随视频讲解，操作一遍吧！

10.7 课后作业

本章主要介绍了在 SOLIDWORKS 的零件模块中进行分模（即创建型腔和型芯）的操作，也穿插讲述了顶杆、侧型芯等的创建。本章的重点是理解模具的基本构成，以及在分模操作中创建分型线、关闭曲面和分型面等的含义，这样可以举一反三，为以后更加灵活地执行分模操作（包括手动执行分模操作）打下坚实的基础。

为了更好地掌握本章内容，可以尝试完成如下课后作业。

一、填空题

1）模具有很多类型，如按所成型材料的不同，可分为金属模具和非金属模具。金属模具分为_____和_____；非金属模具则分为_____和无机非金属模具。

2）塑料件的生产多使用_____，_____通常由注射装置、合模装置、液压传动和电气控制系统等组成。其中合模装置的设计和开发实际上也就是广义上的_____。

3）合模装置又由成型零件、导向、脱模、抽芯、调温和排气等系统组成，狭义上的模具设计仅指设计合模装置中用于成型零件的_____和_____。

4）构成产品空间的零件称为成型零件（即模具整体），成型产品外表面的（模具）零件称为_____。

5）在进行注塑成型的过程中，模具的型芯和型腔通常有一个固定不动，而另一个则进行周期性的往复运动，以不断地加注原料、成型冷却并脱模出零件。其中固定不动的一侧通常也被称为_____，而动的一侧则被称为_____。

6）_____分析用于识别并显示可能会妨碍零件从模具取出的围困区域。

7）在分模过程中，"分割线"命令主要用于分割_____，以利于在需要分模的位置创建分型线。

8）_____的主要作用实际上就是用来创建分型面，它是产品模型的最大轮廓线。

9）_____用于确定型腔和型芯的位置，即通过_____来分离型腔和型芯，是以分型线向四周按一定的方式进行扫描、延伸或扩展而形成的一组连续的封闭曲面。

10）"型芯"特征主要用于创建模具的_____。

二、问答题

1）所谓的模具设计与制造，是否仅指注射模具的设计？如果不是，试列举其他几种模具；如果是，则请阐述其理由。

2）可否不创建分型线而直接手动创建分型面？此时应注意哪些问题？

3）什么是连锁曲面？试简述其定义。

三、操作题

1）打开本书提供的素材文件"10.7 操作题 01（SC）.SLDPRT"，如图 10-40a 所示，使用本章所学的知识为其创建型腔和型芯，效果如图 10-40b 所示。

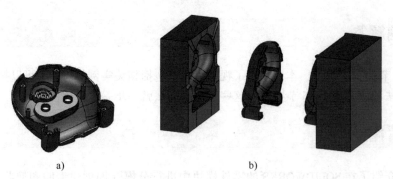

图 10-40　素材文件和为其创建的型腔与型芯

提示：本实例操作，关键应注意分型面的创建。此实例分型面最好通过手动创建，而且在手动创建分型面时，在创建分型线或关闭曲面后，应注意模型轮廓面的位置，否则无法分模。

2）打开本书提供的素材文件"10.7 操作题 02(SC).SLDPRT"，如图 10-41a 所示，使用本章所学的知识，以"连锁曲面"方式进行分模操作，效果如图 10-41b 所示。

图 10-41　素材文件及其分模效果一

提示：如无法生成连锁曲面，应注意对分型面延展长度或延展方式的调整，也可手动创建更多的分型面，以令连锁曲面的生成更加顺畅。

3）打开本书提供的素材文件"10.7 操作题 03(SC).SLDPRT"，如图 10-42a 所示，使用本章所学的知识进行分模操作，并创建其侧型芯，效果如图 10-42b 所示。

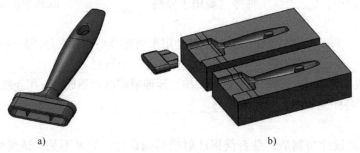

图 10-42　素材文件及其分模效果二

提示：本练习使用"型芯"特征无法创建正确的侧型芯，具体创建方法读者可参考 10.5.4 节创建手机壳注射模具的操作方法。

第 11 章

动　画

☐ 认识运动算例
☐ 动画向导
☐ "手动"制作动画
☐ 马达的添加和使用
☐ 路径动画
☐ 相机动画

　　运动算例（即 MotionManager）是 SOLIDWORKS 用于制作动画的主要工具，可用于制作商品展示动画、机械装配动画，以及模拟装配体中零件的机械运动等。其动画原理与 Flash 等常用动画制作软件的原理基本相同，都是通过定义单帧的动画效果，然后由系统自动补间零件的运动或变形，从而生成动画。

　　本章讲述基本动画的制作操作。

11.1　认识运动算例

　　右键单击 SOLIDWORKS 操作界面顶部空白区域，在弹出的快捷菜单中选择 MotionManager 菜单项，然后在底部标签栏中单击"运动算例 x"标签可调出"运动算例"操控面板，如图 11-1 所示，此操控面板是在 SOLIDWORKS 中创建动画的主要操作界面。

算例类型　　　　　　工具栏

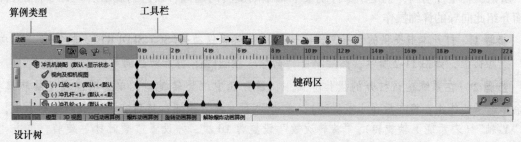

键码区

设计树

图 11-1　"运动算例"操控面板

"运动算例"操控面板由算例类型、工具栏、键码区和设计树等几个主要部分组成，下面介绍各组成部分的作用。

➤ **"算例类型"下拉列表**：从此下拉列表中可以选择使用"动画""基本运动"和"Motion 分析"三种算例类型。"动画"算例类型侧重于动画制作；"基本运动"算例类型在制作动画时考虑了质量等因素，可制作近似实际的动画；"Motion 分析"算例类型考虑了所有物理特性，并可图解运动效果。

> **提示：**
>
> 要使用"Motion 分析"算例类型，需要在顶部"选项"下拉列表中选择"插件"下拉菜单项，并在打开的对话框中，启用 SOLIDWORKS Motion 插件。

➤ **工具栏**：通过操控面板的工具栏可以控制动画的播放、当前帧的位置，并可为模型添加马达、弹簧、阻尼和接触等物理元素，以便对这方面的实际物理量进行模拟（不同算例类型，可以使用的动画按钮并不相同）。

➤ **键码区**：显示不同时间、针对不同对象的键码。键码是模型在某个时间点状态，或位置的记录。在工具栏"自动键码"按钮处于选中状态时，用户对模型执行的操作，可自动被记录为键码，也可单击"添加/更改键码"按钮，来添加键码。

➤ **设计树**：是装配体对象、动画对象（如马达）和配合等的列表显示区，其与右侧的键码区是对应的，右侧键码为空时，表示此时段，此对象不发生变化，或不起作用。

> **提示：**
>
> 通过单击设计树上部的"过滤器"按钮，可以有选择性地显示某些需要对其进行操作的对象。例如，单击"过滤选定"按钮，将只在设计树和键码区中显示选定对象的设计树和键码。

11.2 动画向导

SOLIDWORKS 的动画模块，默认提供了一个向导，使用此向导，可轻松制作一些简单的动画，如简单的旋转动画（用于产品展示）、爆炸视图动画和装配动画（用于说明产品构造）等，本节首先介绍 SOLIDWORKS 的这个功能。

11.2.1 旋转零件动画

所谓旋转零件动画，就是令零件绕某个轴不断旋转的动画，以达到展示所设计零件的目的，下面介绍此向导的详细操作。

步骤 1 打开本书提供的素材文件"11.2.1 旋转零件动画(SC).SLDPRT"，切换到"运动算例"操控面板，如图 11-2 所示，然后单击"向导"按钮，打开动画向导。

步骤 2 在系统默认打开的操作界面中，首先选中"旋转模型"单选项（表示旋转模型，其余单选项的作用，将在后面小节讲述），单击"下一步"按钮；然后在下一个向导界面中，选中"Y-轴"（表示绕 Y 轴旋转），"旋转次数"设置为 10 次，并设置"顺时针"旋转，单击"下一步"按钮；在向导的最后一个操作界面中，设置动画的总长度和动画的开始时间（"开始时间"之前的时间段，如已有动画视频，该视频将不变，在此处将生成静止帧），然后单击"完成"按钮，即完成了动画的创建，如图 11-3 所示。

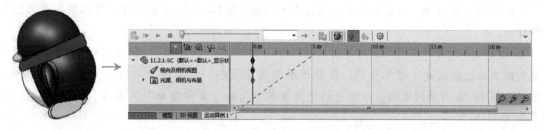

图 11-2　打开素材并切换到"运动算例"操控面板

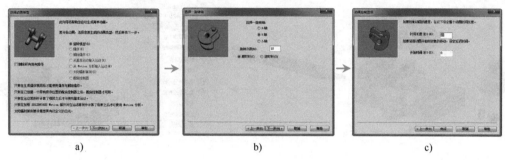

　　　　a)　　　　　　　　　　　　　b)　　　　　　　　　　　　　c)

图 11-3　向导操作界面

步骤 3　完成向导操作后，系统自动生成了动画，并生成了关键帧，如图 11-4a 所示。单击此操控面板中的"播放"按钮 ▶，即可以查看生成的动画了，如图 11-4b 所示（模型将绕 Y 轴多次旋转）。

a)

b)

图 11-4　播放视频操作

旋转动画中，如果是装配体，零件之间将没有相对运动，所以也是最简单的动画。

11.2.2　制作爆炸或装配动画

对于进行了装配并创建了爆炸视图的装配文件，可以使用动画向导创建爆炸动画（或装配动画，装配动画是爆炸动画的反向动画）。在 11.2.1 节的图 11-3a 中，之所以不可以选择"爆炸"和"解除爆炸"单选项，就是因为素材文件中未创建有爆炸动画。下面介绍爆炸和装配动画的创建操作。

步骤 1 首先打开本书提供的素材文件"平口钳装配.SLDASM"，如图 11-5a 所示，可以发现此装配文件已经创建了爆炸视图，并处于爆炸视图状态。切换到 ConfigurationManager 选项卡，右键单击图 11-5b 所示的选项，在弹出的快捷菜单中选择"解除爆炸"菜单项，解除爆炸状态，效果如图 11-5c 所示。

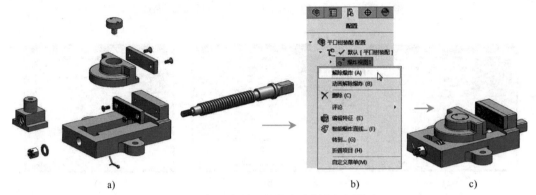

图 11-5 打开素材文件并取消爆炸视图状态

步骤 2 右键单击 SOLIDWORKS 操作界面顶部的空白区域，在弹出的快捷菜单中选择 MotionManager 菜单项（如底部已经显示出"运动算例"标签，则无须此操作），再在底部标签栏中，单击"运动算例 1"标签，打开"运动算例"操控面板，如图 11-6 所示。

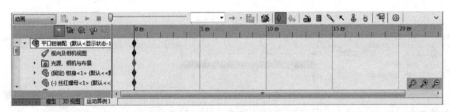

图 11-6 打开"运动算例"操控面板

步骤 3 在"运动算例"操控面板中单击"动画向导"按钮 📷，在打开的"选择动画类型"对话框中选中"爆炸"单选项，并单击"下一步"按钮，设置动画长度为 12s，动画开始时间为 0s，单击"完成"按钮，即可完成爆炸动画的创建，如图 11-7 所示。

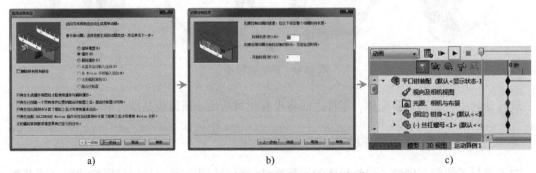

图 11-7 创建爆炸动画并进行播放操作

步骤 4　完成爆炸动画的创建后，在"运动算例"操控面板中单击"播放"按钮 ▶，可观看步骤 3 创建的爆炸动画。

步骤 5　再次单击"动画向导"按钮 📷，在打开的对话框中选中"解除爆炸"单选项，然后单击"下一步"，同样设置动画长度为 12s，设置动画的起始时间也为 12s，即可以创建解除爆炸的动画（在爆炸动画执行完毕后，会执行反操作）。

提示：

除了上面介绍的算例类型外，使用"动画向导"还可以创建如下两种动画（如图 11-7a 所示，此处不能选的两个单选项）。

1）从基本运动输入运动：由于在"动画"算例类型中很多效果无法模拟（如引力等），而在"基本运动"算例类型中对关键帧的操作又有一定的限制，所以使用此选项可以将运动算例中生成的动画导入"动画"算例，以进行后续的帧频处理。

2）从 **Motion** 分析输入运动：同"从基本运动输入的运动"选项。

在图 11-7a 所示的对话框中，选中"删除所有现有路径"复选框，可在创建新动画前，删除现有的所有动画（即首先清除操控面板中的所有动画）。

11.2.3　保存动画

完成动画的制作后，单击"运动算例"操控面板中的"保存动画"按钮 📷，打开"保存动画到文件"对话框，如图 11-8 所示，通过选择保存路径等，可将制作的动画保存为 AVI 视频文件。然后就可以使用此视频文件向其他人或客户展示自己制作的作品了。

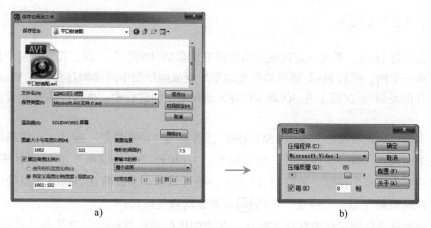

a)　　　　　　　　　　　　　　　b)

图 11-8　保存当前动画操作

在保存视频的过程中，如图 11-8 所示，可设置动画大小、生成动画的时间范围和动画格式，并可设置视频的压缩程序，以及压缩质量等，通常保持系统默认设置，即可得到需要的动画效果（缩小视频区域时需注意，视频缩小后，可能令部分零件无法查看）。

11.3　"手动"制作动画

11.2 节讲述的动画操作，都是通过向导创建动画的，虽然操作简单，也能实现一些动画效果，但是对于要求复杂一点的动画，就显得力不从心了，为此，有必要了解一些"手动"制作动画的技巧。如动画帧的手动调整，自动补间动画的生成，对象的显示/隐藏动画，以及马达元素的添加等。

11.3.1 调整动画对象的起始方位

在创建动画的过程中，运动算例默认使用模型或装配体空间的视图位置或视图方向，为运动算例第一个键码中模型的位置和视图方向，用户对其做的视图方向调节不会记录为键码，如需要改变动画第一帧的视图方向，或将视图方向的改变记录为键码，可执行如下操作。

右键单击运动算例设计树中的"视图及相机视图"项，在弹出的快捷菜单中选择"禁用观阅键码生成"菜单项（取消其选中状态），如图11-9所示，这样再调整视图方向时即可将对视图方向的更改记录为键码了。

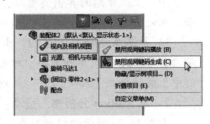

如在弹出的快捷菜单中选择"禁用视图键码播放"菜单项，那么在播放动画时将忽略视图方向的改变，如选择"隐藏/显示树项目"菜单项，则可在打开的"系统选项"对话框中设置设计树中可以显示的项目。

图 11-9　开启观阅键码操作

> **提示：**
>
> 除了上文讲述的几种创建动画的方法外，单击"屏幕捕获"工具栏中的"录制视频"按钮，对当前界面的操作进行录制，再单击"装配体"工具栏中的"移动零部件"按钮，拖动零部件也可创建视频动画（此种方法较少采用）。

11.3.2 简单"关键帧"的调整

如果读者学过Flash，那么一定接触过由矩形变圆形的动画制作。即，首先在两个帧点处分别画一个矩形和一个圆，然后Flash将自动补充由矩形变成圆形的中间动画过程。在Flash中将这种动画称作"补间动画"。实际上在SOLIDWORKS动画制作的过程中，也可以执行此类操作，具体操作如下。

打开本书提供的素材文件"夹具.SLDASM"，切换到"动画算例"模式，在键码区中将当前键码置于某个时间点（如"5秒"处，单击即可），并保证"自动键码"按钮处于选中状态；然后手动拖动零件到某个位置，如图11-10所示，松开鼠标，系统将在当前时间点处自动添加键码，并创建补间动画（单击"播放"按钮可查看动画效果）。

如想更加精确地控制零件的移动或旋转，在装配体的动画算例中右键单击"零部件"，在弹出的快捷菜单中选择"以三重轴移动"菜单项，在操作界面中将显示用于移动零部件的三重轴（或直接选中零部件，即可显示三重轴），如图11-11所示。此时拖动三重轴的各个轴线或轴圈，对零部件进行操作即可。

> **提示：**
>
> 右键单击三重轴坐标系的轴面或轴圈，可以在弹出的快捷菜单中选择更多的选项，以更加精确地定义零件的偏移值（如选择"显示旋转三角形XYZ框"菜单项，可以在显示框中指定零件旋转的具体角度值）。
>
> 此处定义的零件运动，需要在所添加"配合"的允许范围内操作，否则所添加操作将被忽略。

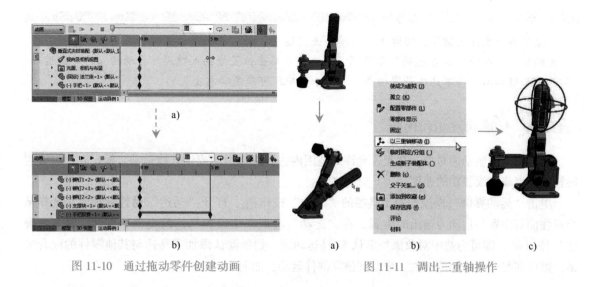

图 11-10　通过拖动零件创建动画　　　　　　　　　　图 11-11　调出三重轴操作

11.3.3　对象的显示、隐藏和颜色变换动画

　　结合 11.3.1 节，在"禁用观阅键码生成"菜单项处于"非选中"状态下，对模型的显示/隐藏操作，可自动生成键码（所以此处不做过多讲述），但是颜色的变换，通过上述操作却不会自动生成键码。要令对模型的颜色更改也被记录为键码，可在"自动键码"按钮 🔋 处于选中状态下，首先将键码移动到需要记录键码的位置处，然后在左侧展开要更改颜色零件的算例树，右键单击"外观"项，在弹出的快捷菜单中选择"外观"菜单项，在打开的"颜色"属性管理器中更改模型的外观，即可在需要的位置处自动生成键码，并同时生成颜色变换的动画，如图 11-12 所示。

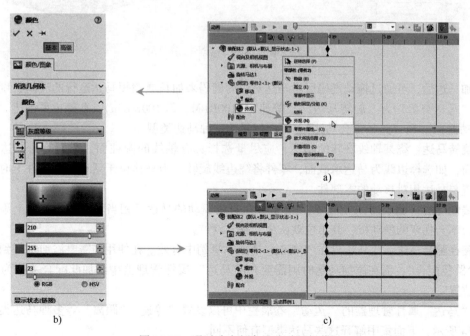

图 11-12　通过改变颜色生成动画操作

提示：

　　除了自动生成关键帧，实际上，右键单击"运动算例"操控面板右侧的时间条任意有对象对应的位置，选择"放置键码"菜单项，也可以在单击位置处插入键码。自动插入的关键键码到前一个键码间，将不产生补间动画，即两个键码间可能是瞬态变化的。

11.3.4 马达的添加和使用

　　马达可令被驱动的对象，在配合允许的范围内，做旋转运动或做直线运动。操作时，可设置旋转的速度或直线移动的速度。

　　单击"运动算例"操控面板工具栏的"马达"按钮，打开"马达"属性管理器。选择某个圆柱面等设置马达动力输出的位置，在"运动"卷展栏中设置马达的类型和速度，单击"确定"按钮，即可为选中对象添加默认 5s 马达动画。如果默认添加了马达与其他零件的配合关系，则可在配合允许的范围内，带动其他零部件运动，如图 11-13 所示。

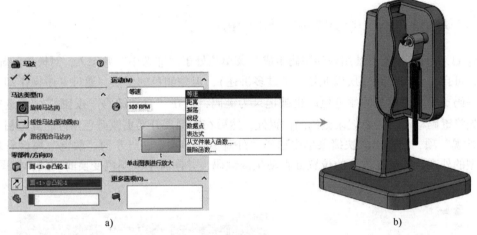

图 11-13　通过添加马达创建动画操作

　　添加马达后，可通过拖动键码区中马达对应的键码来加长或缩短马达运行的时间长度。默认添加的"马达类型"为"旋转马达"、"等速"（100RPM，即 100r/min），此外也可创建"线性马达（驱动器）"和"路径配合马达"，下面解释这三种马达类型。

>➤ **旋转马达**：绕某轴线旋转的马达，应尽量选择具有轴线的圆柱面、圆面等为马达的承载面，如选择边线为马达承载面，零件将绕边线旋转。当马达位于活动的零部件上时，应设置与马达相对移动的零部件。

>➤ **线性马达（驱动器）**：用于创建沿某方向直线驱动的马达，相当于在某零部件上添加了一台不会拐弯的发动机，其单位默认为"毫米/秒"。

>➤ **路径配合马达**：此马达只在"Motion 动画"算例中有效。在使用前需要添加零件到路径的"路径配合"，而在添加马达时则需要在"马达"属性管理器中添加此配合关系为"马达位置"。

　　在"马达"属性管理器的"运动"卷展栏中可以设置"等速""距离"等多种马达类型，如图 11-13a 所示，下面集中解释这些马达类型有何不同。

➤ **等速**：设置等速运动的马达，单位为 r/min（RPM）或 mm/s。

➤ **距离**：设置在某段时间内，马达驱动零部件转多少角度或运行多少距离。

➤ **振荡**：设置零部件以某频率，在某个角度范围内或距离内振荡。

➤ **线段**：选中此选项后，可打开一对话框，在此对话框中，可添加多个时间段，并设置在每个时间段中零部件的运行距离或运行速度。

➤ **数据点**：与"线段"选项的作用基本相同，只是此选项用于设置某个时间点处的零部件运行速度或位移。

➤ **表达式**：通过添加"表达式"可设置零部件在运动过程中的变形，也可设置零部件间的相互关系等（其方法与软件开发非常类似，可在函数中引用其他零部件的某个"尺寸值"，此尺寸值位于此零部件某"尺寸"属性管理器的"主要值"卷展栏中）。

➤ **从文件装入函数和删除函数**：用于导入函数或删除函数。

11.4 复杂动画制作

除了上文介绍的动画创建之外，还可以创建更多复杂的动画，如路径动画、相机动画、齿轮动画等，以及方程式驱动的动画，下面介绍相关操作。

11.4.1 路径动画

可以令目标对象沿着某条绘制好的路径移动，以形成路径动画，下面是一个操作实例。

步骤 1 在装配环境中，首先装配一个平板，然后绘制一条样条曲线，再导入一个带有中心"点"的球，定义球的中心点和样条曲线为"重合"配合关系，如图 11-14 所示。

步骤 2 添加"距离"配合定义球中心点与样条曲线端点之间的距离为 10mm，如图 11-15 所示。

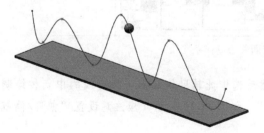

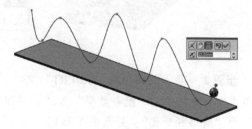

图 11-14　导入零件并定义"重合"配合关系　　　　图 11-15　定义"距离"配合关系

步骤 3 单击底部的"运动算例 1"标签，打开"运动算例"操控面板，将"当前时间点"至于"2 秒"处，编辑"距离"配合，定义"2 秒"时间点处的距离为 290mm，如图 11-16 所示，完成操作。

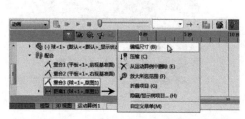

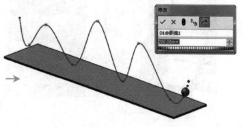

图 11-16　新时间点处重新定义"距离"配合操作

步骤4 如图 11-17a 所示，系统自动生成了补间动画。将样条曲线隐藏，再单击"播放"按钮 ▶，即可查看路径动画效果了，如图 11-17b 所示（像是小球在跳动）。

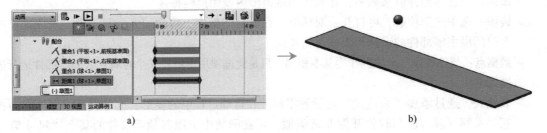

a) b)

图 11-17 生成的动画和播放效果瞬时图

11.4.2 相机动画

将相机固定在某个参照物上，然后令参照物运动，即可生成相机动画，下面是一个相关操作实例。

步骤1 首先打开本书提供的素材文件"宿舍装配.SLDASM"，然后创建一个距离窗框底部 60mm 的基准面，再在基准面中绘制一条样条曲线，如图 11-18 所示。

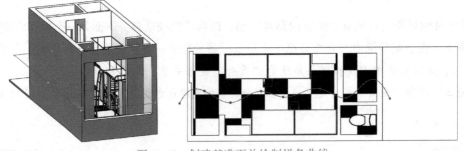

图 11-18 创建基准面并绘制样条曲线

步骤2 导入"辅助块.SLDPRT"文件，然后选中此辅助块底部一条边线的中点和绘制的样条曲线，为其定义"配合类型"为"路径配合"，如图 11-19 所示（应注意设置"俯仰/偏航控制"为"随路径变化"，并选中 X 轴）。

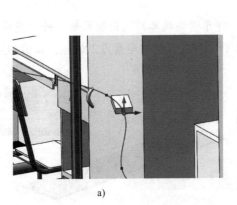

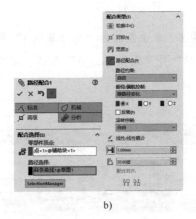

a) b)

图 11-19 设置"路径配合"约束

步骤3　设置相同的点到宿舍最前端外部墙面的"距离"配合为900mm，如图11-20所示（如辅助块的中点无法被选中，可将样条曲线暂时隐藏）。

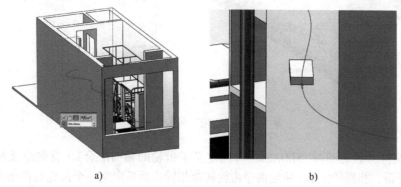

a)　　　　　　　　　　　b)

图11-20　设置"距离"配合

步骤4　选中辅助块的上表面，设置其与窗户窗框底部为"平行"配合关系，如图11-21所示。

步骤5　"编辑"相机。设置其目标位置为辅助块上表面的前端中点，设置"相机位置"为辅助块上表面的后部中点，如图11-22所示。

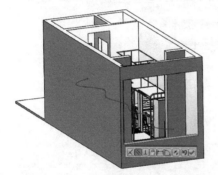

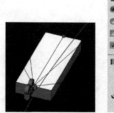

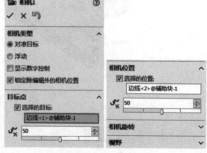

图11-21　设置"平行"配合　　　　　　　图11-22　定义"相机位置"

步骤6　首先，将当前视图设置为"相机视图"，然后切换到"运动算例"操控面板。将当前帧移动到"10秒"位置处，然后修改"距离10"配合的大小为100mm，如图11-23所示。完成操作后，系统将生成动画，单击"播放"按钮▶，进行播放即可。

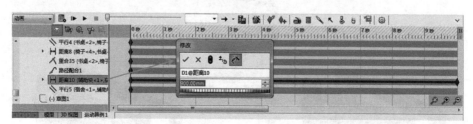

图11-23　修改"距离"配合生成动画

11.4.3　齿轮动画

齿轮动画的关键不是动画的创建，而是配合条件的添加，如图11-24所示。

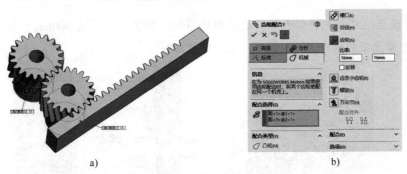

a)　　　　　　　　　b)

图 11-24　"齿轮"配合的添加

打开素材文件"齿轮动画.SLDASM"（已定义了齿轮的轴向配合）。首先定义两个齿轮间的"齿轮"配合关系，相同的比率，决定两个齿轮转速相同；然后定义一个齿轮与齿条为"齿条小齿轮"配合，如图 11-25 所示；最后为齿条添加一个"直线马达"（作为驱动），即可得到齿轮动画了。

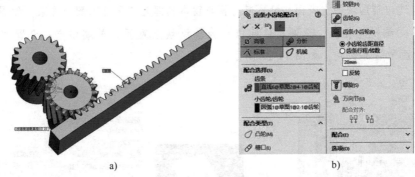

a)　　　　　　　　　b)

图 11-25　添加"齿条小齿轮"配合操作

11.4.4　带轮动画

带轮动画的关键，同样也是配合条件的添加，下面是一个操作实例。

步骤 1　如图 11-26 所示，打开素材文件"带轮动画.SLDASM"后（已为带轮轴定义了配合），选择"插入"→"装配体特征"→"皮带/链"菜单命令，选择两个带轮的内侧面，添加一个"皮带/链"特征（实际上就是生成了一条线）。

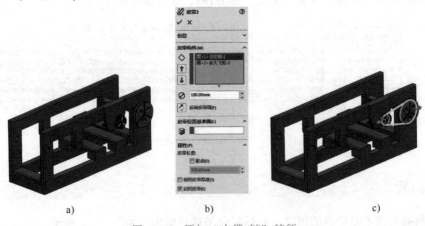

a)　　　　　　b)　　　　　　c)

图 11-26　添加"皮带/链"特征

步骤 2 编辑"皮带/链"特征包含的实体特征。选择一个面（或创建基准面）绘制皮带的横截面，然后使用扫描特征，创建皮带实体，如图 11-27 所示。

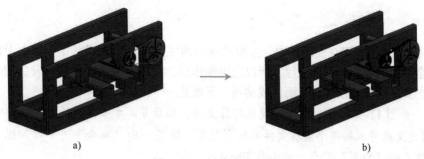

a) b)

图 11-27 创建皮带实体

步骤 3 切换到"运动算例"操控面板，为一个带轮添加"旋转马达"，即可完成带轮动画的创建，如图 11-28 所示。单击"播放"按钮 ▶，即可播放带轮动画。

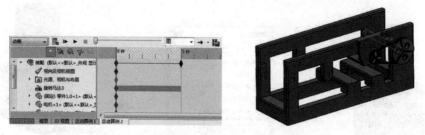

图 11-28 添加"旋转马达"创建带轮动画

11.4.5 "拧螺栓"动画

"拧螺栓"动画需要添加"螺旋"配合，如图 11-29a 所示，然后为旋转的部分添加"旋转马达"，即可实现"拧螺栓"动画，如图 11-29b 所示。

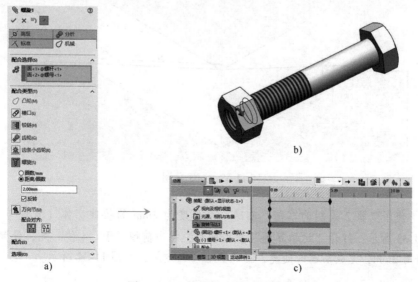

a) c)

图 11-29 "拧螺栓"动画的操作

在"螺旋"属性管理器中,选项"圈数/mm"表示移动一毫米的距离需要旋转多少圈,选项"距离/圈数"表示旋转一圈,旋转的部分相对于与之配合的另外一部分移动的距离。

11.4.6 参数关联动画

所谓"参数关联",即在装配体中,参照已导入的零件,直接创建新零件。由于新创建的零件参照了其余零件的一些位置信息等,所以完成操作后,当被参照的零件位置发生变化时,所创建的零件也会发生相应的改变,从而生成动画。下面是一个操作实例。

步骤 1 如图 11-30 所示,首先创建装配体文件,然后导入本书提供的素材文件(相应的文件夹下),再定义所导入的两个素材文件的配合关系,除了一些"重合""平行"配合外,应重点定义两个顶点的"距离"配合,大小为 30mm。

步骤 2 单击"装配体"工具栏中的"新零件"按钮 ,选择"台子"的侧面创建新零件,如图 11-31 所示。直接进入此面的草绘模式,然后按图 11-32 所示绘制草图,并添加必要的约束,然后退出草绘模式。

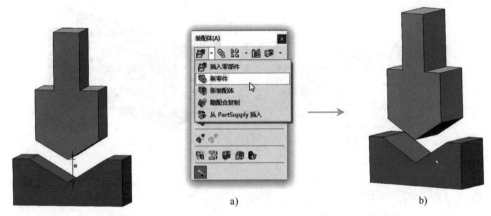

a)   b)

图 11-30 导入素材文件并定义配合   图 11-31 创建新文件并选择面

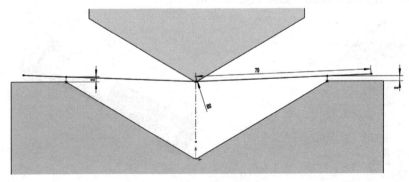

图 11-32 绘制草图

步骤 3 使用步骤 2 绘制的草图,创建一个厚度为 2mm 的拉伸实体(宽度与"台子"相同),如图 11-33 所示;打开"运动算例"操控面板,将当前帧至于"4 秒"处,设置步骤 1 中的"距离"配合为 2mm,完成动画的创建,播放查看动画效果,如图 11-34 所示。

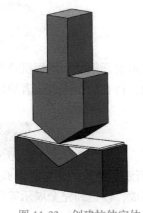

图 11-33　创建拉伸实体

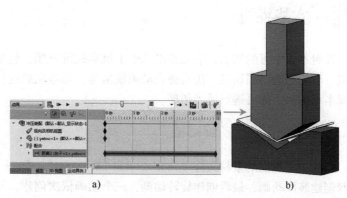

图 11-34　创建动画

11.4.7　"方程式"动画

可以使用"方程式"将装配体中不同零件上的参数连接起来，以模拟更多的动画效果，具体操作如下。

步骤 1　首先打开本书提供的素材文件，右键单击要设置方程式的模型的"注解"选项，在弹出的快捷菜单中选择"显示特征尺寸"菜单项，显示要设置方程式的尺寸，如图 11-35 所示。

步骤 2　选择"工具"→"方程式"菜单命令，打开"方程式＊＊＊＊＊＊"对话框，将鼠标指针置于"方程式·零部件"栏，单击"R30"尺寸，设置其数值为"＝20＋"D1@距离1"＊2"，然后重新生成动画，播放动画，即可见到需要的效果，如图 11-36 所示。

图 11-35　显示特征尺寸

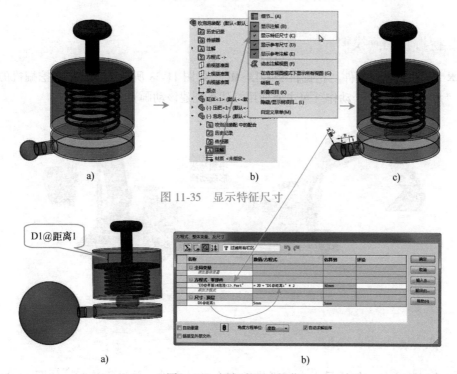

图 11-36　添加方程式操作

11.5　实战练习

针对本章学习的知识，下面给出几个上机实战练习题，包括产品展示动画模拟、挖掘机动画模拟、滑轮吊物动画模拟、仿真弹簧动画模拟等，思考完成这些练习题，将有助于广大读者熟练掌握本章内容，并可进行适当拓展。

11.5.1　产品展示动画模拟

打开本书提供的素材文件"自定心卡盘.SLDASM"，如图 11-37a 所示。尝试创建爆炸动画，接着创建装配动画，最后创建旋转动画，三个动画依次创建，并依次播放，以达到完全展示零件的目的，效果如图 11-37b 所示。

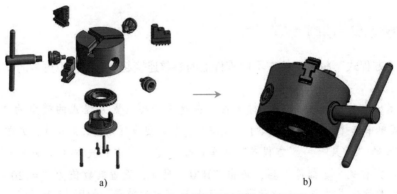

a)　　　　　　　　　　　　　　b)

图 11-37　自定心卡盘爆炸视图和装配视图

11.5.2　挖掘机动画模拟

打开本书提供的素材文件"挖掘机.SLDASM"，如图 11-38 所示，尝试创建挖掘机的"挖掘物体"和"放下物体"两个动作（可主要使用马达来创建该动画）。

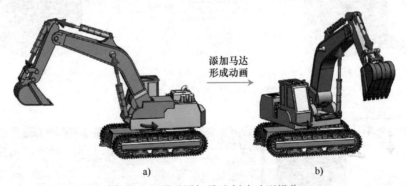

添加马达
形成动画

a)　　　　　　　　　　　　　　b)

图 11-38　通过添加马达创建动画操作

11.5.3　滑轮吊物动画模拟

新建"装配"文件，然后导入本书提供的多个素材文件，并进行装配，如图 11-39a 所示。

然后尝试创建滑轮吊物动画（即通过拉滑轮一端的绳子，令另外一端的重物升起），如图 11-39b 所示。

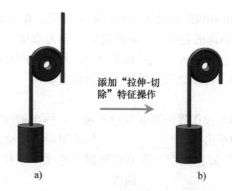

添加"拉伸-切除"特征操作

a)　　　　　　　　　　b)

图 11-39　创建滑轮吊物动画操作

提示：

在装配体中，要添加一个比较关键的"拉伸-切除"特征。

11.5.4　仿真弹簧动画模拟

新建"装配"文件，然后导入本书提供的多个素材文件，并进行装配，如图 11-40a 所示，然后尝试创建弹簧伸缩的动画，如图 11-40b 所示。

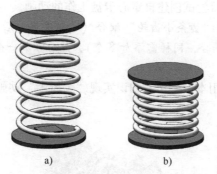

a)　　　　　　　　　　b)

图 11-40　仿真弹簧动画的伸长和压缩效果

提示：

该练习题主要会用到在装配体中创建新零件，以及参数关联动画。

11.6　习题解答

针对 11.5 节的实战练习，本书给出了视频讲解，包括相关实例等，读者可以扫码观看。

如果仍无法独立完成 11.5 节要求的这些操作，那么就一步一步跟随视频讲解，操作一遍吧！

11.7 课后作业

本章主要讲述了在 SOLIDWORKS 中创建动画的相关知识，其中顺序讲述了如何使用"动画向导"、手动创建动画和复杂动画的创建。"动画向导"较为简单，也较为常用，可首先重点掌握，其余内容，在需要时进行了解即可（或可根据兴趣，对相关内容进行学习）。

为了更好地掌握本章内容，可以尝试完成如下课后作业。

一、填空题

1）右键单击 SOLIDWORKS 操作界面顶部空白区域，在弹出的快捷菜单中选择＿＿＿＿＿＿菜单项，然后在底部标签栏中单击＿＿＿＿＿＿＿＿标签可调出运动算例操控面板。

2）要使用"Motion 分析"算例类型，需要在顶部"选项"下拉列表中选择"插件"选项，并在打开的对话框中，启用＿＿＿＿＿＿＿插件。

3）进行了装配并创建了＿＿＿＿＿＿＿＿的装配文件，可以使用动画向导创建爆炸动画。

4）马达可令被驱动的对象，在配合允许的范围内，做＿＿＿＿＿＿，或做＿＿＿＿＿＿＿＿。

5）所谓＿＿＿＿＿＿＿＿，即在装配体中，参照已导入的零件，直接创建新零件。

二、问答题

1）设计树上部的"过滤器"按钮有何作用？请举例说明。

2）什么是"旋转零件动画"？试简述其定义。

3）如需要改变动画第一帧的视图方向，需如何操作？

4）如何令对象颜色的更改被记录为动画？试简述其操作。

三、操作题

1）本操作题，使用与前文实例相同的素材，如图 11-41 所示。打开本书提供的素材文件"自定心卡盘.SLDASM"，然后尝试创建自定心卡盘工作的动画。

提示：此操作题主要用到"齿条小齿轮"配合（旋转某部分后，相关部分直线运动，需要添加多个）和"齿轮"配合（啮合，同样需添加多个），然后添加一个"旋转马达"即可实现需要的动画效果。

2）新建装配体文件，使用本章所学的知识实现"手风琴"动画效果，如图 11-42 所示。

 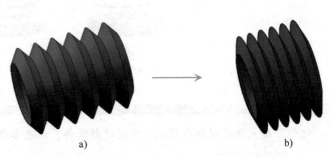

图 11-41 自定心卡盘素材文件　　　　　　　图 11-42 "手风琴"动画效果

提示：创建参数关联动画即可，与弹簧动画的创建类似。

第 **12** 章

模型渲染

学习目标

通过渲染，可使模型很逼真，就像给实际设计出来的机器拍的照片一样，从而可以更好地向客户展示产品的外观和结构等情况。渲染操作并不复杂，通常掌握好外观、贴图和灯光，即可得到比较好的输出效果。

本章讲述将设计好的模型渲染输出的相关知识。

 渲染工具介绍

SOLIDWORKS 是通过什么模块进行渲染的？或者说 SOLIDWORKS 的渲染空间是什么？在学习 SOLIDWORKS 渲染操作之前，先来解决这个问题。

实际上，即使不进行渲染，也可以在 SOLIDWORKS 的正常建模环境下为模型添加材质和贴图，并设置灯光。这些操作与后面将要介绍的渲染操作相同，都可通过 SOLIDWORKS 的 Display-Manager 选项卡来实现。

不同之处在于，普通建模环境下设置的材质、贴图和灯光，只在 SOLIDWORKS 的建模环境下显示，即只影响操作窗口中模型的样式，且显示粗糙。要实现正确的渲染输出，即将模型渲染成逼真于实体的图片，在 SOLIDWORKS 2023 中，需要使用 PhotoView 360 插件。

如图 12-1a 所示，选择顶部"常用"工具栏"选项"下拉菜单中的"插件"选项，在弹出的"插件"对话框中选中"PhotoView 360"复选框，启动 PhotoView 360 插件；然后右键单击顶部工具栏空白处，在弹出的快捷菜单中选择"渲染工具"菜单项，可调出"渲染工具"工具栏，如图 12-1c 所示。使用此工具栏，可完成对模型的渲染操作。

知识库：

PhotoView 360 插件，2009 版之前称为 PhotoWorks，2010 版中，PhotoView 以独立的程序出现，因此需要在 Windows"开始"菜单中启动此工具（2023 版中无此限制）。

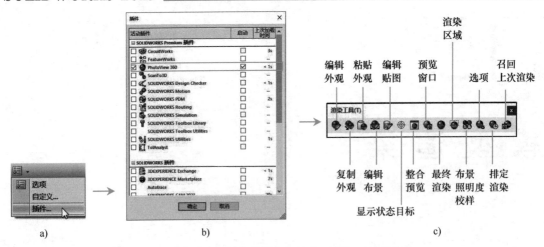

图 12-1　启动渲染插件并调出"渲染工具"工具栏操作

图 12-2 所示为在普通建模环境下（或装配环境下），DisplayManager 选项卡与启用了 PhotoView 360 插件时的差别。图 12-2a 所示是 DisplayManager 选项卡未启用 PhotoView 360 插件时的样式，图 12-2b 所示是 DisplayManager 选项卡启用了 PhotoView 360 插件时的样式（及模型渲染和不渲染的差别）。

图 12-2　PhotoView 360 插件启用前后 DisplayManager 选项卡
和模型渲染的效果（相同的外观材质和灯光）

通过观察，不难发现，启用 PhotoView 360 插件后，DisplayManager 选项卡主要表现在 PhotoView 360 选项按钮可用了，此按钮主要用于设置渲染输出图像的大小和清晰度等参数。可设置线光源的影响范围，在"SOLIDWORKS 光源"列表下的项可设置普通环境下的光源开启，而在"PhotoView 360 光源"列表下的项可设置 PhotoView 环境下光源的开启（灰度关闭，彩色开启，可右键单击其下的"线光源"，通过弹出的快捷菜单，打开或关闭相应的线光源），其他"外观""贴图""布景"等选项，在两种模式下都有作用，只是显示的精度不同。

> **提示：**
>
> DisplayManager 选项卡是渲染操作的主要选项卡，通过此选项卡可执行渲染的大部分操作（如设置外观材质、贴图和布景等）。通常通过右键单击某选项执行相关操作，即与单击工具栏中的相关按钮效果相同，只是缺少了最终渲染和预览等功能。

12.2 主要渲染过程

渲染通常只有关键的几步，分别是设置外观、贴图和灯光，然后执行"最终渲染"命令输出即可。其中贴图和灯光，根据需要，有时无须操作，所以实际上外观的设置是最关键的，最终渲染有时也可通过整合预览操作代替。本节将讲述相关操作。

12.2.1 "外观"相当于设置对象的"材质"

"外观"相当于在现实工作中，决定使用什么材料来制造某个零件，如螺钉旋具，手柄部分可用塑料，而刀杆多为钢材。

要为模型设置外观（下面操作可先打开本书提供的素材文件），可单击"渲染工具"工具栏中的"编辑外观"按钮打开某外观属性管理器中的"颜色/图像"选项卡。首先通过右键单击"所选几何体"卷展栏，删除默认选中的几何体，再单击"实体"按钮，并单击素材文件实体（这里单击外框），然后在右侧"外观、布景和贴图"任务窗格标签中，选中一种外观（这里选中"粗制黄松木"外观），将其设置给选中的相框实体，即可完成外观的设置，如图 12-3 所示。

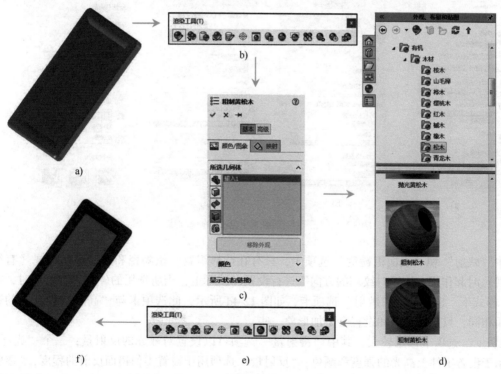

图 12-3 设置外观并渲染输出操作

完成外观的设置后，直接单击"渲染工具"工具栏中的"渲染"按钮，可查看设置材质的效果（可以发现此时相框模型较像木材材质），如图 12-3f 所示。

渲染操作中的外观设置，实际上就是首先选中要设置的特征、实体或面等，然后在右侧窗格标签中，选中要使用的外观项即可。

在渲染的过程中，某外观属性管理器的"颜色/图像"选项卡中的"颜色"卷展栏用于更改外观的颜色；"显示状态（链接）"卷展栏，用于在多配置实体中，令更改的外观作用于某个配置。

　　单击某外观属性管理器中的"高级"按钮，可以打开其余卷展栏，如图12-4a、图12-4b、图12-4c所示，可对更多的"颜色"选项进行设置。

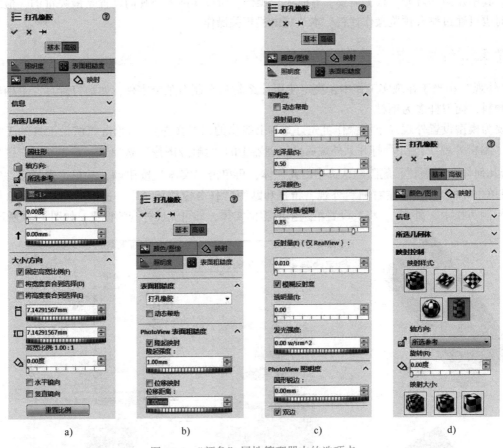

图12-4　"颜色"属性管理器中的选项卡

　　其中"映射"和"表面粗糙度"选项卡，只有在选择织物、粗陶瓷和某些塑料外观（有纹理的外观）时起作用，用于对纹理的方向等进行设置（实际上，当所选用的外观具有纹理时，在"基本"模式下，也会显示"映射"选项卡，如图12-4d所示，此选项卡与"高级"模式下的选项卡作用相同，只是其选项和设置会更加形象一些）。

　　"照明度"选项卡作用较大，其中"漫射量"选项可以设置对散光的反射量；三个"光泽"选项，用于设置零件上高光的强度和颜色；"反射量"选项用于设置类似镜面反射的程度；"透明量"选项用于设置透明度；"发光强度"选项可用于模拟灯泡；"圆形锐边"选项用于将锐利的角做圆形化渲染处理。

> **提示：**
>
> 需要注意的是，在SOLIDWORKS工作界面左侧模型树中有个"材质"项，此项设置也可影响外观，但不是渲染时要使用的。材质除了影响模型外观外，同时还可设置模型的质量等属性，即"材质"项是分析时要设置的项，渲染时只需设置外观即可。

12.2.2 "贴图"像是穿衣服

贴图就是将真实的图片（如照片）贴到零件表面（像穿衣服一样），以令渲染效果更加逼真。

要执行贴图操作，可单击"渲染工具"工具栏中的"编辑贴图"按钮，打开"贴图"属性管理器。单击"浏览"按钮，在打开的对话框中选择好要使用的贴图图片，再选中要进行贴图的零件表面，然后，切换到"映射"选项卡，根据需要调整贴图的大小即可（也可直接拖动贴图的控制点，对贴图大小进行调整），如图 12-5 所示。

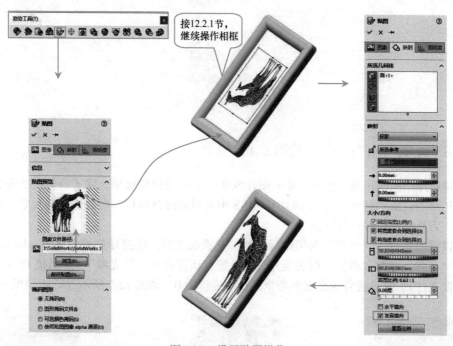

图 12-5 设置贴图操作

下面介绍"贴图"属性管理器中部分选项的作用，具体如下。

➢ **"图像"** 选项卡中的 **"掩码图形"** 卷展栏："掩码图形" 相当于 PhotoShop 中的 "图层遮罩"，是指使用一个图形罩在当前贴图图形上，用于遮罩图形的白色区域是透明的位置，或者选中某个颜色，以消除贴图图形中的该颜色，如选中 "使用贴图图像 alpha 通道" 选项，则可渲染生成带图层的图像。

➢ **"映射"** 选项卡中的 **"大小/方向"** 卷展栏：用于调整贴图图形的大小和方向，或进行 "水平" 和 "竖直" 反转等（各选项的具体作用，读者不妨自行尝试）。

➢ **"映射"** 选项卡中的 **"映射"** 卷展栏：用于设置贴图图形的位置和图形投射到模型表面的方式。下面的两个转钮 ➡ 10.00mm 和 ⬆ 70.00mm ，用于调整贴图图形相对于所选面的位置；"映射" 下拉列表可设置贴图图形映射到零件表面的投影方式，其中 "标号" 可理解为一种包裹形式的贴合，类似于在实际零件上粘贴标签；"投影" 是先将图绘制在指定基准面上，然后再从基准面将贴图映射到选中的面上；"球形" 用于投射球面；"圆柱形" 用于投射圆柱面。

提示：

如果工作区中为模型添加的贴图图形始终显示不出来，可在"前导视图"工具栏的"隐藏／显示项目"下拉列表中单击"查看贴图"按钮 ![icon]，如图 12-6 所示。

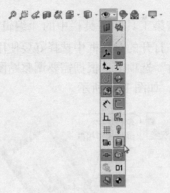

图 12-6　显示贴图操作

12.2.3 "灯光"相当于摄影师的"布光"

就像摄影师拍照时，为了得到清晰的图片或获得需要的拍照效果，除了自然光之外，通常还需要对被拍照的对象"打光"。在 SOLIDWORKS 中可对此进行模拟，对被渲染的对象，通过添加各种光源，为其添加照射光线等。

下面以添加一个"聚光源"为例进行讲解，在添加之前，通过导航控制区 DisplayManager 选项卡中的"布景、光源和相机"列表项先关闭系统自动打开的"线光源"（下面接 12.2.2 节，继续操作相框文件），并设置背景亮度和布景的反射度都为 0，如图 12-7 所示（以模拟黑夜效果）。

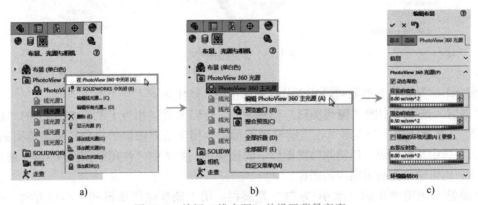

图 12-7　关闭"线光源"并设置背景亮度

右键单击"线光源 1"选项，在弹出的快捷菜单中选择"添加聚光源"菜单项，然后设置聚光源的位置，以及亮度和柔边参数等，即可得到需要的灯筒照射相框的效果，如图 12-8 所示。

下面解释"编辑布景"属性管理器中各个选项的作用。

➢ **背景明暗度**：相当于背景的亮度，设置为 0 就是黑色的夜空。

➢ **渲染明暗度**：是渲染时模型本身的亮度。

➢ **布景反射度**：是所设置布景空间墙壁反射光线的能力。

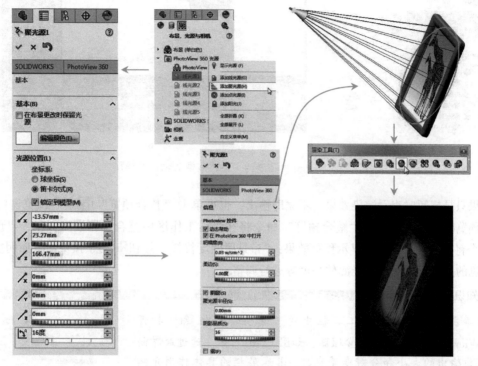

图 12-8　添加聚光源并进行渲染输出

下面解释 "聚光源" 属性管理器中各选项的作用。

➢ "基本" 选项卡中的 "基本" 卷展栏只在 SOLIDWORKS 工作区起作用，对渲染效果无影响。

➢ "光源位置" 卷展栏中的选项用于调整光源的位置。

➢ "PhotoView 360" 选项卡用于设置渲染时光源的强度（明暗度），光源边界处的柔和程度（柔边），以及光源边界处是否有阴影等。

"线光源" 和 "点光源" 属性管理器中的各选项也与此相同。

12.2.4　渲染效果

完成外观的添加以及其他设置工作（如灯光设置，或保持系统默认）后，单击 "渲染工具" 工具栏中的 "最终渲染" 按钮⬤，即可在打开的 "最终渲染" 窗口中得到渲染效果，如图 12-9 所示。单击 "保存图像" 按钮，可保存渲染图像。

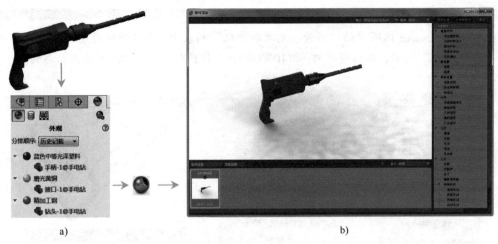

a)   b)

图 12-9　添加外观并进行"最终渲染"输出的操作

　　如果只是想暂时查看渲染效果，不立即输出，也可单击"整合预览" 或"预览窗口"
按钮，预览模型效果。其中"整合预览"命令将在当前工作区中整合预览模型效果，"预览窗口"命令将在打开的窗口中显示预览效果；"布景照明度校样"按钮 用于预览布景照明度，可根据预览的照明度状况，对光源的亮度等进行调整。

知识库：

　　可单击"渲染工具"工具栏中的"选项"按钮 ，打开
"PhotoView 360 选项"属性管理器，如图 12-10 所示。通过此界面设置图像输出的大小和分辨率等参数，其卷展栏的具体作用介绍如下。

　　输出图像设定：用于设置输出图像的大小，以及图像格式和默认输出路径等。

　　渲染品质：用于在设置预览和最终渲染时，输出图像的品质（即分辨率）。在此卷展栏中选中"自定义渲染设置"复选框，可定义渲染时采用的"反射"和"折射"次数（因为光线需要在房间中反射多次才能被吸收），次数越大图像越逼真，渲染也越耗时。"灰度系数"用于设置"中级色调"（处于最亮和最暗之间的颜色）的亮度，值越大"中级色调"越亮。

　　光晕：令发光或反射光的位置变模糊，类似雾的效果。

　　轮廓/动画渲染：渲染时可以渲染出模型的轮廓线。

　　直接焦散线：焦散是指光线穿过透明物体，在透明物体表面发生的漫散射现象，如水面的粼粼波光，即用来定义焦散效果和焦散质量。

　　网络渲染：定义使用网络渲染，此时需要局域网的其他设备打开 SOLIDWORKS 组件中的 PhotoView 360 Network Render Client 程序，并单击"立即进入客户端模式"按钮，这样在渲染时可使用多台计算机对模型进行渲染，以节省渲染时间。

图 12-10　"PhotoView 360
选项"属性管理器

12.3 其他渲染设置

除了外观、贴图和灯光之外，为了实现一些特殊的效果，还可在渲染过程中，为渲染添加布景、相机和进行走查操作等。这些操作，在实际渲染过程中有时会用到，本节简单介绍其作用和设置方法。

12.3.1 如何添加布景

"布景"就如同在照相馆照相时，后面的那张背景图片，也可以理解为渲染的布局空间。

要设置布景，可单击"渲染工具"工具栏中的"编辑布景"按钮<span>，然后在右侧"外观、布景和贴图"任务窗格标签中，选中一布景格式，再在"编辑布景"属性管理器的"楼板"卷展栏中设置布景"楼板"的平面位置（通常选择一个模型上的面作为布景楼板参照的"所选基准面"），然后进行渲染，即可使用布景输出图形了，如图 12-11 所示。

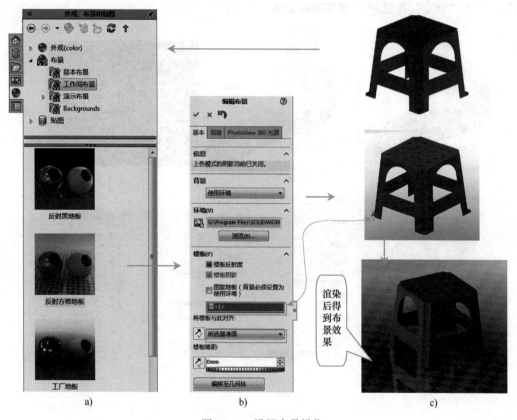

图 12-11　设置布景操作

提示：

需要注意的是，此处设置布景的操作，实际上与通过"前导视图"工具栏中的"应用布景"按钮<span>设置布景是一样的，只是此处可以设置布景"楼板"的位置。

在"编辑布景"属性管理器中，如图 12-11b 所示，除了可以设置"楼板"位置外，其他可以设置的选项较少（通常保持系统默认设置即可）。如切换到通过"高级"选项板，可设置"楼板"的位置和大小；"照明度"选项卡与"光源"中的"布景照明度"的设置相同（可参见12.2.3节中的讲解）。

需要说明的是，系统提供的布景分为三类，基本布景、工作间布景和演示布景，如图12-11a所示。其中"基本布景"是仅有背景颜色的布景样式，"工作间布景"是包括某种样式地面的布景环境，"演示布景"具有三维的布景环境。

12.3.2 如何使用相机

PhotoView中的相机也与现实中的类似，是指将相机置于当前的操作空间中，令相机镜头朝向需要的位置，从而得到需要的相机视图的过程，如图12-12所示。

在导航控制区DisplayManager选项卡中的"布景、光源和相机"列表项"光源"列表的下方，可以发现"相机"项，如图12-13a所示，右键单击此项，在弹出的快捷菜单中选择"添加相机"菜单项，打开"相机"属性管理器，通过此属性管理器可以设置相机的位置、镜头方向和视野等，单击"确定"按钮 ✔，即可添加相机。

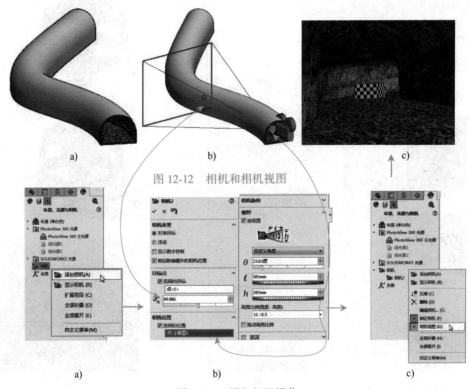

图 12-12　相机和相机视图

图 12-13　添加相机操作

完成相机的添加后，右键单击添加的相机，在弹出的快捷菜单中选择"相机视图"菜单项，可将当前视图切换为"相机视图"（或取消相机视图），如图12-13c所示。然后可进行渲染，从而得到特定区域的渲染效果。

下面解释"相机"属性管理器中，各选项的含义。

➢ **对准目标**：选中此项后，移动相机（或设置其他属性），相机目标点的位置不变。

➢ **浮动**：相机的目标点（即聚焦点），随相机的移动而移动。

- **显示数字控制**：在相机"浮动"模式下可用，用数字显示相机的当前坐标位置。如取消选择此复选框，则需要在图形区中，通过拖动来调整相机的位置。
- **锁定除编辑外的相机位置**：选中此选项后，可设置在相机视图中禁用视图调整命令（如"旋转"和"平移"等命令）。
- **目标点**：通过选择一点（或面、线），设置相机的目标点，即聚焦点。
- **相机位置**：通过选择一点（或面、线），设置相机的位置。
- **相机旋转**：是指相机绕相机位置和目标点的连线旋转一定的角度。如旋转90°，相当于由横向拍摄切换到竖向拍摄。选择一个参考面，则垂直于此面的方向为相机的正方向（即如果将选择的面看作地面，那么垂直于地面的方向，就是相机正常拍照的方向）。
- **视野**：相机的视野范围，l 用于设置可以照多远，h 用于设置可以照多宽。
- **景深**：此选项用于设置相机焦点前后可拍摄的图像的清晰范围（范围之外的图像，会进行模糊处理）。不选中此项则相机视口内的所有图像，渲染时都清晰显示。

> **提示：**
>
> 上面的图像，如结合"动画处理"操作，也可以制作出"穿越山洞"的动画，有兴趣的读者，不妨一试（或查看本书提供的最终效果）。

12.3.3 什么是"走查"

在导航控制区 DisplayManager 选项卡中的"布景、光源与相机"列表项"光源"列表的下方最后一项为"走查"项。右键单击此项，在弹出的快捷菜单中选择"添加走查"菜单项，可打开"走查"属性管理器，如图 12-14b 所示。选中一平面作为走查的"地面"，然后单击"开始走查"按钮，即可进入走查操作界面，通过单击相应的走查按钮就可以"走动查看"零件了。

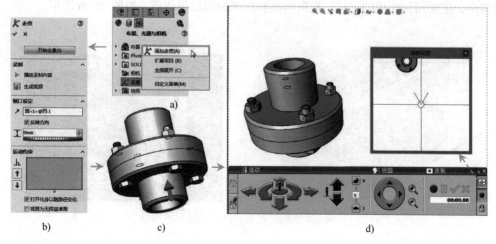

图 12-14　添加走查操作

走查操作，相当于绕着模型"走动查看"，所以称其为"走查"。走查时单击"运动"工具栏中的"记录"按钮 ●，可以对走查过程进行录像，录像完成后，录制的内容将记录在此"走查"项中。当编辑此走查时，可播放录制的走查内容（"运动"工具栏中的其他按钮，功能较为简单，读者不妨自行琢磨，此处不再赘述）。

12.4 实战练习

针对本章学习的知识,下面给出几个上机实战练习题,包括渲染玻璃杯、给学生宿舍拍照等;思考完成这些练习题,将有助于广大读者熟练掌握本章内容,并可进行适当拓展。

12.4.1 渲染玻璃杯

打开本文提供的素材文件"12.4.1 水杯(SC).SLDPRT",如图 12-15a 图所示,使用玻璃、水(静水和重波纹水)等外观,如图 12-15b 所示("重波纹水"外观用于模拟水表面的状态),将其渲染为一个盛放着绿色的果汁的玻璃杯,如图 12-15c 所示。

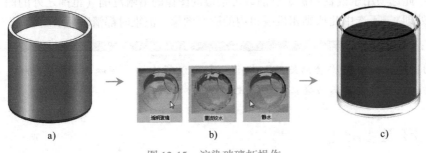

图 12-15 渲染玻璃杯操作

12.4.2 给学生宿舍拍照

为了充分练习相机等渲染元素的作用,使用本文提供的素材文件,为宿舍模型"拍照"。在操作过程中,主要用到相机的定位、视图切换和灯光的添加等技巧,如图 12-16 所示。

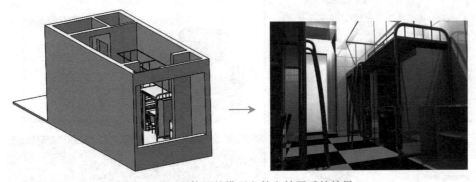

图 12-16 所使用的模型文件和拍照后的效果

12.5 习题解答

针对 12.4 节的实战练习,本书给出了视频讲解,包括相关实例等,读者可以扫码观看。
如果仍无法独立完成 12.4 节要求的操作,那么就一步一步跟随视频讲解,操作一遍吧。

12.6 思考与练习

一、填空题

1）要实现正确的渲染输出，即将模型渲染成逼真于实体的图片，在 SOLIDWORKS 2023 中，需要使用_____插件。

2）_____选项卡是渲染操作的主要选项卡，通过此选项卡可执行渲染的大部分操作。

3）_____相当于在现实工作中，决定使用什么材料来制造某个零件，如螺钉旋具，手柄部分可用塑料，而刀杆多为钢材。

4）在 SOLIDWORKS 工作界面左侧模型树中有个_____项，此项设置也可影响外观，但不是渲染时要使用的。_____除了可影响模型外观外，同时还可设置模型的质量等属性，即_____项是分析模型时要设置的项，渲染时只需设置外观即可。

5）_____就是将真实的图片（如拍照的图片）贴到零件表面（像穿衣服一样），以令渲染效果更加逼真。

6）DisplayManager 选项卡"布景、光源和相机"列表中"布景照明度"选项的下面还有个"环境光源"选项，该选项只对_____起作用，对渲染效果无影响。

二、问答题

1）完成相机的添加后，如何操作可将当前视图切换为相机视图？以及切换到相机视图后，如何操作可将相机视图切换到普通视图？

2）系统提供了哪三种布景？每种布景有何不同？

3）简述一下什么是"走查"？

三、操作题

打开本书提供的素材文件"12.6 操作题螺钉旋具(SC).SLDPRT"，如图 12-17a 所示，使用本章所学的知识为其添加外观，并进行渲染，效果如图 12-17b 所示。

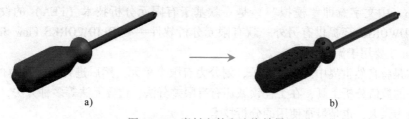

a)   b)

图 12-17 素材文件和渲染效果

第 **13** 章

静应力有限元分析

本章要点————

□ SOLIDWORKS Simulation 概论
□ 分析流程
□ 分析选项解释
□ 分析结果查看

学习目标————

　　有限元分析是仿真的重要功能模块，通过有限元分析可以解决很多问题：如在设计一个货架时，可以提前通过分析获得当前所设计货架的最大载重量，从而可提前验证设计的合理性，节约原料成本，进而缩短产品开发的周期。本章将讲述有限元分析的操作。

13.1 SOLIDWORKS Simulation 概论

　　Simulation（中文字意即"模拟"）是一款基于有限元分析技术（FEA）的设计分析软件（实际上 SOLIDWORKS 还提供有另外一款有限元分析软件——SOLIDWORKS Flow Simulation，而 Flow Simulation 主要用于流体分析）。

　　FEA 技术是将自然世界中无限的粒子，划分为有限个单元，然后进行模拟计算的技术。FEA 技术不是唯一的数值分析工具，在工程领域还有有限差分法、边界元法等多种方法，但是 FEA 技术却是功能最为强大，也是最常使用的分析技术。

　　有限元实际上也就是有限个单元，为什么要划分为有限个单元呢？这主要是因为，就像是要计算一个圆的面积，可以通过计算其内接多边形的边长来近似得到。要得到更加准确的周长值，可以将多边形的边数无限增加，当然最终所计算的圆的周长值也只能是一个近似值（就像圆周率 π 是一个无限循环的小数一样）。

　　在计算机中，同样不能将一个物体的所有因素完全考虑清楚，因为那是一个永远无法完成的计算量，所以使用有限个单元模拟无限的物理量不失为一个高明的方法，虽然仅得到了一个近似值，但是在很多领域，那已经足够了。

　　单击"常用"工具栏"选项"下拉菜单中的"插件"按钮，在打开的"插件"对话框中可以启用 SOLIDWORKS Simulation 插件，如图 13-1 所示。

　　Simulation 插件启用后，在 SOLIDWORKS 顶部菜单栏中会增加一个 Simulation 菜单，如图 13-2

所示，此菜单下的子菜单项包含了所有在有限元分析过程中可以进行的操作。如启用了 Com-
mandManager 功能，在顶部工具栏中将显示 Simulation 标签栏，此标签栏中包含了有限元分析的大
多数工具，并进行了归类整理，是一个具有智能化特点的有限元分析工具栏，如图 13-3 所示。

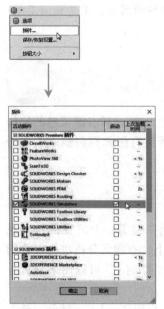

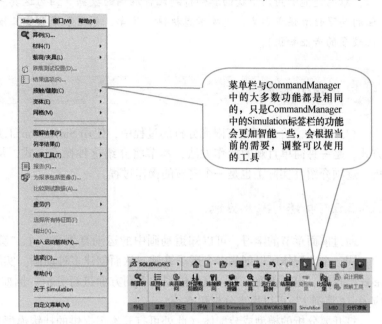

图 13-1　"插件"对话框　　　　图 13-2　Simulation 菜单　　　　图 13-3　Simulation 标签栏

　　实际上，在 Simulation 中，使用 Simulation 工具栏加模型树右键菜单操作的方式，不失为一种
更加直接和简便易学的操作方法，如图 13-4 所示。通过 Simulation 工具栏新建需要使用的算例类
型后，在左侧算例树中，使用右键菜单自上而下的顺序对树中的选项进行设置，然后进行分析，
即可初步完成有限元分析操作。

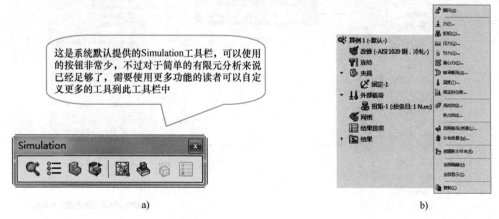

a)　　　　　　　　　　　　　　　　　　　b)

图 13-4　Simulation 工具栏和算例树（及其右键菜单）

　　建议初学者学习时，首选 Simulation 工具栏加模型树右键菜单的操作方式，此方式虽然有些
"避重就轻"，但是对于初学者入门，或者是对于非工程专业人员想逐步掌握 Simulation 分析工具
的使用确实非常必要。

> **提示：**
>
> 有限元分析是一个复杂的过程，在学习的后期，读者将会发现，实际上得到分析结果并不难，难的是能够用较快捷的算例得到比较准确的数据（因为这其中，既要考虑软件的算法、算法的局限性和误差因素，也要考虑机械、声学、电磁学等很多工程学科的因素，需要读者具有比较多的专业知识）。

13.2 分析流程

13.1 节中，介绍了在有限元分析的过程中，使用 Simulation 工具栏加模型树右键菜单的操作方式，是一种简单直观的操作方法，本节将介绍这种操作方式，从新建有限元算例到最后的分析，逐项介绍（实际上也是一个完整的操作过程）。

13.2.1 新建有限元算例

通过前面章节的学习，可以知道动画中的运动算例是一个"算例"接着一个"算例"实现的，同一个装配体可以创建多个运动算例，从而创建多种动画。实际上，有限元分析也是以算例形式出现的，也可创建多个，以对模型的不同方面进行分析。例如，"算例1"可以用来分析静应力，"算例2"可以用来分析频率等。

打开要分析的模型或装配体（此处可打开本书提供的挂钩模型），启用 Simulation 插件，单击 Simulation 工具栏中的"新算例"按钮 🔍，打开"算例"属性管理器，设置算例类型，单击"确定"按钮 ✔，可以创建一个有限元算例，如图 13-5 所示。

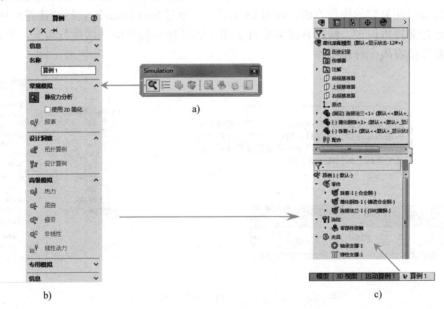

图 13-5 添加新算例操作

所创建的算例，其默认位置位于"运动算例"的右侧，算例树默认位于模型树的下面，如图 13-5c 所示。

Simulation 有限元分析共提供了从静态到压力容器设计等 9 种有限元分析方法，其中"静态"

算例（静应力分析）是最常使用的分析算例，可以用于分析线性材料的位移情况、应变情况、应力及安全系数等。

提示:

注意静态分析的"静"字，所谓静态，即只是考虑模型在此时间点处的状态，如受力状态、位移效果等，绝对没有动的因素，即使分析的是一个运动的装配体，如链轮、带轮间力矩的传递，也应使用"静"的理念进行分析。

"静态"算例的算例树中，通常包含 5 项，下面解释这 5 项的含义。

➤ **零件**：主要用于设置零件材料，如未对零件设置材料，分析过程中会给出错误提示；未设置材料的零件，其图标前无"对勾" 📦，设置过材料的零件，其图标前以"对勾"标识📦。

➤ **连结**：用于在分析装配体时，添加零部件间的连接关系，可以添加弹簧连接、轴承连接和螺栓连接等多种连接关系（添加连接关系后，可将原有的一些分析因素省掉，例如，添加了螺栓连接，就可在分析模型中不包含螺栓）。

➤ **夹具**：设置模型固定位置的工具。为了分析的方便，模型总有一部分是固定不动的，添加夹具后可以省去对原有夹具的分析，以进一步理想化分析模型。

➤ **外部载荷**：设置模型某时间点的受力情况。可添加力、压力、扭矩、引力、离心力等，也可对温度等进行模拟。

➤ **网格**：用于对模型进行网格划分，也可以控制模型个别位置网格的密度，以保证分析结果的可靠性。

13.2.2　设置零件材料

完成算例的添加后，通常首先为零部件定义材料，即确定零部件是什么材质的（如是塑料材质还是金属材质等），材质不同，其性能会有很大不同，所以在每次分析时，都需要为模型定义材质。

右键单击算例树中的"零件"项📦，在弹出的快捷菜单中选择"应用材料到所有"菜单项（或右键单击"零件"项📦下的某个零件，在弹出的快捷菜单中选择"应用/编辑材料"菜单项），打开"材料"对话框，然后可以为所有零件或某个零件选用材料，如图 13-6 所示。

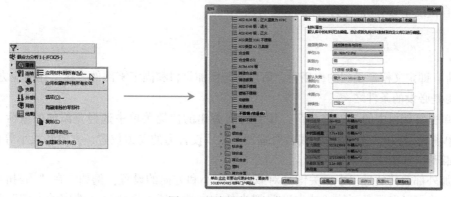

图 13-6　应用材料操作

用户无法对默认材料库中的材料属性进行编辑（只可以选用），如需要使用系统未定义的材料，可以在下部的"自定义材料"分类中进行添加。添加自定义材料时需要注意，红色的选项是必填项，是必需的材料常数，在大多数分析中都会被用到；蓝色的选项为选填项，它们只在特定的载荷中才会被使用。

13.2.3 固定零部件

静应力分析多用于分析在受到某个作用力时模型的受力状况，如得出某个位置受力较强，在制造此零件时此位置即需要注意，或进行加强处理等。模型受力时，不可能没有支撑点，而"固定零部件"选项就是用来确定支撑点的位置和支撑方式的。

"固定零部件"选项含义，实际上就是给零部件添加一个支撑，如完全固定支撑，滑竿支撑、弹性支撑、轴承支撑等。

右键单击算例树中的"夹具"项 ，在弹出的快捷菜单中选择"固定几何体"菜单项（或其他固定工具），打开"夹具"属性管理器，选择模型的某个面、线或顶点，可为模型添加固定约束，如图 13-7 所示。

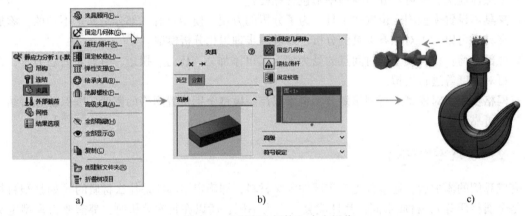

a)   b)   c)

图 13-7 "固定几何体"命令操作

"固定几何体"命令可完全定义模型位置的约束（关于其他约束的含义，详见 13.3.2 节中的讲述），被约束的对象，在没有弹性变形的情况下将完全无法运动。被添加夹具的面或线上将显示夹具标识，标识对点的 6 个自由度（3 个平移自由度和 3 个旋转自由度）做了限制（不同夹具所限制的自由度个数有所不同，标识也会有所不同）。

13.2.4 添加载荷

"载荷"即定义模型受到的作用力，所以，与添加材料和固定零部件一样，在静应力分析中，"载荷"也是必设的条件之一。

右键单击算例树中的"外部载荷"项 ，在弹出的快捷菜单中选择要添加的载荷（如选择"力"菜单项），打开"力/扭矩"属性管理器，然后设置力的受力位置、方向和大小等要素，可添加外部载荷，如图 13-8 所示。

在添加外部载荷的过程中，关键是对载荷的大小和方向的设置，例如，在"力/扭矩"属性管理器中，除了可以通过面的"法向"设置力的方向外，还可以通过"选定的方向"设置力的方向。在"单位"卷展栏中可设置力的单位（SI 为国际单位，即 N，也可以使用英制和公制单位），在"符号设定"卷展栏中可以设置力符号的颜色和大小。

一次可同时在多个不同面上添加不同方向的多个力，在"力/扭矩"卷展栏中，"按条目"

选项是指在每个面上添加单独设置的力值，"总数"选项则是在两个面上按比例分配设置的力值。

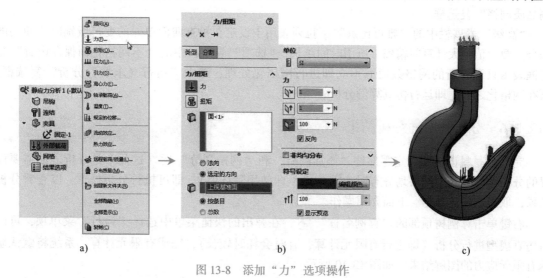

图 13-8 添加"力"选项操作

13.2.5 网格划分

什么是网格，为什么要划分网格呢？实际上，13.1 节讲过，有限元也就是有限个单元，即在分析时需要将模型划分为有限个单元，而这个确定网格大小的指标，以将模型划分为有限个单元的过程，即是网格划分的操作。

右键单击算例树中的"网格"项 🔲，在弹出的快捷菜单中选择"生成网格"菜单项，打开"网格"属性管理器，设置合适的网格精度或保持系统默认设置，单击"确定"按钮 ✔，即可为模型划分网格，如图 13-9 所示。

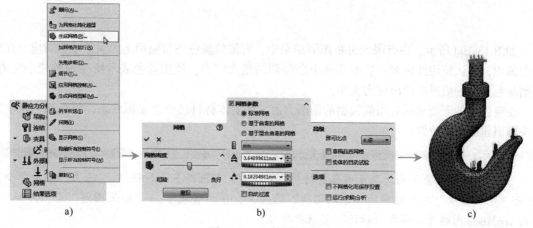

图 13-9 生成网格操作

通过"网格"属性管理器"网格密度"卷展栏中的"精度" 🔲 滑块，可以调整网格的精度，网格精度越大，模型分析结果越接近真实值，但是用时也越长。

SOLIDWORKS 提供了两种网格单元（针对实体）：一种为一阶单元，另一种为二阶单元。一阶单元（即所谓的草稿品质），具有 4 个节点，二阶单元具有 10 个节点。系统默认选用二阶单元划分网格，如需选用一阶单元划分网格，可选中"网格"属性管理器"高级"卷展栏中的"草稿品质网格"复选框。

"高级"卷展栏中的"雅可比点"下拉列表用于设定在检查四面单元的变形级别时要使用的积分点数，值越大计算越精确，所用时间越长。"选项"卷展栏中的"不网格化而保存设置"复选框表示只设置新的网格数值而不立即进行网格化处理；选中"运行（求解）分析"复选框，可在网格化之后立即运行仿真算例分析。

13.2.6 分析并看懂分析结果

完成"材料设置"固定零部件"添加载荷"和"网格划分"后（这几个是分析之前需要设置的分析条件，其中网格划分有时也可省略，即使用默认值），即可执行分析操作，以查看分析结果，取得需要的数据。下面介绍操作。

右键单击算例树顶部的"算例名称" ，在弹出的快捷菜单中选择"运行"菜单项，可以对仿真模型进行分析（即进行有限元计算，有时会耗时较长），完成有限元计算，系统将默认显示有限元应力的图解结果，如图 13-10 所示。

图 13-10 运行有限元分析操作

如图 13-10d 所示，在有限元分析图解结果中，右侧的颜色条与模型上的颜色紧密对应。在应力图解中，默认使用红色表示当前实体上所受到的最大应力，使用蓝色表示所受到的较小应力，根据颜色条上的值可以读出应力大小。

在颜色条的下端显示有当前模型的屈服力值，如实体材料已处于屈服状态，将在颜色条中用箭头标识屈服点的位置。

> **提示：**
> 如果应力颜色条下面未显示出当前材料的屈服力，可选择 Simulation→"选项"菜单命令，打开"系统选项"对话框中的"系统选项"选项卡，在"普通"→"结果图解"栏目中选中"为 vonMises 图解显示屈服力标记"复选框即可。

静态分析后，系统默认生成三个分析结果，分别为应力、位移和应变，如图 13-11a 所示。右键单击算例树中的"结果"项，可在打开的快捷菜单中选择需要的菜单项，添加其他算例分析结果，如选择"定义疲劳检查图解"菜单项，在打开的属性管理器中选用"负载类型"，或保持系统默认，单击"确定"按钮 可添加疲劳检查图解，如图 13-11c 所示。

提示：

应力就是模型上单位面积所受到的力，而应变是指在应力作用下，模型某单元的变形量与原来尺寸的比值。

疲劳检查图解用于提醒模型的某些区域是否可能在无限次反复装载和卸载后发生疲劳损伤或断裂。分析完成后，系统会使用红色区域标识可能会出现疲劳问题的区域（关于"疲劳检查图解"属性管理器中各选项的设置，可参考其他相关资料）。

关于更多分析结果的查看工具，详见13.4节中的讲述。

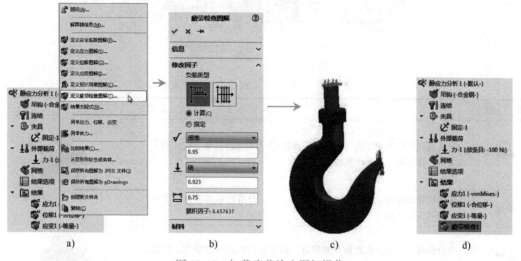

a) b) c) d)

图 13-11　加载疲劳检查图解操作

13.3　分析选项解释

在 13.2 节中，实际上只介绍了有关分析选项的其中一个功能，除此之外，如"固定零部件"方法，还有更多的类型（即下面将要讲到的常用夹具），本节将讲解这些操作中同样需要经常用到的扩展功能的作用和使用方法。

13.3.1　装配体中的常用连接关系

对于装配体，在进行有限元分析时，还可以为其添加连接关系，以模拟装配体中两个对象间的关系（类似于装配体中的配合，需要注意的是，在有限元算例中，并不会继续使用装配体中的配合，需要重新定义）。

打开装配体并新建有限元算例，可在算例树中发现一个名称为"连接"的文件夹，右键单击该文件夹，选择弹出菜单中的菜单项，如图 13-12 所示，可以指定装配体中零部件之间的连接关系，下面解释一下这些连接关系的含义。

➤ **本地交互**：用于定义单个相触面组间的配合关系。选择此选项后，将打开"本地交互"属性管理器，如图 13-13 所

图 13-12　连接关系右键菜单

示，选择两个相触面组，可以为其设置配合关系，并可设置配合面间的摩擦系数。共有 5 种类型的相触面关系，其含义见表 13-1。

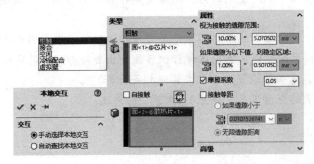

图 13-13 "本地交互"属性管理器

表 13-1 5 种类型相触面关系的含义

类　型	意　义	图　示
相触	定义面间不能互相穿透（相抵触的意思），但是允许滑移，较接近于真实的物体接触，但是计算较耗时	
接合	在选定面处将两个零部件"黏合"在一起，分析时将其看作一个整体，面间不可滑移	
空闲	在分析时，允许所选面处互相贯通，而不会计算其间的应力，如果可以确定两个零部件不会产生干涉，那么使用此项可以节省计算时间	
冷缩配合	冷缩配合用于模拟将对象装配到略小的型腔中。由于型腔较小，所以在接合处会产生预应力，预应力大小与材料属性等有关	
虚拟壁	可以定义某个实体面到基准面（虚拟壁）的接触关系，通常应使实体面在虚拟壁上滑动，如移动过程中，实体面与虚拟壁发生碰撞，虚拟壁将阻止实体面的穿越	

提示：

在"本地交互"属性管理器中，选中"自动查找本地交互"单选项，选择要检查本地交互的零部件（或全部零部件），再单击"查找本地交互"按钮，可以自动查找相触面组。然后在分析结果中，选中要使用的相触面组，并单击"确定"按钮 ✔ 即可。

需要注意的是，在设置相触面组时，可以自定义零部件的摩擦系数，也可以不指定。当不指定摩擦系数时，并不表明这两个面间没有摩擦，分析时系统将会使用 Simulation "选项"中设置的默认摩擦系数，通常为 0.05。

➤ **零部件交互**：定义实体间的接触关系，共有三种类型，分别为：无穿透、接合和允许贯通，其含义同上（表 13-1 中的相触、接合和空闲）。当此连接关系与定义的"本地交互"连接关系冲突时，系统使用"本地交互"属性管理器中定义的连接关系。

➤ **弹簧**：定义只抗张力、只抗压缩或者同时抗张力和压缩的弹簧。

> **销钉**：用于模拟无旋转或无平移的销钉，连接的销钉面可整体移动。
> **螺栓**：模拟真实装配体中两个零件间的螺栓连接（需选择对应的圆孔面）。螺栓连接不同于面的固定约束，在进行仿真分析时，会在螺栓连接处产生应力。
> **轴承**：用于模拟杆和外壳零部件之间的轴承接头。
> **点焊、边焊缝**：用于模拟零部件间的焊接关系，以仿真验证零件间焊接的牢固性。
> **连杆**：定义零部件间的两个对应的支撑点（相当于在这两个支撑点间创建了一个刚性的不可压缩的连杆），在仿真分析时，这两个支撑点间的距离保持不变。
> **刚性连接**：类似于"连杆"，定义零部件间两个对应面，这两个对应面永远保持刚性，在分析时，面上任何两点的距离保持不变。

13.3.2 常用夹具

除了上面介绍的固定零部件操作，右键单击算例树中的"夹具"项 ，在弹出的快捷菜单中可发现除了"固定几何体"选项之外，还有更多的夹具选项可供选择，以定义模型的固定约束，如图 13-14 所示。

图 13-14 "夹具"快捷菜单

提示：

在"夹具"属性管理器"分割"选项卡中，选择草图和要进行分割的面，可以将面分割，然后将夹具定义在此面的某个区域内，如图 13-15 所示（此功能在连接关系和载荷中同样可以使用）。

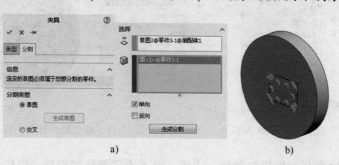

a)   b)

图 13-15 "夹具"属性管理器"分割"选项卡的作用

下面解释一些常用夹具的作用。
> **固定几何体**：令所选择的面、线或点的位置完全固定，即包括位移和旋转的 6 个自由度完全固定，不可移动、不可旋转。
> **滚柱/滑杆**：定义某面只能在原始面的方向移动，但不能在垂直于原始面的方向移动。
> **固定铰链**：定义类似合页的固定轴。固定铰链与销钉的不同之处在于，定义固定铰链轴面的位置处于夹具的锁紧位置，不可移动。

> **弹性支撑**：定义某面受到的弹性支撑力。与连接关系中"弹簧"选项不同的是，弹性支撑无需选择对应面，只是零件所选面处发生位移或变形时的一个支撑。"弹性支撑"选项可用于模拟弹性基座和减振器。

> **轴承夹具**：在所选圆柱面处模拟轴承面，仿佛有一个潜在的固定轴承将所选的圆柱面进行了固定。所选面可自由旋转，但不可有轴向的位移。在执行此命令时，如单击"允许自我对齐"按钮🐟，可模拟球面自位轴承接头。

> **地脚螺栓**：定义圆孔到基准面间的螺栓连接关系。定义螺栓的边线必须位于目标基准面上（可被看作虚拟壁），否则无法使用此夹具。

> **高级夹具**：可限制零件在某平面、球面或圆柱面等上的移动。在对其选项进行设置时（如选择🖐），选中的项表示在选定方向上进行限制，0 值表示在选定方向不可移动，输入数值可设置允许移动的范围，未选中的项表示在此方向上不做限制。

13.3.3　常用外部载荷

除了 13.2.4 节中介绍的力载荷，右键单击算例树中的"外部载荷"项🌡️，在弹出的快捷菜单中，可以为零件选择更多的载荷，如图 13-16 所示。下面解释一些常用载荷的含义。

> **力、扭矩、压力、引力、离心力**：这几个载荷较为常用，用于在选定面上模拟零件受到的作用力，其设置和使用方法也较易理解，此处不做过多说明。

> **轴承载荷**：定义接触的两个圆柱面之间或壳体圆形边线之间具有的轴承载荷。如图 13-17 所示，轴承载荷将在接触界面生成非均匀压力，用于模拟机组由于重力作用对轴承造成的压力（或某个方向上的冲击力），所选坐标系是受力方向的参照。

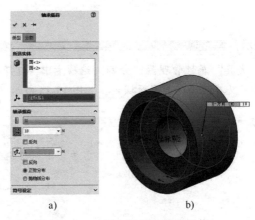

图 13-16　"外部载荷"快捷菜单　　　　图 13-17　添加轴承载荷的操作

> **温度**：可通过此菜单项设置某面、边线、顶点或零部件的温度，以模拟零部件受热时的状态。

> **远程载荷/质量**：将远程载荷、质量或位移转移到所选面、线或顶点处，如图 13-18 所示。当选用"分布"连接类型时，将从所选坐标系（或系统）原点处为所选面增加载荷（此时会将远程力和由此力形成的到所选面的力矩同时转移到所选面上）；当选用"刚性"连接类型时，将通过刚性杆固定的质量，或设置的位移加载到所选面上。

> **分布质量**：在选定的面上分布指定的质量值。使用此功能可模拟已压缩或未包括在模型中的零部件。

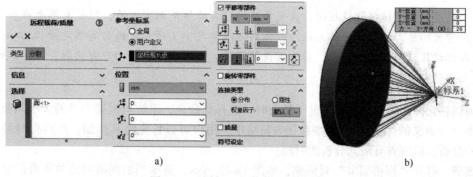

图 13-18　添加远程载荷/质量操作

13.3.4　细分网格

右键单击算例树中的"网格"项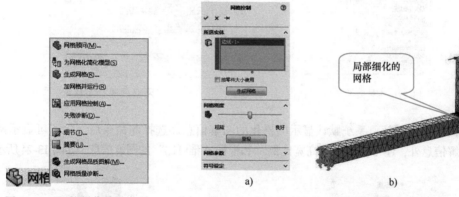，在弹出的快捷菜单中选择相应的菜单项，如图 13-19 所示，可以设置零件的网格密度，或控制网格的显示等，下面集中解释此快捷菜单中部分菜单项的作用。

➤ **应用网格控制**：根据需要为模型中的不同区域指定不同的网格大小，如图 13-20 所示。局部细化的网格有利于对受关注处受力情况的分析，而且也不会对整个分析时间造成太大的影响。

图 13-19　网格操作快捷菜单　　　　图 13-20　为模型中的不同区域指定不同的网格大小

提示：

需要注意的是，有限元分析中，网格存在应力的奇异性。对于尖角处的网格，随着网格的逐步细化，所得出的应力值也会越来越大，如图 13-21 所示。

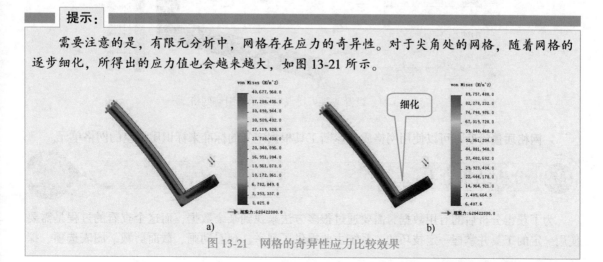

图 13-21　网格的奇异性应力比较效果

这主要是因为，根据弹性理论，在尖角处的应力应该是无穷大的，但是有限元模型不会产生一个无穷大的应力，而是会将此应力分散到邻近单元中。所以在进行有限元分析时，如果对边角处或邻近区域的应力感兴趣，应为其设置圆角，否则由于模型的自身问题，所得出的分析数据与实际值会有很大差异。

➤ **为网格化简化模型**：当模型过于复杂时，选择此命令，系统可根据零件的大小判断出实体中"无意义的体积"，并列举在任务窗格中。用户可以首先将其抑制，然后再对装配体进行分析，以节省有限元分析的时间。

➤ **细节**：打开"网格细节"对话框，如图 13-22 所示，显示当前网格划分的所有信息，包括节总数和单元总数等内容。

➤ **摘要**：打开"网格摘要"对话框，如图 13-23 所示，"网格摘要"和"网格细节"显示的内容基本相同，不同之处在于"网格摘要"可以方便复制和打印输出。

图 13-22 "网格细节"对话框

图 13-23 "网格摘要"对话框

➤ **生成网格品质图解**：系统默认显示网格化的图解信息。选择此命令后，除了可显示网格化的图解信息外，还可以显示"高宽比例"和根据"雅可比"的图解信息，如图 13-24 所示。

图 13-24 设置"雅可比点"显示的图解网格

➤ **网格质量诊断**：可以使用网格质量诊断工具根据定义的标准来标识质量差的网格单元。

13.4 分析结果查看

为了获得分析后的有用数据，需要通过很多方法来找到某个数据，而这个查看的过程是需要使用一定的工具并掌握一定技巧的。系统主要提供了列举、观看动画、截面剪裁、图表选项、探测、设计洞察和报表等查看分析结果的工具，本节将讲述其使用方法。

13.4.1　列举分析结果和定义图解

在模型分析完毕后，右键单击算例树中"结果"项，在弹出的快捷菜单中选择"列举应力、位移、应变"菜单项，打开"列举结果"属性管理器，选择要列表显示的项（如应力），单击"确定"按钮 ✓，可以列表的形式显示模型中各"节"的受力状况，如图 13-25 所示。

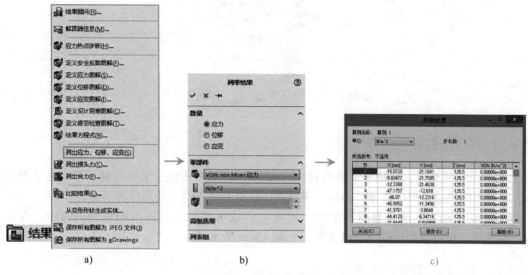

a)	b)	c)

图 13-25　列举分析结果操作

如果右键单击"结果"项后，在弹出的快捷菜单中选择"列举合力"菜单项，可打开"合力"属性管理器。此时可选择要分析合力的点，然后单击"更新"按钮，查看所选点处的受力信息；选择"列出接头力"菜单项，同样可打开"合力"属性管理器，并可直接以列表显示螺栓或轴承等的受力信息，如图 13-26 所示。

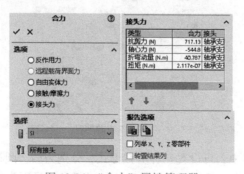

图 13-26　"合力"属性管理器

> **提示：**
>
> 右键单击"结果"项，在弹出的快捷菜单中选择"从变形形状生成实体"菜单项，可打开"变形形状的实体"属性管理器，然后通过选择不同的单选项，可将模型的变形形状保存为零件或配置，如图 13-27 所示（不选择保存零件，零件将被默认保存到桌面）。

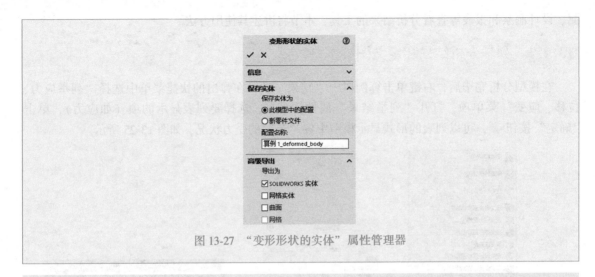

图 13-27 "变形形状的实体"属性管理器

13.4.2 观看动画

在模型分析完毕后，右键单击算例树中"结果"项下的任意一子项（此子项应处于显示状态），在弹出的快捷菜单中选择"动画"菜单项，可查看零件受力变形后的动画。

通过拖动"动画"属性管理器中的"速度"滑块可调整动画演示的快慢，选中"保存为AVI"复选框，可将动画保存为 AVI 文件，如图 13-28 所示。

13.4.3 截面剪裁和 ISO 剪裁

在模型分析完毕后，右键单击算例树中"结果"项下的任意一子项（此子项应处于显示状态），在弹出的快捷菜单中选择"截面剪裁"菜单项，可通过剪裁查看模型内部的受力、位移或应力情况，如图 13-29 所示。

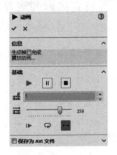

图 13-28 "动画"属性管理器　图 13-29 通过"截面剪裁"选项查看模型内部受力情况操作

在"截面"属性管理器中，可设置三种剪裁方式，分别为面、圆柱面和球面剪裁。三种剪裁方式都需要选择参考面等作为参照，以定位截面的位置（如选择面为参照，在使用圆柱面或球面进行剪裁时，将只能在垂直于面的方向调整横截面）。

下面解释"截面"属性管理器中某些重要选项的含义。

➢ **"截面 2"卷展栏**：可通过此卷展栏设置多个剖面。

➢ **"联合"按钮**：显示所有剖面信息。

➢ **"交叉"按钮**：显示所有剖面交叉区域的截面信息。

➢ **"只在截面上加图解"复选框**：只显示截面的信息，而不显示其他实体信息。

➤ **"剪裁开/关"** 按钮💈: 打开或关闭剪裁信息。

提示:

右键单击算例树中"结果"项下的任意一子项 (此子项应处于显示状态), 在弹出的快捷菜单中选择"ISO 剪裁"菜单项, 可查看指定受力值、位移值等指定值的曲面 (可同时生成多个曲面), 以查看零件上相同值的部位, 这里对此不做过多解释。

13.4.4 图表选项

在模型分析完毕后, 右键单击算例树中"结果"项下的任意一子项 (此子项应处于显示状态), 选择"图表选项"菜单项, 打开"图表选项"属性管理器, 在其中可设置当前图解界面上要显示的图解信息, 简单说明如下 (如图 13-30 所示)。

图 13-30 设置"图表选项"操作和效果

➤ **"显示选项"** 卷展栏: 用于设置要显示的图解模块。"显示最小注解"和"显示最大注解"用于设置要显示的注解 (其余选项, 读者不妨自行尝试), "定义"和"设定"选项卡用于定义右侧图例的起始范围。
➤ **"位置/格式"** 卷展栏: 用于设置图例的位置。
➤ **"颜色选项"** 卷展栏: 用于设置图例颜色。

13.4.5 设定显示效果

在模型分析完毕后, 右键单击算例树中"结果"项下的任意一子项 (此子项应处于显示状态), 选择"设定"菜单项, 打开该分析结果子项的属性管理器。在其中可设置模型图解的显示效果, 如图 13-31 所示。如选中"将模型叠加于变形形状之上"复选框, 将在模型图解效果上叠加模型未变形前的形状 (其他选项较易理解, 此处不做过多说明)。

a)

b)

图 13-31 "设定"选项卡及其操作效果

13.4.6 单独位置探测

在模型分析完毕后,右键单击算例树中"结果"项下的任意一子项(此子项应处于显示状态),选择"探测"菜单项,在模型上选中探测位置,可在打开的"探测结果"属性管理器的列表中显示探测点的值(如受力值、位移值等),如图 13-32 所示。

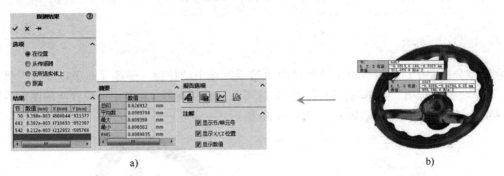

a)   b)

图 13-32 "探测结果"属性管理器及其操作效果

下面解释"探测结果"属性管理器中,部分选项的作用。

➤ **"选项"卷展栏**:其中"在位置"选项表示探测选定位置处的值;"从传感器"选项是指检测传感器 ⌷ 中存储的位置处的值;"在所选实体上"选项是指剪裁所选实体上所有节点的值。

➤ **"报告选项"卷展栏**:"保存为传感器"按钮 用于将所选点保存为传感器的检测点;"保存"按钮 用于将检测结果保存为 Excel 文件,后两个选项 , 用于生成对应的图解信息,"响应"按钮 只能用于瞬时计算。

➤ **"注解"卷展栏**:用于设置在图解视图上需要显示的项。

> **提示:**
>
> 右键单击"结果"项下的子项,选择"变形结果"快捷菜单项,可查看或取消查看当前图解视图的变形效果。

13.4.7 设计洞察

单击 CommandManager 工具栏 Simulation 标签栏中的"设计洞察"按钮 ,可查看当前视图的设计洞察效果,如图 13-33 所示。

a)   b)

图 13-33 "设计洞察"属性管理器及其操作效果

"设计洞察"命令用于突出显示零件中受力的分布状况。实体为主要受力区域,半透明的部分受力较少,在生产时可以考虑减少用料。拖动"设计洞察"属性管理器中的滑块可调整有效载荷的分界点。

13.4.8 报表的取得和编辑

单击 CommandManager 工具栏 Simulation 标签栏中的"报表"按钮 ,打开"报表选项"对话框。在此对话框中设置报表输出的项目,以及公司信息和输出路径等,单击"发布"按钮,可将设计信息输出为 HTML 或 Word 格式的设计报告,以方便演示、查阅或存档。

在"报表选项"对话框的"报表分段"栏中可设置"报告"中主要主题的组成部分,主要包括封页、说明、假设、模型信息、算例属性、单位、材料属性、载荷和约束等,选中后可对分段信息进行编辑。

13.5 实战练习

针对本章学习的知识,下面给出几个上机实战练习题,包括安全阀有限元分析、转矩限制器受力分析等;思考完成这些练习题,将有助于广大读者熟练掌握本章内容,并可进行适当拓展。

13.5.1 安全阀有限元分析

本练习需要设计的安全阀为全启式安全阀,如图 13-34 所示。其中需要使用有限元验证的是:在安全阀整定压力下弹簧的长度,以此来确定调整螺钉和固定螺钉的初始位置,以及分析在排放压力下该安全阀能否达到所设计的开启高度。

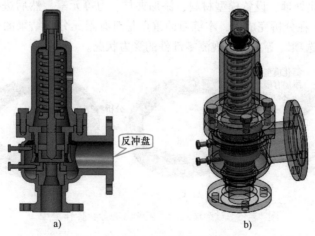

反冲盘

a)   b)

图 13-34　安全阀剖视图和透视图

提示:

安全阀是一种常用的排泄容器内压力的阀门。当容器压力超过一定值时,阀门自动开启,排出一部分流体,令容器内压力降低,当压力降低到一定程度时,阀门自动关闭,以保持容器内的压力可以维持在一定的范围内。安全阀按照单次的排放量,可以分为微启式安全阀和全启式安全阀,微启式安全阀阀瓣的开启高度为阀座内径的 1/15~1/20,全启式安全阀阀瓣的开启高度为阀座内径的 1/3~1/4。

13.5.2 转矩限制器受力分析

转矩限制器又称安全离合器（或安全联轴器），常安装在动力输出轴与负载的机器轴之间。当负载机器出现过载故障时（转矩超过设定值），转矩限制器会自动分离，从而能有效保护驱动机械（如内燃机、电动机等）以及负载。

常见的转矩限制器形式有摩擦式转矩限制器和滚珠式转矩限制器，本实例讲述反应较为灵敏的滚珠式转矩限制器的设计和有限元分析方法。

滚珠式转矩限制器，如图 13-35 所示。内置滚珠机构，通过碟形弹簧的压缩量调节过载转矩，可在过载瞬间使主、被动传动机械脱离。滚珠式转矩限制器，在消除过载后，需要手动或使用其他外力使限制器复位。

a)　　　　　　　　　　　　b)　　　　　　　　　　　　c)

图 13-35　滚珠式转矩限制器装配图和剖视图

本练习的结构有些复杂，为了能够快速准确地计算出需要的数值，在进行有限元分析前，应首先对模型进行理想化处理，设置模型材料，添加夹具、力等元素，然后进行分析，得到分析结果，如图 13-36 所示。在分析完成后，本练习的重点是对有限元分析结果的查看，可通过"观看动画"和设置"图表选项"等方式，观测零部件的受力状况。

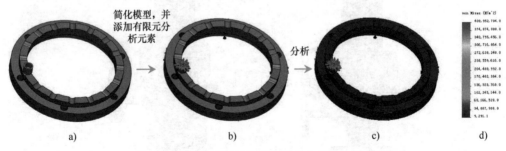

a)　　　　　　　　　　b)　　　　　　　　c)　　　　　　　　d)

图 13-36　对滚珠式转矩限制器的分析操作流程

13.6 习题解答

针对 13.5 节的实战练习，本书给出了视频讲解，包括相关实例等，读者可以扫码观看。

如果仍无法独立完成 13.5 节要求的这些操作，那么就一步一步跟随视频讲解，操作一遍吧！

13.7 思考与练习

一、填空题

1）Simulation 是一款基于＿＿＿＿＿＿＿＿＿分析技术（FEA）的设计分析软件。

2）SOLIDWORKS 还提供有另外一款有限元分析软件——SOLIDWORKS Flow Simulation，Flow Simulation 主要用于＿＿＿＿＿＿＿＿＿。

3）Simulation 有限元分析，共提供了 9 种有限元分析方法，其中＿＿＿＿＿＿算例是最常使用的分析算例。

4）＿＿＿＿＿＿接触面组，用于定义面间不能互相穿透，但是允许滑移，较接近于真实的物体接触，但是计算较耗时。

5）＿＿＿＿＿＿用于定义类似合页的固定轴。

6）可设置三种查看受力截面的方式，分别为＿＿＿＿＿、＿＿＿＿＿和＿＿＿＿＿。

7）可"探测"三类位置的值，分别为＿＿＿＿＿、＿＿＿＿＿＿和＿＿＿＿＿。

8）＿＿＿＿＿＿用于突出显示零件中受力的分布状况，实体为主要受力区域，半透明的部分受力较小，在生产时可以考虑减少用料。

二、问答题

1）试解释静态分析中，"静"字的主要含义。

2）在设置零件载荷时，"按条目"力和"总和"力，有何区别？

3）列举有限元分析中较常用的三个接触关系，并分别解释其含义。

4）夹具中的"固定铰链"与连接中的"销钉"有何区别？

5）应如何查看零部件内部的受力或位移状况？试简述其操作。

6）通过"图表选项"可设置哪些图解信息？试列举常用的几项。

三、操作题

1）使用本书提供的素材文件，进行有限元分析，观察在受到 1N·m 力矩作用下的应力情况，如图 13-37 所示。

2）使用提供的素材文件，结合本章所学知识，完成图 13-38 所示有限元分析，观察在受到 00N 压力下，底部杆的受力情况。

3）打开本书提供的素材文件，对叉架模型进行有限元分析，并通过各种手段查看模型的受 状况，如图 13-39 所示。

图 13-37　螺钉旋具模型受力分析结果　　图 13-38　需进行分析的升降台　　图 13-39　叉架模型受力分析结果